EUROPA

TIM FLANNERY
con Luigi Boitani

EUROPA

UNA HISTORIA NATURAL

BIBLIOTECA NUEVA

Para obtener este libro en formato digital escriba su nombre y apellido con bolígra-
fo o rotulador en la portadilla de la página 5. Tome luego una foto de esa página y
otra del ticket de compra y envíelas a <ebooks@malpasoycia.com>. A vuelta de co-
rreo recibirá el *e-book* gratis. Si tiene alguna duda escríbanos a la misma dirección.

Título original: *Europe. A Natural History.* Publicado por primera vez por The Text
Publishing Co. Australia, 2018.
Edición publicada con autorización de The Text Publishing Company, Australia

Cubierta: Malpaso Holdings, S. L. U.

© Tim Flannery, 2018
© Traducción: Luis Carlos Fuentes Ávila
© Corrección: Andrés Daniel Lévy Lazcano
Mapas de Simon Barnard

© Biblioteca Nueva, 2019
© Malpaso Holdings, S. L.
C/ Diputació, 327, principal 1.ª
08009 Barcelona
www.malpasoycia.com

ISBN: 978-84-17893-61-3
Depósito legal: B 29515-2019

Imprime: Romanyà Valls
Impreso en España - *Printed in Spain*

Para Colin Groves y Ken Aplin, colegas de toda la vida y héroes de la zoología.

ÍNDICE

LAS EDADES DE HIELO
Hace 2,6 millones-38 000 años

LA EUROPA HUMANA
Hace 38 000 años-El futuro

TABLA DE TIEMPO GEOLÓGICO

ÉPOCA	DEPÓSITOS FÓSILES IMPORTANTES	ANTIGÜEDAD
Holoceno		11 754 años
Pleistoceno		2,6 millones de años
Plioceno	Dmanisi	5,3 millones de años
Mioceno	Huellas de Creta Mina de hierro de Hungría	23 millones de años
Oligoceno		34 millones de años
Eoceno	Messel Monte Bolca	56 millones de años
Paleoceno	Hainin	66 millones de años
Período Cretácico	Hateg	

INTRODUCCIÓN

La historia natural abarca tanto el medio natural como el humano. Busca contestar tres grandes preguntas: ¿cómo se formó Europa?, ¿cómo se descubrió su extraordinaria historia? ¿y por qué llegó a ser tan importante en el mundo? Para aquellos que como yo buscan respuestas, es una suerte que Europa cuente con tal abundancia de huesos —enterrados, capa sobre capa, en rocas y sedimentos que se extienden hasta el origen de los animales vertebrados—. Los europeos han dejado asimismo un tesoro excepcionalmente rico de observaciones de la historia natural: desde los trabajos de Heródoto y Plinio hasta los de los naturalistas ingleses Robert Plot y Gilbert White. Europa es también el lugar donde se inició la investigación del pasado más lejano. El primer mapa geológico, los primeros estudios paleobiológicos y las primeras reconstrucciones de dinosaurios fueron hechas en Europa. A lo largo de los últimos años, una revolución en la investigación, conducida por nuevos y poderosos estudios de ADN, junto con asombrosos descubrimientos en paleontología, ha permitido una profunda reinterpretación del pasado del continente.

Esta historia comienza hace unos cien millones de años, en el momento de la concepción de Europa —el momento en que evolucionaron los primeros organismos característicamente europeos—. La corteza terrestre está compuesta de placas tectónicas que se mueven lenta e imperceptiblemente a lo largo del globo y sobre las cuales cabalgan los continentes. La mayoría de los continentes se originaron con la división de los antiguos supercontinentes. Pero Europa comenzó siendo un archipiélago de islas y su concepción involucró la interacción geológica de tres «padres» continentales: Asia, Norteamérica y África. Juntos, estos continentes comprenden alrededor de dos terceras partes de la masa de la Tierra, y puesto que Europa ha sido un puente entre esas masas terrestres, ha funcionado como el lugar de intercambio más significativo en la historia de nuestro planeta.[1]

Europa es un lugar donde la evolución se sucede rápidamente, un lugar a la vanguardia del cambio global. Ahora bien, incluso en plena era de los dinosaurios, Europa tenía características especiales que modelaban la evolución de sus habitantes. Algunas de esas características siguen ejerciendo su influencia en la actualidad. De hecho, algunos de los dilemas humanos contemporáneos de Europa son resultado de dichas características.

Definir Europa es una tarea arriesgada. Su diversidad, historia evolutiva y fronteras cambiantes la convierten en un lugar casi proteico. Aun así, paradójicamente, es reconocible de inmediato; con sus característicos paisajes humanos, sus bosques, que alguna vez fueron grandiosos, sus costas mediterráneas y sus panoramas alpinos —todos reconocemos Europa cuando la vemos—. Y los mismos europeos, con sus castillos, sus pueblos y su inconfundible música, son instantáneamente identificables. Más aún, es importante reconocer que los europeos comparten una época dorada de gran influencia: los antiguos mundos de Grecia y Roma. Incluso los europeos cuyos antepasados nunca fueron parte de ese mundo clásico lo reclaman como propio, buscando en él conocimiento e inspiración.

Entonces ¿qué es Europa y qué significa ser europeo? La Europa contemporánea no es un continente en un sentido puramente

---

[1] El tamaño, la forma y la localización de estas masas de tierra han cambiado a lo largo del tiempo. África tenía conexiones con Gondwana hace unos cien millones de años. Norteamérica se ha alejado de Europa a lo largo de los últimos treinta millones de años. Los tres millones de kilómetros cuadrados de la India no fueron parte del continente asiático hasta hace unos cincuenta millones de años. En algunas épocas, la subida del nivel del mar ha reducido el área de todas las masas de tierra del planeta, mientras que en otras el agrietamiento ha expandido y fragmentado los distintos territorios (como cuando la península arábica se separó de África).

geográfico.[2] Más bien, es un apéndice, una península rodeada de islas que se proyecta hacia el Atlántico desde la parte occidental de Eurasia. En una historia natural, la mejor manera de definir Europa la encontramos en la historia de sus rocas. Concebida de este modo, Europa se extiende desde Irlanda, en el oeste, hasta el Cáucaso, en el este, y desde Svalbard, en el norte, hasta Gibraltar y Siria, en el sur.[3] Así definida, Turquía sería parte de Europa, mas no Israel: las rocas de Turquía comparten una historia común con el resto de Europa, mientras que las rocas de Israel se originaron en África.

Yo no soy europeo, al menos en un sentido político. Nací en las antípodas —el opuesto de Europa—, como los europeos llamaron alguna vez a Australia. Pero físicamente soy tan europeo como la reina de Inglaterra (quien, por cierto, es étnicamente alemana). La historia de las guerras y los monarcas europeos se me repitió hasta la saciedad cuando era niño. En cambio, no me enseñaron casi nada sobre los árboles y los paisajes australianos. Quizá esta contradicción disparó mi curiosidad. Sea como sea, mi búsqueda de Europa comenzó hace mucho, antes siquiera de haber pisado suelo europeo.

Cuando viajé por primera vez a Europa como estudiante en 1983 estaba emocionado y seguro de que me dirigía al centro del mundo. No obstante, conforme nos acercábamos a Heathrow, el piloto del jet de British Airways hizo un anuncio que jamás olvidaría: «Nos aproximamos a una isla más bien pequeña y neblinosa del mar del Norte». Nunca en mi vida había pensado en Gran Bretaña de ese modo. Cuando aterrizamos quedé sorprendido por la agradable calidad del aire. Incluso el aroma de la brisa parecía reconfortante, con ese fuerte olor a eucalipto, del cual ni siquiera

---

[2] En un sentido geológico es parte de la placa euroasiática.

[3] Incluso esta definición no es del todo precisa, pues grandes partes de Europa al sur de los Alpes incluyen fragmentos de África y de la placa oceánica que se han incorporado a la masa de tierra de Europa.

fui consciente hasta que desapareció. Y el sol. ¿Dónde estaba el sol? Por su fuerza y penetración, se parecía más a una luna austral que a la ardiente esfera que abrasaba mi país de origen.

La naturaleza europea me tenía reservadas más sorpresas. Quedé maravillado ante el prodigioso tamaño de sus palomas y la abundancia de venados en las márgenes de la Inglaterra urbana. La vegetación era tan verde y agradable en aquel aire húmedo y suave que su tono brillante parecía irreal. Había muy pocas espinas y varas ásperas, a diferencia de los polvorientos y rasposos matorrales de mi tierra. Al cabo de unos días de mirar esos cielos neblinosos y esos horizontes de suaves bordes, comencé a sentir que estaba envuelto en algodón.

Realicé esa primera visita para estudiar la colección del Museo de Historia Natural de Londres. Poco tiempo después me volví curador de mamíferos en el Museo Australiano de Sídney, donde debía convertirme en experto en mastozoología mundial. Así que cuando Redmond O'Hanlon, el editor de historia natural del *Times Literary Supplement*, me pidió reseñar un libro sobre los mamíferos en el Reino Unido, acepté el reto de mala gana. El trabajo me dejó perplejo porque no encontré mención alguna a dos especies —vacas y humanos— que tenían un largo pedigrí en el Reino Unido.

Después de recibir mi reseña, Redmon me invitó a visitarlo en su casa en Oxfordshire. Temí que aquello fuera una manera amable de decirme que mi trabajo no estaba a la altura. En lugar de eso recibí una cálida bienvenida y conversamos animadamente sobre historia natural. Bien entrada la noche, después de una suntuosa cena acompañada por varias copas de Bordeaux, me pidió, misteriosamente, que lo acompañara al jardín, donde señaló hacia un estanque. Nos aproximamos al borde mientras Redmond me ordenaba silencio con una seña. Entonces me entregó una linterna, y entre las elodeas, descubrí una figura pálida.

¡Un tritón! Era la primera vez que veía uno. Como Redmond bien sabía, en Australia no hay anfibios con cola. Estaba tan impresionado como la maravillosa creación de P. G. Wodehouse de las novelas de Jeeves, el Cara de Pescado Gussie Fink-Nottle, quien «se sumergió en el campo y se entregó por completo al estudio de los tritones, manteniendo a esos pequeños amiguitos en un tanque de vidrio donde observaba sus hábitos con ojo diligente».[A] Los tritones son criaturas tan primitivas que observarlas es como asomarse en el tiempo.

Desde el momento en que vi mi primer tritón hasta el hallazgo del origen de los europeos, mi camino de treinta años de investigación sobre la historia natural de Europa ha estado lleno de descubrimientos. Quizá lo que más me asombró, como habitante de la tierra del ornitorrinco, es que en Europa hay criaturas igual de antiguas y primitivas que, a pesar de ser familiares, son poco apreciadas. Otro descubrimiento que me sorprendió fue la cantidad de ecosistemas y especies de importancia global que se crearon en Europa, pero que desaparecieron del continente hace mucho. ¿Quién habría pensado, por ejemplo, que los antiguos mares de Europa jugaron un papel tan importante en la evolución de los modernos arrecifes de coral? ¿O que nuestros primeros ancestros erguidos se desarrollaron en Europa, y no en África? ¿Y quién habría imaginado que mucha de la megafauna europea de la Edad de Hielo sobrevive escondida, como los duendes y las hadas del folclore, en remotos bosques y planicies encantadas, o como genes perpetuamente dormidos en el permafrost?

Mucho de lo que dio forma a nuestro mundo moderno se originó en Europa: los griegos y los romanos, la Ilustración, la Revolución Industrial y los imperios, que para el siglo XIX, se habían repartido el planeta. Y Europa sigue liderando el mundo en tantos aspectos: desde la transición demográfica y la creación de nuevas formas políticas hasta la revigorización de la naturaleza. ¿Quién sabía que Europa, con su población de casi 750 millones de personas, alberga más lobos de los que existen en Estados Unidos, Alaska incluida?

Y quizá, más sorprendente aún, es que algunas de las especies más características del continente, incluyendo los grandes mamíferos salvajes, son híbridas. Para aquellos acostumbrados a pensar en términos de «pura sangre» o «mestizo», los híbridos suelen ser vistos como errores de la naturaleza, como amenazas para la pureza genética. Sin embargo, estudios recientes han demostrado que la hibridación es vital para el éxito evolutivo. Desde los elefantes hasta las cebollas, la hibridación ha permitido el intercambio de genes beneficiosos que habilitan a los organismos para sobrevivir en nuevos y desafiantes entornos.

Algunos híbridos poseen fuerzas y capacidades nunca vistas en sus padres. Incluso, algunas especies bastardas (como a veces se denomina a los híbridos), han sobrevivido por mucho tiempo después de que se extinguieran las especies que los engendraron. Los europeos mismos son híbridos. Se crearon hace aproximadamente 38 000 años, cuando los humanos de piel oscura de África, comenzaron a mezclarse con los neandertales de piel blanca y ojos azules. Casi al instante en que esos primeros híbridos aparecen, surge en Europa una cultura dinámica cuyos logros incluyen la creación del primer arte pictórico y las primeras figurillas humanas, los primeros instrumentos musicales y la primera domesticación de animales. Los primeros europeos, al parecer, eran unos bastardos muy especiales. Pero, mucho antes de eso, la biodiversidad europea habría sido destruida y reconstruida tres veces, mientras las fuerzas celeste y tectónica daban forma a la tierra.

Embarquémonos en un viaje para descubrir la naturaleza de este lugar que tanta influencia ha tenido en el mundo. Para ello necesitaremos de varios inventos europeos: el descubrimiento de James Hutton del tiempo profundo, los principios fundacionales de la geología de Charles Lyell, la elucidación de Charles Darwin del proceso evolutivo y la gran innovación imaginativa de H. G. Wells, la máquina del tiempo. Prepárese para retroceder en el tiempo a ese momento en que Europa desarrolló su primer destello de distinción.

EL ARCHIPIÉLAGO TROPICAL

(Hace 100-34 millones de años)

Cretácico europeo, hace 80 millones de años

Masa terrestre
Mar

0   400km

N

B A L

M O D A C

Pontides

Tau

Hateg

Pelagonia

Norteamérica

Mar Boreal

V E L G A

Mar Tetis

Meseta

África

DESTINO EUROPA

Al pilotar una máquina del tiempo debemos programar dos coordenadas: tiempo y espacio. Algunas partes de Europa son inimaginablemente antiguas, así que hay muchas opciones. Las rocas que yacen debajo de los países bálticos son unas de las más antiguas de la Tierra, pues datan de hace más de 3000 millones de años. En aquel entonces, la vida consistía en organismos unicelulares simples y la atmósfera no contenía oxígeno libre. Si nos adelantamos 2500 millones de años, ya estamos en un mundo con vida compleja, aunque la superficie de la Tierra sigue siendo estéril. Hace aproximadamente 300 millones de años, la Tierra ya había sido colonizada por plantas y animales, pero ninguno de los continentes se había separado de la gran masa terrestre conocida como Pangea. Incluso después de que la Pangea se partiera en dos para formar Gondwana, el supercontinente del sur, y Eurasia, su contraparte del norte, Europa no se había convertido aún en una entidad definida. De hecho, no es sino hasta hace unos cien millones de años, durante la última fase de la era de los dinosaurios (el período Cretácico), cuando una región zoogeográfica europea comienza a surgir.

Hace cien millones de años, los niveles del mar eran mucho más altos que los de la actualidad, y un gran canal marítimo llamado Tetis (que se formó cuando los supercontinentes de Eurasia y Gondwana se separaron) se extendía desde Europa hasta Australia. Un brazo del Tetis, conocido como el estrecho de Turgai, constituyó una importante barrera zoogeográfica entre Asia y Europa. El océano Atlántico, donde se encontraba, era muy angosto. Delimitando al norte había un puente de tierra que conectaba Norteamérica y Groenlandia con Europa. Conocido como el corredor De Geer, este puente terrestre pasaba cerca del Polo Norte, por lo que la oscuridad estacional y el frío limitaban las especies que podían cruzar. África delimitaba el Tetis al sur, y un mar poco profundo se extendía sobre gran parte de lo que hoy es el Sahara central. Las fuerzas geológicas que con el tiempo separarían a Arabia de la costa este de África y abrirían el Gran Valle del Rift (ensanchando de este modo el continente africano), aún no habían comenzado a trabajar.

El archipiélago europeo de hace cien millones de años estaba ubicado donde se encuentra Europa actualmente: al este de Groenlandia, oeste de Asia y centrado en una región entre los 30 y los 50 grados de latitud al norte del ecuador. El lugar obvio para aterrizar nuestra máquina del tiempo sería la isla de Bal (que en la actualidad forma parte de la región báltica). Por mucho, la isla más grande y más vieja del archipiélago europeo, Bal debe haber jugado un papel vital en el modelado de la fauna y la flora primigenias de Europa. Sin embargo, para nuestra frustración, ni un solo fósil de la última etapa de la era de los dinosaurios ha sido encontrado en toda la masa terrestre, así que todo lo que conocemos sobre la vida en Bal viene de unos pocos fragmentos de plantas y animales que fueron arrastrados hacia el mar y preservados en los sedimentos marinos que hoy afloran en Suecia y en el sur de Rusia. Sería inútil aterrizar nuestra máquina del tiempo en tan terrible vacío.[A]

Es importante saber, sin embargo, que los terribles vacíos son la norma en paleontología. Para explicar su profunda influencia debo presentarles a Signor-Lipps; no se trata de ningún italiano parlanchín,[1] sino de un par de doctos profesores. Philip Signor y Jere Lipps unieron esfuerzos en 1982 para postular un importante principio en paleontología: «Puesto que el registro fósil de organismos nunca está completo, ni el primero ni el último organismo de un taxón dado serán registrados como fósiles».[B] Así como los

---

[1] *Lipps* en inglés se pronuncia como *lips*, que significa «labios». (*N. del T.*)

antiguos cubrieron con un velo de recato el momento crítico en la historia de Europa y el toro, así, según nos informa Signor-Lipps, la geología ha velado el momento de la concepción zoogeográfica de Europa, no dejándonos otra opción que programar nuestra máquina del tiempo entre 86 y 65 millones de años atrás, cuando un despliegue excepcionalmente diverso de depósitos fósiles preserva la evidencia de una vigorosa niña Europa. Los depósitos formaron el archipiélago de Modac, al sur de Bal. Modac fue incorporado hace mucho tiempo a una región que abarca partes de casi una docena de países de Europa oriental; desde Macedonia en el oeste hasta Ucrania en el este. En tiempos de los romanos, este gran pedazo de tierra se encontraba entre las dos extensas provincias de Moesia y Dacia, de las cuales se deriva su nombre.

En el momento de nuestra llegada, grandes partes de Modac están siendo empujadas por encima de las olas del océano por los primeros movimientos de las fuerzas tectónicas y con el tiempo formarán los Alpes europeos, mientras que otras están resbalando hacia el mar. En medio de esta vorágine de actividad tectónica yace la isla de Hateg, un lugar rodeado de volcanes submarinos que intermitentemente rompen la superficie para regar cenizas sobre la tierra. Esto ha acontecido durante millones de años cuando tiene lugar nuestra visita y ha permitido que se desarrollen unas fauna y flora únicas. De unos 80 000 kilómetros cuadrados de área, más o menos el tamaño de la isla caribeña La Española, Hateg está aislada, a 27 grados al norte del ecuador y a 200 o 300 kilómetros de puro océano de su vecino más cercano, Bomas (el macizo de Bohemia). Hoy, Hateg es parte de Transilvania, en Rumanía, y los fósiles que se encuentran ahí son de los más abundantes y diversos de la última parte de la era de los dinosaurios en toda Europa.

Abramos la puerta de nuestra máquina del tiempo y descendamos a Hateg, tierra de dragones. Hemos llegado al final de un glorioso otoño. El sol brilla reconfortante, pero a esta latitud el cielo está bastante bajo. El aire es tibio como en el trópico y la blanca y fina arena de una brillante playa cruje bajo nuestros pies.

La vegetación más próxima es una mezcla de pequeños arbustos en flor, pero más allá se yerguen arboledas de palmas y helechos, y sobre ellos, grandes ginkgos de dorado follaje, maduro y listo para caer con las primeras borrascas del apacible invierno que se aproxima.[C] También vemos señales, en forma de largos y erosionados valles originados en las cumbres lejanas, de que la lluvia es altamente estacional.

Sobre la seca cresta de una montaña, espiamos a gigantes del bosque que se asemejan a cedros del Líbano. Pertenecientes al hoy extinto género *Cunninghamites*, son en realidad un tipo de ciprés desaparecido hace tiempo. Mucho más cerca, una poza rodeada de helechos resplandece con nenúfares y árboles que guardan un sorprendente parecido con el célebre plátano de sombra (género *Platanus*). Nenúfares y plátanos son antiguos supervivientes, y Europa ha conservado una asombrosa cantidad de estos «dinosaurios vegetales».[D]

Nuestros ojos dejan la tierra y se mueven al cerúleo mar, cuya orilla está sembrada de lo que a primera vista parecen opalescentes llantas de camión, con sus neumáticos corrugados y todo. Brillan con una extraña belleza bajo el sol tropical. En el mar, en algún lugar lejano, una tormenta habrá matado un banco de amonites —criaturas parecidas a nautilos cuyas conchas pueden exceder un metro de diámetro—, y las olas, el viento y las corrientes han traído los caparazones a las playas de Hateg.

Mientras caminamos sobre la reluciente arena detectamos un hedor. Delante se ve un gran bulto cubierto de bálanos, encallado por la marea que ahora desciende. Es una bestia que no se parece a nada que esté vivo hoy en día: un plesiosaurio. Las cuatro poderosas aletas que alguna vez lo impulsaron yacen ahora planas e inmóviles sobre la arena. De su cuerpo parecido a un barril surge un cuello desmesuradamente largo, al final del cual una diminuta cabeza aún se mece entre las olas.

Tres gigantes con forma de vampiro y envueltos en mantos de cuero, altos como jirafas, surgen del bosque. De mirada maligna e inmensamente musculosos, los tres rodean el cadáver, que es decapitado sin ningún esfuerzo por el más grande de ellos con su pico de tres metros de largo. Los carroñeros forman un círculo, y a base de salvajes mordidas, terminan de consumir el cuerpo. Intimidados por el espectáculo, retrocedemos hasta la seguridad de nuestra máquina del tiempo.

Lo que hemos visto nos da una pista del extraño lugar que es Hateg. Las bestias que parecen vampiros son un tipo de pterosaurio gigante conocido como *Hatzegopteryx*. Ellos, y no algún dinosaurio lleno de dientes, fueron los depredadores más grandes de la isla. Si nos hubiéramos aventurado tierra adentro, podríamos haber encontrado a su presa habitual: una variedad de dinosaurios pigmeos. Hateg es un lugar doblemente extraño: extraño para nosotros porque data de una época en la que los dinosaurios reinaban sobre la Tierra; y extraño incluso para la era de los dinosaurios porque, al igual que el resto del archipiélago europeo, es una tierra aislada, con una ecología y una fauna totalmente inusuales.

EL PRIMER EXPLORADOR DE HATEG

La historia de cómo supimos de la existencia de Hateg y de sus criaturas es tan asombrosa como la isla misma. En 1895, mientras el novelista irlandés Bram Stoker escribía *Drácula*, un noble real de Transilvania, Franz Nopcsa von Felső-Szilvás, barón de Sacel, estaba en su castillo, obsesionado no con la sangre, sino con los huesos. Los huesos en cuestión habían sido un regalo de su hermana Llona, que los había encontrado durante un paseo a lo largo de una ribera en la propiedad de la familia Nopcsa. Claramente eran muy, muy viejos. En la actualidad, el castillo de la familia Nopcsa en Sacel está en ruinas, pero en 1895 era una elegante mansión de dos pisos con muebles de nogal, una gran biblioteca y un enorme salón de entretenimiento cuyo majestuoso interior aún puede ser apreciado a través de sus ventanas rotas. Aunque modesto para los estándares europeos, la propiedad generaba suficientes ingresos para permitirle al joven Nopcsa continuar con su pasión por los huesos antiguos.

Nopcsa llegaría a ser uno de los más extraordinarios paleontólogos que jamás hayan existido y, sin embargo, ha sido olvidado. Su aventura intelectual comenzó cuando, huesos en mano, dejó su castillo y se inscribió en una carrera científica en la Universidad de Viena. Trabajando principalmente solo, pronto estableció que los huesos que su hermana había encontrado pertenecían al cráneo de un pequeño y primitivo tipo de dinosaurio pico de pato.[A] Fascinado, el conde se embarcó en el trabajo de su vida: revivir a los muertos de Hateg.

Polímata, solitario y excéntrico, Nopcsa vio muchas cosas con mayor claridad que los demás, aunque decía de sí mismo que tenía «los nervios destrozados». En 1992 el doctor Eugene Gaffney,

autoridad incontestable en tortugas fósiles, señaló que Nopcsa
«en sus períodos de lucidez dirigía su mente a investigar los dinosaurios y otros reptiles fósiles», pero que entre esos momentos
de brillantez existían períodos de oscuridad y excentricidad.[B]
Hoy en día, lo más probable es que Nopcsa hubiese sido diag-
nosticado con un desorden bipolar. Cualquiera que haya sido su
enfermedad, lo despojó de todo sentido de la etiqueta. De hecho,
con demasiada frecuencia, desplegaba «un colosal talento para la
grosería».[C]

Un ejemplo revelador fue proporcionado por aquella pionera
en investigación de cerebros fósiles, la doctora Tilly Edinger, que
realizó un estudio sobre Nopcsa en los años cincuenta. Durante
su primer año en la universidad, Nopcsa publicó una descripción
de su cráneo de dinosaurio; un logro considerable. Y, cuando
conoció al más eminente paleontólogo de su época, Louis Dollo
—quien también era un aristócrata—, el conde exclamó: «¿No es
maravilloso que yo, siendo tan joven, haya escrito un artículo tan
excelente?».[D] Más tarde, Dollo le dedicaría un ambiguo cumpli-
do al describirlo como: «Un cometa que viaja encarrilado por los
cielos de la paleontología, dejando tras de sí una luz algo difusa».[E]

Al parecer, en la Universidad de Viena no supervisaron demasiado a Nopcsa. Aislado de sus colegas, su independencia lo
llevó incluso a inventar un pegamento para reparar sus fósiles.
No obstante, tuvo un compañero, el profesor Othenio Abel, que
compartía su interés por la paleobiología. Abel era un fascista que
fundó un grupo secreto de dieciocho profesores que trabajaba
para destruir las carreras de investigación de «comunistas, social-
demócratas y judíos». Estuvo a punto de ser asesinado cuando un
colega, el profesor K. C. Schneider, intentó dispararle. Cuando los
nazis llegaron al poder, Abel emigró a Alemania. Al visitar Viena
después de la Anschluss, en 1939, vio la bandera nazi ondeando
en la universidad y proclamó aquel como el día más feliz de su
vida. Nopcsa tenía su propia manera de lidiar con Abel. Cuando
Nopcsa se sentía enfermo llamaba a Abel a su apartamento y le

ordenaba, como a un plebeyo (aun siendo uno de los más grandes paleontólogos de Europa), que llevase un desgastado par de guantes y un abrigo a su amante (de Nopcsa).[F]

A la par que Nopcsa estudiaba sus dinosaurios, una segunda pasión crecía en su pecho. Cuando recorría el campo de Transilvania conoció y se enamoró del conde Drašković. Dos años mayor que Nopcsa, Drašković había sido un aventurero en Albania, un lugar que, a un siglo de la visita de Byron, seguía siendo exótico, oscuro y tribal. Influenciado por las historias de su querido, Nopcsa realizó con fondos privados algunos viajes a Albania, donde vivió entre las tribus y aprendió su idioma y tradiciones e incluso se involucró en sus disputas. Una fotografía lo muestra en toda su fastuosidad, armado y vestido con el traje de gala de un guerrero shqiptar. Aunque era salvajemente romántico, Nopcsa también era profundamente inquisitivo y un documentalista meticuloso que pronto fue reconocido como el máximo experto europeo de la historia, idioma y cultura de Albania.

En 1906, mientras viajaba por Albania, Nopcsa conoció a Bajazid Elmaz Doda, un pastor que vivía en las cumbres de las montañas Malditas. Nopcsa contrató a Doda como su secretario y sobre él escribió en su diario que era la única persona desde el conde Drašković que realmente le había amado.[G] Su relación con Doda duró casi treinta años, y en 1923 Nopcsa le rindió homenaje al nombrar a un extraño fósil de tortuga en su honor: *Kallokibotion bajazidi*, «el hermoso y redondo Bajazid».

Se encontraron huesos de tortuga junto a los de dinosaurio en la propiedad de la familia. De medio metro de longitud, la *Kallokibotion* era una criatura anfibia de tamaño mediano, más o menos similar en apariencia a la tortuga de estanque que vemos hoy en día en Europa. Sin embargo, la anatomía ósea de la *Kallokibotion* mostraba que era muy diferente a cualquier otra especie viva de la actualidad, pues pertenecía a un antiguo y ahora extinto grupo de tortugas primitivas, cuyos últimos representantes fueron los increíbles meiolaniformes.

Los meiolánidos sobrevivieron en Australia hasta la llegada de los primeros aborígenes, hace unos 45 000 años. Los últimos eran unas enormes criaturas terrestres del tamaño de un coche pequeño cuyas colas se habían vuelto porras huesudas, en tanto que sus cabezas soportaban unos cuernos grandes y curvados, como los del ganado bovino. Es probable que los primeros australianos hayan visto al casi último descendiente de la «hermosa y redonda» tortuga de Bajazid. No obstante, algunos se habían desplazado por el mar hacia las cálidas, húmedas y tectónicamente activas islas de Vanuatu. Aislados en su reino de ermitaños, los meiolánidos sobrevivieron hasta que a su territorio le tocó el turno de ser descubierto, esta vez por los ancestros de los ni-vanuatu, la gente que habita Vanuatu en la actualidad. Una densa capa de huesos descuartizados y cocinados de tortugas meiolánidas de hace unos 3000 años marca la llegada de los humanos. Y así se perdió el último rastro de las tierras de Modac; casi el eco final, de hecho, de aquel archipiélago desaparecido.

Bajazid, Albania y los fósiles fueron la gran constante en la vida de Nopcsa. Y, de los tres, solamente se desenamoraría de uno. Su involucramiento con Albania alcanzó su clímax justo antes del estallido de la Primera Guerra Mundial, cuando concibió un audaz plan, condenado al fracaso, para invadir el país y convertirse en su primer monarca.[1] A pesar de la distracción, Nopcsa siguió

---

[1] Albania se había ido liberando gradualmente del agonizante Imperio otomano, y en 1913 las grandes potencias de Europa organizaron un congreso en Trieste para decidir quién debería ser designado rey. Nopcsa escribió al general en jefe del ejército austrohúngaro en Trieste, solicitando artillería y quinientos soldados vestidos de civil. Él compraría dos pequeños pero veloces barcos de vapor e invadiría Albania para establecer un régimen amigable al Imperio austrohúngaro. La campaña, había dicho Nopcsa al general, sería rápida y culminaría con un desfile triunfal por las calles de la capital Tirana, liderada por Nopcsa en un caballo blanco. No todos sus motivos parecen haber sido honorables, como confesó en su diario: «Una vez que sea un monarca europeo, no tendré dificultad para conseguir los fondos necesarios casándome con alguna rica heredera

metido hasta los codos en su paleontología, y en 1914 publicó un trabajo sobre el estilo de vida de los dinosaurios de Transilvania que revolucionó nuestra comprensión de la temprana Europa.[H] Lo que distingue a su ciencia es que él analizó los fósiles en restos de criaturas vivientes que existieron en un hábitat específico y que respondieron a limitaciones ambientales. En realidad, Nopcsa fue el primer paleobiólogo del mundo.

Nopcsa demostró que Hateg estuvo habitado por tan solo diez especies de criaturas grandes. Entre ellas se incluye un pequeño dinosaurio carnívoro conocido por sus dos dientes (que posteriormente perdió), al que Nopcsa llamó *Megalosaurus hungaricus*. *Megalosaurus* es un tipo de dinosaurio carnívoro cuyos fósiles son en realidad muy comunes por toda Europa, pero en rocas más antiguas. Su presencia en Hateg parecía anómala y pronto se demostró que el *Megalosaurus hungaricus* fue un raro error del joven paleontólogo.

Es un hecho extraño, digno de una pequeña digresión, que el primer nombre científico del *Megalosaurus* fuera *Scrotum*. La historia comienza con el primer fósil de dinosaurio descrito y dibujado por el reverendo Robert Plot, en 1677.[I] Se puede decir que su *The Natural History of Oxfordshire* fue la primera historia natural moderna en inglés. Muy al estilo de la época, abarcaba todo: desde las plantas, animales y rocas de Oxfordshire hasta sus notables edificios e incluso los famosos sermones que se daban en sus iglesias. Plot identificó correctamente al fósil en cuestión

---

americana que aspire a la realeza, un paso que bajo otras circunstancias odiaría tener que dar». La British Foreign Office no era del mismo parecer que Nopcsa y solicitó al congreso que escogiera al príncipe William de Wied para ser el primer rey de Albania. Cuando estalló la Primera Guerra Mundial y Albania rehusó a enviar tropas para apoyar a los austrohúngaros, al rey Willie se le cortó la financiación y fue obligado a huir. Albania permaneció sin rey hasta 1928, cuando el rey indígena Zog I ascendió al trono. El amargamente decepcionado Nopcsa escribió a Smith Woodward, su colega paleontólogo en el British Museum (hoy el Museo de Historia Natural), diciéndole: «Mi Albania ha muerto».

como el extremo de un fémur. Reflexionó que, tal vez, podría pertenecer a un elefante traído a Gran Bretaña durante la supuesta visita del emperador Claudius a Gloucester, cuando (según Plot) reconstruyó la ciudad «en memoria del matrimonio de su hermosa hija Genissa con Arviragus, entonces rey de Gran Bretaña, donde es posible que tuviera algunos de sus elefantes con él». Pero, desgraciadamente, Plot no pudo encontrar registros de elefantes más cerca de Gloucester que de Marsella.[2]

Después de una larga y sesuda disertación, Plot concluyó que el hueso que se encontró cerca de un cementerio podría haber pertenecido a un gigante. Como muchos de sus contemporáneos, Plot creía que la obra del siglo XII de Geoffrey de Monmouth, *The History of the Kings of Britain*, relataba hechos reales.[J] Y tan grande es la fuerza del ensueño europeo que Geoffrey de Monmouth comenzó su historia con una variación de Virgilio, en la cual Brutus, un descendiente del troyano Eneas, llega a las costas de Albión para mezclarse con los habitantes originarios, los «gigantes de Albión», y fundar así la raza de los britones.

Plot no le dio a la reliquia un nombre científico y así quedaron las cosas hasta 1673, cuando Richard Brookes reprodujo la ilustración de Plot en su propio libro, *A New and Accurate System of Natural History*. Brookes, que al parecer también creía a Geoffrey de Monmouth,[3] no pensaba que lo que Plot había ilustrado fuera parte de un hueso. En su lugar, lo identificó como un par de prodigiosos testículos humanos. Con los gigantes de Albión en mente, y quizá sobrecogido ante la idea de haber descubierto los mismísimos testículos que engendraron a la primera reina de Gran Bretaña, Brookes nombró al fósil el *Scrotum humanum*. Puesto que siguió el sistema de Linneo, el nombre sigue siendo científicamente válido. Y la identificación de Brookes fue a todas luces

---

[2] Esta intrigante historia es, tristemente, por completo imaginaria.

[3] Esto quizá podría perdonarse. Cuestionar el pedigrí real siempre ha sido una empresa arriesgada.

convincente: el filósofo francés Jean-Baptiste Robinet aseguraba que podía distinguir la musculatura de los testículos, e incluso restos de uretra, en la masa fosilizada.

Para el siglo XXI, la creencia en la veracidad de Geoffrey de Monmouth había disminuido y la investigación científica sobre los dinosaurios había comenzado. En 1842, el anatomista sir Richard Owen, un hombre celoso de los logros científicos ajenos y proclive a ignorar los nombres previos de fósiles interesantes, acuñó el término «Dinosauria». No queda claro si tenía conocimiento del *Scrotum*, pero fue tal el jaleo que provocó el «descubrimiento» de Owen que la descripción de Brookes se perdió por más de un siglo. Incluso el hueso mismo desapareció. Pero el dibujo de Plot permitió identificarlo con certeza como perteneciente al dinosaurio carnívoro *Megalosaurus*, cuyos restos no son raros en los sedimentos jurásicos de Gran Bretaña.

La ciencia de la taxonomía construye sobre su propia historia y, en términos de los nombres científicos válidos, la pérdida de un espécimen no tiene la menor importancia. En el corazón de esta ciencia hay un pequeño libro conocido como el *Código internacional de nomenclatura zoológica*.[K] Al igual que las leyes de sucesión, la taxonomía es gobernada por la regla de la primogenitura que dice que el primer nombre científico legítimamente acuñado tiene preponderancia sobre los demás.[4] Para desgracia de aquellos a quienes no les gusta la idea de llamar escrotos a los dinosaurios, el código no prohíbe la utilización de partes del cuerpo. De hecho, el mismo Linneo llamó *Clitorea* a una flor tropical debido a la forma de sus brillantes flores azules. Sin embargo, una cláusula del reglamento del código dice que, si un nombre no ha sido usado desde 1899, puede considerarse como

---

[4] Si bien el código dicta que el *Megalosaurus* debería ser conocido como *Scrotum*, no dice nada sobre clasificaciones de más alto nivel, como Dinosauria, que se dejan al criterio de los investigadores.

un *nomen oblitum* o nombre olvidado, y ser descartado. Su uso, no obstante, se permite de manera discrecional.[5]

Cuando en 1970 el paleontólogo Lambert Beverly Halstead señaló que *Scrotum* era un nombre científicamente válido y el primero que se propuso para un dinosaurio, un escalofrío recorrió a la habitualmente impasible comunidad taxonómica. No ayudó el hecho de que Halstead pareciera obsesionado con el sexo de los dinosaurios. Su trabajo más memorable es un compendio ilustrado de posiciones copulatorias *dinosaurianas* —una especie de *Kamasutra* reptiliano— que incluye una maniobra de «pierna por arriba» para los saurópodos, los dinosaurios más grandes de todos, aunque muchos consideran esta posición más que improbable. En al menos dos ocasiones, Halstead subió al escenario donde, junto con su esposa, demostró algunas de las posturas más arcaicas.[6]

Al término de la Primera Guerra Mundial, Transilvania fue cedida por el Imperio austrohúngaro a Rumanía, y el barón Nopcsa perdió su castillo, sus propiedades y su fortuna. A manera de compensación, se le ofreció el puesto de director del magnífico Instituto Geológico de Bucarest. No obstante, la pérdida fue muy grande y pasaba la mayor parte del tiempo cabildeando con el Gobierno para recuperar su feudo. En 1919, el Gobierno accedió, pero, cuando Nopcsa regresó a Sacel, sus antiguos sirvientes le propinaron una severa paliza que le obligó a renunciar, por segunda vez, a su patrimonio.

Nopcsa pasó un tiempo atado a una silla de ruedas y al sentir que su potencia le abandonaba, hizo que le practicaran una *stei-*

---

[5] En la década de los setenta, dos de mis colegas británicos consideraron seriamente publicar un artículo científico para revivir el *Scrotum* y renombrar a la Dinosauria como la Scrotalia. Supongo que el hecho de que los profesores se llamaran Bill Ball y Barry Cox no tenía nada que ver con su interés en el tema. [*Ball* 'bola'; *Cox* = *cocks* 'penes'. (*N. del. T.*)]

[6] El periodista científico Robyn Williams, que estuvo entre la audiencia durante una presentación, remarcó que Halstead probablemente necesitaba fortificarse, pues ordenó en el bar una pinta de gin tonic.

nacherización. La operación, que implicaba una forma extrema de vasectomía unilateral, había sido desarrollada por el doctor Eugen Steinach como una cura contra la fatiga y la baja potencia masculina.[7] Si bien Nopcsa se deleitaba con los maravillosos efectos sobre su desempeño sexual, el procedimiento no rejuveneció el resto de su cuerpo, como fue evidente en la reunión de 1928 de la sociedad paleontológica alemana, donde Nopcsa dio un «brillante discurso» sobre la glándula tiroidea de varias criaturas extintas. Tilly Edinger, asistente a la reunión, recuerda: «Pasaba entre nosotros empujado sobre una silla de ruedas, paralizado de la cabeza a los pies terminó con las palabras: "Con mano débil he intentado descorrer hoy una pesada cortina para mostraros un nuevo amanecer. Tirad más fuerte, particularmente vosotros, los más jóvenes; veréis que la luz de la mañana aumenta y atestiguaréis una nueva salida del sol"».[L]

Incapaz de reformar su instituto, Nopcsa renunció como director y cayó aún más en la pobreza. Vendió su colección de fósiles al British Museum y emprendió un viaje en su motocicleta por Europa, con Bajazid en el asiento trasero. El final llegó cuando Nopcsa estudiaba los terremotos y vivía con Bajazid en un apartamento en la Singerstrasse 12 en Viena. Como lo describió el gran experto en dinosaurios Edwin H. Colbert:

El 25 de abril de 1933, algo se quebró en el interior de Nopcsa. Le dio a su amigo Bajazid una taza de té fuertemente mezclada con polvos para dormir. Entonces asesinó al durmiente Bajazid disparándole en la cabeza con una pistola.[M]

Nopcsa escribió una nota y después se disparó, poniendo fin de esta manera a su noble linaje. La nota explicaba que sufría de

[7] Steinach era famoso por haber trasplantado los testículos de cobayos machos en cobayos hembras, lo que llevó a las hembras a montar a otros cobayos. Fue nominado seis veces al Premio Nobel.

un colapso total de su sistema nervioso. Idiosincrásico hasta el final, dejó a la policía instrucciones para que a los «académicos húngaros» se les prohibiera estrictamente llorar por él. Vestido de motociclista, con sus ropas de cuero, su cremación fue digna de un jefe vikingo.[N] Bajazid, en cambio, fue enterrado en la sección musulmana del cementerio local.

3

LA DECADENCIA DE LOS DINOSAURIOS

Entre los huesos que Nopcsa recolectó en la propiedad familiar estaban los restos de un saurópodo, un pesado dinosaurio de largo cuello del tipo de los brontosaurios. Sin embargo, era diminuto en comparación con sus parientes, pues no superaba el tamaño de un caballo. Entre las especies más abundantes se encontraba el pequeño dinosaurio acorazado *Struthiosaurus* y el escuálido dinosaurio pico de pato *Telmatosaurus*, que solo medía cinco metros de largo y pesaba quinientos kilos. La isla de Hateg también fue hogar de un cocodrilo de tres metros de largo, hoy extinto, y desde luego de la hermosa y redonda tortuga de Bajazid.

Los dinosaurios de Nopcsa no solamente eran raquíticos, sino que también eran primitivos. Al describirlos, utilizaba términos como «empobrecido» y «degenerado».[A] A principios del siglo xx tal lenguaje era inusual. Otros científicos europeos clamaban que los fósiles de sus países eran los más grandes, los mejores o los más antiguos de su tipo (algunas veces, como en el caso del hombre de Piltdown, de manera fraudulenta). Por ejemplo, justo antes del comienzo de la Primera Guerra Mundial, un gigantesco esqueleto de saurópodo fue descubierto en las colonias alemanas de África oriental y fue montado en el Museo de Historia Natural de Berlín en donde, hasta la década de los sesenta, el viejo Klaus Zimmerman, un zoólogo del museo, se regocijaba en llevar a los visitantes norteamericanos para: «mostrrarrles que ellos no tienen uno más grrande».[B]

De hecho, durante la época de los imperios, no era raro denigrar una nación extranjera sugiriendo que sus criaturas eran pequeñas o primitivas. Cuando el conde de Buffon, el padre de la historia natural moderna, conoció a Thomas Jefferson en París en 1781, Buffon declaró que el venado y otras bestias americanas eran de escaso tamaño, miserables y degeneradas, al igual que los habitantes humanos de Norteamérica, de quienes escribió: «Los órganos reproductivos son pequeños y débiles. Él no tiene cabello, ni barba, ni pasión por las mujeres».[C] Jefferson estaba furioso. Más decidido que nunca a probar la superioridad de todo lo que era americano, mandó traer de Vermont una piel de alce y un par de astas de gran tamaño. Pero quedó ultrajado cuando le entregaron un cuerpo rancio, de cuya piel se desprendía el pelo, y un par de cuernos de un ejemplar pequeño.

Nopcsa parece haber estado libre de tan espurio nacionalismo. Trabajaba cuidadosamente en sus especímenes, intentando entender por qué eran más pequeños que los dinosaurios encontrados en otros lugares, y fue el primer científico que cortó secciones delgadas de huesos fosilizados, lo que reveló que los dinosaurios de Transilvania habían crecido muy lentamente. La ciencia de la zoogeografía estaba en pañales, pero ya era sabido que las islas podían actuar como refugios para criaturas de mucha edad y lento crecimiento, y que los recursos limitados significaban que las criaturas isleñas podían volverse más pequeñas con el paso de las generaciones. Entonces Nopcsa se dio cuenta de que los rasgos característicos de sus fósiles podían explicarse por un solo hecho: eran los restos de criaturas que habían vivido en una isla. A continuación, analizó todos los dinosaurios de Europa y encontró marcas de «empobrecimiento y degeneración» a lo largo de toda la zona. Sobre esa base argumentó que Europa había sido, en tiempos de los dinosaurios, un archipiélago de islas. Este profundo descubrimiento es la piedra fundacional sobre la que se construyen todos los estudios relativos a los fósiles europeos del final de la era de los dinosaurios. No obstante, Nopcsa fue ignorado. Su falta de chovinismo europeo, su abierta homosexualidad y su personalidad errática contribuyeron sin duda a sus dificultades para encontrar aceptación.

No todos los dinosaurios de Europa son pigmeos. Aquellos que vivieron durante el período Jurásico (antes de los dinosaurios de Nopcsa) podían crecer hasta volverse realmente grandes. Con todo, habitaban una Europa que era parte de un supercontinente. Los dinosaurios que llegaron a las islas europeas nadando por el mar podían también ser muy grandes, aunque su descendencia se iría haciendo cada vez más pequeña, a lo largo de miles de generaciones, conforme se adaptaba a su nuevo hogar isleño.

Un ejemplo espléndido de dinosaurio europeo de gran tamaño es el bípedo herbívoro *Iguanodon bernissartensis*. Treinta y ocho esqueletos articulados de esta pesada criatura, cada uno de 10 metros de largo, fueron encontrados a 322 metros de profundidad en una mina de carbón en Bélgica en 1878. Los huesos, organizados y montados por Louis Dollo (aquel con quien Nopcsa fanfarroneó sobre su primera publicación), fueron expuestos originalmente en la capilla de Saint George, del siglo xv, en Bruselas; un oratorio muy ornamentado que alguna vez perteneció al príncipe de Nassau. La exposición fue tan impresionante que cuando los alemanes ocuparon Bélgica durante la Primera Guerra Mundial, ellos mismos continuaron con las excavaciones en la mina de carbón, y estuvieron a punto de encontrar la capa de huesos cuando los Aliados retomaron Bernissart. Los trabajos se detuvieron y, aunque hubo otros esfuerzos para llegar a los fósiles, la mina se inundó en 1921, por lo que se perdió toda esperanza.

Con el desarrollo de nuevas técnicas, los paleontólogos han sido capaces de aprender mucho más de lo que jamás pudo aprender Nopcsa sobre la vida en Hateg. Uno de los avances más importantes fue la utilización de cedazos para recuperar los huesos de criaturas diminutas, incluyendo mamíferos primitivos. Es posible que algunos, como los Kogaionidae, pusieran huevos y saltasen como ranas. Los huesos de unos extraños anfibios conocidos como albanerpetónidos y de los ancestros de los sapos parteros, que se encuentran entre las criaturas más antiguas de Europa, han sido recuperados, al igual que los huesos de serpientes parecidas al pitón conocidas como Madtsoiidae, de cocodrilos terrestres con dientes serrados, de lagartijas sin piernas, de criaturas ancestrales parecidas al eslizón y de lagartos cola de látigo. Tanto las serpientes Madtsoiidae como los cocodrilos de dientes serrados, sobrevivieron en Australia hasta la llegada de los humanos al continente-isla. Este es un suceso habitual: la vieja Europa sobreviviendo hasta épocas recientes en Australasia.

En 2002, los investigadores anunciaron el descubrimiento del depredador más grande de Hateg, el *Hatzegopteryx*; las criaturas que observamos cuando descendimos de nuestra máquina del tiempo.[D] A diferencia de los dinosaurios, el *Hatzegopteryx* había respondido a las condiciones de la isla convirtiéndose en un gigante, quizá el pterodáctilo más grande que jamás haya existido. Conocemos a la criatura únicamente por una parte del cráneo, el hueso superior del ala (el húmero) y las vértebras del cuello, pero eso es suficiente para que los paleontólogos puedan estimar la envergadura de sus alas en diez metros y su cráneo en más de tres metros de largo. El *Hatzegopteryx* era lo suficientemente grande como para matar a un dinosaurio de Hateg, y su enorme pico con forma de daga sugiere que atrapaba a sus presas de forma muy parecida a como lo hacen las cigüeñas.[E] Si bien es posible que fuera capaz de volar, es casi seguro que pasaba el tiempo en Hateg caminando apoyado sobre sus muñecas, con sus grandes alas de piel plegadas sobre su cuerpo a manera de capa. La imagen es como de una especie de Nosferatu gigante. Seguramente Nopcsa —y desde luego Bram Stoker— habría adorado a esta extraña criatura.

4

LAS ISLAS QUE UNEN EL MUNDO

La fauna de la isla de Hateg en la era de los dinosaurios es la más característica que se conoce. Pero Hateg es solo una parte de la historia de la Europa de la época de los saurios. Para completar todo el cuadro debemos viajar un poco más. Volando hacia el sur de la costa de Hateg cruzaremos la gran extensión tropical del mar de Tetis. En sus aguas poco profundas, almejas hoy extintas, conocidas como rudistas, formaban amplios lechos. También abundaban los caracoles marinos llamados acteonélidos, el más grande de los cuales, con forma de proyectil de artillería, apenas cabría en una mano. La concha de estos caracoles depredadores era excesivamente gruesa. Florecieron sobre los arrecifes de rudistas y, donde los sedimentos lo permitían, escarbaban sus madrigueras. Había tantos que, hoy por hoy, en Rumanía existen colinas enteras —conocidas como colinas de caracoles— hechas de sus fósiles. Junto con los amonites y los grandes reptiles marinos, como los plesiosaurios, las tortugas marinas y los tiburones, también fueron abundantes en el Tetis.

Al norte del archipiélago existía un océano muy diferente. Casi no compartía especies con el cálido Tetis. Sus amonites, por ejemplo, eran de un tipo totalmente distinto. El mar Boreal no era tropical ni sus aguas eran claras y agradables. Estaba lleno de una especie de alga planctónica marrón dorada conocida como cocolitóforo, cuyos esqueletos formarían la caliza que en la actualidad yace debajo de algunas partes de Gran Bretaña, Bélgica y Francia. La mayoría de los restos de cocolitóforos que forman la caliza han sido pulverizados —deben haber sido ingeridos y desechados por algún depredador aún no identificado.[A]

Si los cocolitóforos que abundaban en el mar Boreal eran parecidos a los *Emiliania huxleyi* (Ehux); el cocolitóforo más abun-

dante que existe hoy, entonces podemos conocer bastante sobre
la apariencia del mar Boreal. Donde los afloramientos u otras
fuentes de nutrientes se lo permiten al Ehux, este puede proliferar
al punto de que la superficie del océano se vuelve lechosa. El Ehux
también refleja la luz, concentra el calor en la capa superior del
océano y produce sulfuro de dimetilo, un compuesto que ayuda a
la formación de las nubes. Es probable que el mar Boreal haya sido
un lugar fantásticamente productivo, con sus aguas de superficie
lechosa llenas de organismos devorando plancton, mientras los
cielos nublados los habrían protegido del sobrecalentamiento y
de la nociva radiación ultravioleta.

Es difícil exagerar sobre lo inusual que era Europa hacia el fin
de la era de los dinosaurios. Era un arco de islas geológicamente
complejo y dinámico cuyas masas de tierra individuales estaban
formadas por antiguos fragmentos continentales, por segmentos
emergidos de placas oceánicas y por tierra recién creada gracias
a la actividad volcánica. Incluso en esta etapa temprana, Europa
estaba ejerciendo una influencia desproporcionada sobre el resto
del mundo, parte de la cual provino del adelgazamiento de la placa
que tenía debajo. Conforme el calor ascendía a la superficie, el
suelo marino se fue levantando para formar crestas entre las islas.
Y el hecho de que estas aguas se volvieran más someras, reforzado
por la creación de crestas a mitad del océano debido a la separación de los supercontinentes, provocó que los océanos del mundo
se desbordaran, cambiando el contorno de los continentes, pero
también hundiendo algunas de las islas europeas.[B] La tendencia
a largo plazo, sin embargo, favoreció la creación de más tierra en
lo que habría de convertirse en Europa.

Como la Galia del César, el archipiélago europeo, hacia el final
de la era de los dinosaurios, podía dividirse en tres partes. La gran
tierra norteña de Bal y su vecino sureño Modac, comprendían la
primera de ellas. Hacia el sur se extendía una región extremadamente diversa y muy cambiante que llamaremos las Islas del Mar,
que comprendía los remotos archipiélagos de Póntidas, Pelagonia

y Tau. Más de 50 millones de años después quedarían incorporados a las tierras que hoy bordean el Mediterráneo oriental.

Al oeste de estas dos grandes divisiones se extendía una tercera parte. Regado en las longitudes entre Groenlandia y Bal había un complejo de masas terrestres. En ausencia de un nombre ampliamente aceptado llamaremos a esta región Gaelia (derivado de las islas gaélicas y de Iberia). Compuesta por las islas gaélicas (proto-Irlanda, Escocia, Cornualles y Gales) y, hacia el sector africano de Gondwana, por las islas galo-ibéricas (comprendiendo partes de lo que hoy es Francia, España y Portugal), era una región muy diversa. Descendamos, pues, a dos lugares de Gaelia donde existen abundantes registros fósiles.

Nuestra máquina del tiempo acuatiza en un mar de poca profundidad cerca de lo que hoy es Charente, en el occidente de Francia. Nos encontramos en la embocadura de un pequeño río sin corriente debido a una sequía. Una lagartija parecida al eslizón (uno de los primeros escíncidos) se escabulle entre el fuco que bordea la costa y, en un charco de agua estancada y verdosa, observamos que se forman unas ondas. Un hocico como de cerdo emerge a la superficie y de inmediato se vuelve a hundir. Es una tortuga nariz de cerdo; una sola especie sobrevive en la actualidad en los grandes ríos del sur de Nueva Guinea y en la Tierra de Arnhem, Australia.

A medida que escaneamos la costa de Gaelia vemos grandes tortugas cuello de serpiente tomando el sol. Estas peculiares criaturas se llaman así por el hábito que tienen de meter la cabeza en su caparazón doblando el cuello hacia un lado. Hoy, las cuello de serpiente, se encuentran solamente en el hemisferio sur, habitando ríos y estanques de Australia, Sudamérica y Madagascar. En cambio, los fósiles europeos son de una rama más inusual de la familia de los botremídidos. Son las únicas cuello de serpiente de agua salada y estaban prácticamente restringidos a Europa. En los bosques que bordean el río vemos primitivos dinosaurios enanos similares a aquellos de Hateg, aunque de una especie diferente. Un movimiento en la vegetación delata la presencia de un marsupial del tamaño de una rata, muy parecido en apariencia a la zarigüeya actual de los bosques de América del Sur. Es el primer mamífero moderno en haber llegado a Europa.

Los restos de una criatura *gaeliana* incluso más intrigante —una gigantesca ave no voladora— fueron encontrados en la región de Provenza-Alpes-Costa Azul, al sur de Francia en 1995. Fue nombrada *Gargantuavis philoinos*, «ave gigante amante del vino», porque sus huesos fosilizados fueron expuestos entre viñedos cerca del poblado de Fox-Amphoux (mejor conocido, quizá, por ser el lugar de nacimiento del líder revolucionario francés Paul Barras).

En la época en que vivían estas criaturas, la isla que habría de convertirse en el sur de Francia estaba elevándose lentamente sobre las olas. Pero al mismo tiempo, hacia el sur, la isla de Meseta (que comprendía la mayor parte de la península ibérica) se estaba hundiendo. Desde luego que España habría de elevarse nuevamente, en un proceso que produciría los altos Pirineos y la fusión de Iberia con el resto de Europa. Sin embargo, hace 70 millones de años, cerca de la actual Asturias, en el norte de España, existía una laguna costera y, cuando la tierra se hundió, el mar la inundó en una subida de marea, y los huesos de aligátores, pterosaurios y titanosaurios enanos (dinosaurios saurópodos de cuello largo) quedaron enterrados en los sedimentos. Fósiles de otras partes de Meseta nos dicen que había salamandras en los bosques de esa isla que se hundía.

CAPÍTULO 5

EL ORIGEN DE LOS ANTIGUOS EUROPEOS

¿Qué era característicamente europeo en esta época primitiva? ¿Y qué de todo eso sobrevive en la actualidad? Los científicos hablan de una «fauna fundamental» europea, refiriéndose a los animales cuyo linaje estuvo presente por todo el archipiélago durante la era de los dinosaurios. Los ancestros de la mayoría de esta «fauna fundamental» —que incluye anfibios, tortugas, cocodrilos y dinosaurios— llegaron por agua desde Norteamérica, África y Asia desde los primeros tiempos. Podría intuirse que Asia era una influencia predominante, pero el estrecho de Turgai (parte del mar de Tetis) actuaba como una fuerte barrera, así que las oportunidades para migrar desde Asia eran limitadas. En ocasiones, sin embargo, surgían islas volcánicas en el estrecho formando una especie de camino de piedras y, a lo largo de millones de años, varias criaturas lograron cruzar con éxito, ya sea arrastradas sobre balsas de vegetación o nadando, flotando a la deriva o volando de una isla volcánica a la siguiente.

Los dinosaurios que llegaron desde Asia probaron ser los inmigrantes más resistentes. Aunque, de alguna manera, los Zhelestidae (primitivos mamíferos insectívoros parecidos a la musaraña elefante) también lograron hacerlo. Hadrosaurios bípedos, lambeosaurios descomunales, ciertos ceratopsios similares a rinocerontes y algunos parientes de los velociraptors —todos ellos de gran tamaño y probablemente buenos nadadores— fueron los más exitosos. Tal vez 10 000 se ahogaban por cada uno que conseguía llegar a las costas de una isla europea. Aproximadamente un millón de años después, sus descendientes se contarían entre los dinosaurios enanos del archipiélago europeo.

La ruta de migración de Asia a Europa era más un filtro que una carretera y solo unos pocos poseían la corpulencia, la fuerza o

la buena fortuna para poder recorrerla. Y aún quedan profundos
misterios. ¿Por qué, por ejemplo, las tortugas de caparazón blanco, las tortugas panqueque o las tortugas terrestres comunes, que
existían en Asia y eran buenas nadadoras, no hicieron la travesía?
Multitud de criaturas más pequeñas deben haber sido arrastradas
ocasionalmente al mar por una tormenta y/o una inundación.
Aunque, por alguna la razón, no hay evidencia de que ninguna
haya sobrevivido para llegar a una isla europea.

A lo largo de la existencia de Europa, África ha abrazado repetidamente a su vecino del norte para luego retirarse tras una cortina salada. Hacia el fin de la era de los dinosaurios, grandes ríos
fluían de África hacia Europa, y los peces de agua dulce africanos
entraron a Europa en masa. Entre ellos se encontraban antiguos
parientes de las pirañas y de los tetra, esos pececillos tan populares
en los acuarios, además de peces aguja y de celacantos de agua
dulce conocidos como Mawsonidae. El celacanto es un pez grande
emparentado con los tetrápodos cuyo descubrimiento en la costa
este de Sudáfrica en 1938 provocó el asombro mundial: se creía
que habían estado extintos por 66 millones de años.

La primera de las ranas modernas llegó a Europa junto a estos
peces. Conocidas como Neobatrachia, el grupo incluye a las ranas
toro y los sapos que hoy en día encontramos por toda Europa.
Estos migrantes africanos encontraron un hogar acogedor en lo
que ahora es Hungría, donde sus restos han sido encontrados
en minas de bauxita. Ciertas tortugas cuello de serpiente, las
serpientes Madtsoiidae similares a pitones con sus extremidades
vestigiales, los cocodrilos terrestres de dientes serrados y varios
tipos de dinosaurios también llegaron a Europa desde África. Un
dinosaurio carnívoro, el *Arcovenator*, parece incluso haber migrado
a Europa, pasando por África, desde la lejana India. Sin embargo,
desde hace unos 66 millones de años el puente de tierra con África
desapareció bajo las aguas.

Mientras las conexiones con África se perdían, las migraciones desde Norteamérica, vía el corredor De Geer, aumentaban.

El mundo era mucho más cálido de lo que es ahora. Pero, de cualquier forma, para poder cruzar, había que recorrer un largo camino por las regiones polares, donde (como siempre) hay tres meses de oscuridad cada año. Entre los primeros migrantes se encontraban los lagartos cola de látigo, aunque la rama europea de la familia se extinguió hace mucho. También es posible que el primer marsupial, cuyos dientes fueron encontrados en Charente, Francia, haya usado el corredor De Geer.

Varios miembros del linaje de los cocodrilos y dinosaurios emparentados con el extraño *Lambeosaurus* barritador llegaron por el corredor De Geer ya muy avanzada la era de los dinosaurios. En una época en la que un clima cada vez más cálido habría vuelto la ruta más hospitalaria. Sin embargo, el corredor De Geer era por lo general demasiado polar y tenía condiciones demasiado extremas para gran parte de la fauna de Norteamérica. Ciertamente, el temible *Tyrannosaurus* y el *Triceratops,* con sus tres cuernos y entre los dinosaurios más conocidos de América, nunca pisaron su suelo boreal. Incluso para las pocas especies inmigrantes que tuvieron la suerte de llegar a Europa, las complejas barreras restringían sus movimientos. El archipiélago europeo estaba dividido por mares y cada isla tenía sus propias características, algunas eran demasiado pequeñas o quizá demasiado secas, o por cualquier otro motivo inapropiadas para sostener poblaciones de cierto tipo de criaturas. Es verdad que algunas especies lograron una distribución paneuropea, pero muchas otras se quedaron restringidas a una isla o a un grupo de islas.[1] En aquella época Europa era receptora de

---

[1] Entre esas especies se encuentran las hoy extintas tortugas solemydidas y las ranas lacustres paleobatrácidas, que se quedaron restringidas a Gaelia, al igual que la gigantesca ave no voladora *Gargantuavis* y los dinosaurios carnívoros conocidos como abelosáuridos, un tipo de salamandra, posiblemente unos extraños lagartos excavadores conocidos anfisbenios y unos parientes de la serpiente de cristal (que es originaria de Norteamérica). La adorable tortuga redonda de Bajazid y el terrorífico *Hatzegopteryx*, por el contrario, eran exclusivas de Hateg, mientras que las serpientes Madtsoiidae

inmigrantes, pero ¿le dio algo al mundo? La respuesta es no: no existe evidencia de que ningún grupo europeo se haya extendido hacia otras masas terrestres durante las últimas fases de la era de los dinosaurios. No obstante, Europa sí funcionó como carretera para algunas criaturas, como mamíferos primitivos y algunos dinosaurios que la usaron para cruzar de Asia a América y viceversa. Una explicación para esta asimetría puede residir en la tendencia biológica formulada por Charles Darwin, quien pensaba que las especies de grandes masas de tierra son competitivamente superiores y, por lo tanto, la migración exitosa se da usualmente de masas grandes a masas más pequeñas de tierra. Como anotó Darwin al discurrir sobre migraciones más recientes:

> Sospecho que esta preponderante migración de norte a sur se debe a la mayor superficie de tierra en el norte y a que los individuos del norte han existido en sus propios hogares en mayores cantidades, y consecuentemente han avanzado por la competencia y la selección natural hasta un grado superior de perfección, o de poder dominante, que los individuos del sur.[A]

La mayoría de la fauna fundamental de Europa está extinta desde hace mucho tiempo. No obstante, hay algunos improbables sobrevivientes. Los más importantes son los alítidos (la familia que incluye a los sapos parteros) y las salamandras y tritones comunes (familia Salamandridae). Estas reliquias de los albores de Europa merecen un reconocimiento especial pues son, en efecto, los fósiles vivientes del continente, tan preciosos como el ornitorrinco y el pez pulmonado.

En marzo de 2017 visité la finca de Voltaire en Ferney-Voltaire, cerca de Ginebra. Las primeras flores de la primavera ya aparecían

---

parecidas al pitón, con sus rudimentarias extremidades, se encontraban únicamente en las islas del este y del oeste del archipiélago europeo, pero no en las del centro.

sobre las colinas que daban hacia el sur, pero los bosques seguían húmedos y con el frío invernal. Levanté un tronco y debajo de él vi una criatura marrón de apenas diez centímetros de largo, cuya única traza de color en esa época no reproductiva era una leve línea anaranjada que le recorría la espalda. Se trataba de un tritón crestado italiano (*Triturus carnifex*), que en pocas semanas llegaría a un estanque y, en caso de ser macho, le crecería una extravagante cresta como de dragón, manchas brillantes y vívidas marcas faciales negras y blancas.

La criatura pertenece a la familia Salamandridae, cuyas 77 especies están distribuidas a lo largo de Norteamérica, Europa y Asia. Esta amplia distribución ha ocultado por mucho tiempo su lugar de origen, pero un estudio del ADN mitocondrial de 44 especies ha revelado que los salamándridos se desarrollaron por primera vez hace unos 90 millones de años en una isla del archipiélago europeo.[B] Quizá fue en la Meseta donde se han descubierto los fósiles de los salamándridos más antiguos de la Tierra. El estudio también reveló que las gloriosamente coloridas salamandras de anteojos italianas divergieron del resto de la familia Salamandridae mientras los dinosaurios aún vivían. Justo después de la extinción de los dinosaurios, los salamándridos llegaron a Norteamérica y dieron origen a los tritones de Norteamérica y del Pacífico. Y, algo más tarde, hace aproximadamente 29 millones de años, algunos salamándridos llegaron a Asia y dieron origen al tritón vientre de fuego, al tritón cola de remo y a algunas otras especies asiáticas.[C]

Es realmente sobrecogedor darse cuenta de que los ancestros de esa pequeña y frágil criatura que observé en las profundidades del estanque de Redmond O'Hanlon, en Oxfordshire, forma parte de un grupo proveniente de Europa que colonizó las Américas mucho antes que Cristóbal Colón y el Lejano Oriente mucho antes que Marco Polo. A mi modo de ver, ellas, más que ningún colonizador humano e imperialista, son la verdadera personificación del éxito europeo.

CAPÍTULO 6

EL SAPO PARTERO

Un sapo yace en el corazón de la antigua Europa, aunque este hecho parezca más bien un cuento de hadas.[1] Actualmente, el sapo partero común puede encontrarse desde las regiones bajas del sur de Bélgica hasta los arenosos páramos de España. Se convierte así en el miembro más exitoso y ampliamente distribuido de la familia vertebrada más antigua que sobrevive en Europa: los alítidos, un grupo que incluye a los sapos parteros, las ranas lengua de disco, las ranas vientre de fuego y las ranas pintadas.[2] Mirar a un sapo partero a los ojos es mirar a un europeo cuyos ancestros contemplaron al terrible *Hatzegopteryx*, uno que ha sobrevivido a todas las catástrofes que han conmocionado al mundo en los últimos cien millones de años. Más venerables y más característicamente europeos que cualquier otra criatura, los alítidos son fósiles vivientes que deberían ser considerados como la esencia de la naturaleza.

Algunos alítidos son padres diligentes —cosa que sin duda ha contribuido a su supervivencia—. Cuando los sapos parteros se aparean, el macho recolecta los huevos y los envuelve en hebras alrededor de sus piernas. Como se puede aparear hasta tres veces por temporada, algunos individuos cargan tres camadas de esta

[1] Estrictamente hablando, el término *sapo* debería restringirse a los miembros de la familia Bufonidae, de la cual el sapo europeo común y el sapo corredor son buenos ejemplos. Pero en el habla corriente, el nombre se aplica a cualquier anfibio verrugoso sin cola.

[2] Es frustrante que tanto los tritones asiáticos como los sapos asiáticos sean conocidos como vientre de fuego. Aunque ambos vientre de fuego nos llevan a hacernos una interesante pregunta evolutiva: ¿por qué los colonizadores europeos de Asia tuvieron que desarrollar una parte inferior tan espectacularmente colorida?

manera. Durante ocho semanas, el macho atiende cuidadosamente los huevos, llevándolos a donde quiera que va, mojándolos si
están en peligro de secarse y secretando por su piel antibióticos
naturales para protegerlos de alguna infección. Cuando siente que
están por eclosionar, busca un estanque fresco y tranquilo donde
los renacuajos puedan crecer.

Existen cinco especies de sapo partero: la ampliamente extendida especie nominotípica, tres especies restringidas a España y
sus islas, y una más que llegó a Marruecos proveniente de España
en el pasado geológico reciente. El sapo partero de Mallorca tiene la particularidad de ser una especie lázaro, y fue descrita por
primera vez a partir de los fósiles.[3] Se extendió por Mallorca antes
de la llegada de los humanos, pero, cuando ratones, ratas y otros
depredadores llegaron a la isla, los sapos desaparecieron. Unos
pocos sobrevivieron sin ser detectados en los valles profundos de
la sierra de Tramontana y, después de su descubrimiento en la
década de los ochenta, fueron reintroducidos en varias partes de
la isla donde, con un poco de protección, están reproduciéndose
nuevamente con éxito.[A]

Los sapos parteros jugaron un papel crucial en un debate científico casi olvidado de principios del siglo XX entre el estadístico y
biólogo inglés William Bateson —el hombre que acuñó el término
genética— y el profesor Richard Semon y sus colegas, quienes
argumentaban a favor de una herencia no genética por medio de
una forma lamarckiana de «memoria» celular.[B]

Richard Semon era de un intelecto formidable. Nacido en
Berlín en 1859, pasó buena parte de su juventud en las tierras
salvajes de la Australia colonial, recolectando especímenes bio-
lógicos y viviendo con los aborígenes australianos. Al volver a

---

[3] El término *especie lázaro* fue acuñado por el paleontólogo David
Jablonski para describir un taxón que se pensaba que había desaparecido
durante un evento de extinción masiva, y se descubre que sigue existiendo
millones de años más tarde.

Alemania estudió cómo las ideas y los rasgos se transmiten de un individuo a otro. Su libro *Die Mneme*, publicado en 1904, fue un trabajo fundacional en la materia y su influencia estaba destinada a sentirse mucho más allá de la biología. Comienza con la siguiente observación:

> El intento por descubrir analogías entre varios fenómenos orgánicos de reproducción no es de ninguna manera nuevo. Sería extraño que los filósofos y los naturalistas no hubieran quedado sorprendidos ante la similitud existente entre la reproducción en la descendencia de la forma y de otras características de los organismos parentales, y esa otra forma de reproducción que llamamos memoria.

Para tratar de explicar su concepto, Semon recuerda:

> Estábamos una vez en la bahía de Nápoles y veíamos la isla de Capri frente a nosotros; muy cerca un organillero tocaba un gran organito; un peculiar olor a aceite nos llegaba desde alguna *trattoria*; el sol pegaba sin piedad sobre nuestras espaldas; y nuestras botas, con las que habíamos estado caminando por horas, nos molestaban. Muchos años después, un olor a aceite similar ecforizó [trajo a la mente] con gran vividez el engrama [memoria] óptico de Capri. La melodía del organito, el calor del sol, la incomodidad de las botas, nada de eso fue ecforizado ni por el olor del aceite ni por la renovada visión de Capri. Esta propiedad mnémica puede ser considerada desde un punto de vista puramente fisiológico si consideramos que se origina por el efecto de los estímulos aplicados a la sustancia orgánica sensible.[C]

Esto era verdad, según Semon, sin importar si *mneme* era una memoria o un aspecto corporal heredado, como el color de los ojos.

La rivalidad entre alemanes e ingleses y los horrores de la Primera Guerra Mundial significaron que el libro de Semon no fuera traducido al inglés hasta 1921, demasiado tarde para su autor. Como el gran nacionalista que era, sufrió la derrota y la vergüenza de la rendición con tal intensidad que se envolvió en la bandera alemana y se pegó un tiro. Hoy, Semon no está del todo olvidado. Un eslizón viviente descubierto en la isla de Nueva Guinea lleva su nombre. El atributo más característico del *Prasinohaema semoni* es su sangre verde brillante.

Después de la muerte de Semon, su trabajo fue continuado en la Universidad de Viena por un equipo que incluía al brillante y joven científico Paul Kammerer, que había sido estudiante de música antes de dedicarse a la biología. Sus experimentos parecen extraños bajo los estándares modernos, pero en su época fueron considerados como la cumbre de la elegancia científica. Sus mayores triunfos implicaron manipular la vida amorosa del «sapo obstétrico» (el sapo partero común). Trabajando con gran ahínco en cientos de criaturas verrugosas, las persuadió de renunciar a su predilección por tener sexo en tierra firme.

Finalmente se consiguió la copulación acuática al mantenerlos: «en una habitación a alta temperatura hasta que fueron inducidos a refrescarse en un bebedero, aquí el macho y la hembra se encontraron». Y, reportó Kammerer, se aparearon a la manera normal de los anuros[4] (la hembra suelta los huevos en el agua, donde son fertilizados) en lugar de a la manera de los sapos parteros (el macho ayuda a exprimir los huevos de la hembra, luego los envuelve alrededor de sus extremidades traseras). Esto fue interpretado como que el sapo «recordaba» la forma ancestral de tener sexo. Un rasgo, se aseguraba, que persiste en las generaciones subsecuentes. A los descendientes macho del sapo partero que se apareaban en el agua, decía Kammerer, les crecía incluso una verruga negra especial en las palmas, que usaban para sujetar a la mojada y resbalosa hembra: una característica observada en numerosas ranas y sapos, que se ha perdido, sin embargo, en los sapos parteros.

Incluso después de ofrecer tan asombrosas «pruebas» de la teoría mnémica de Semon, a los anfibios del laboratorio de Kam-

---

[4] Los anuros son anfibios que carecen de cola: las ranas y los sapos.

merer no se les permitió un descanso. En otro experimento, el doctor Hans Spemann obligó al sapo *Bombinator* (vientre de fuego)[5] a desarrollar cristalinos en la nuca. Una característica notable que, sin embargo, fue superada por Gunnar-Ekman, quien indujo a las ranas arborícolas verdes (*Hyla arborea*) a desarrollar cristalinos en cualquier parte del cuerpo, «con la posible excepción de los oídos y la nariz». Esto probaba, se argumentó, que la piel de las ranas «recordaba» cómo desarrollar cristalinos si era correctamente estimulada. Mientras tanto, Walter Finkler se dedicó a trasplantar cabezas de insectos macho en cuerpos de hembras. Estas criaturas híbridas mostraban señales de vida durante varios días. Pero, y quizá no sea ninguna sorpresa, manifestaban conductas sexuales alteradas.

Para la década de los veinte, el trabajo de Kammerer se encontraba bajo un intenso ataque, pues contradecía a la «ortodoxia neodarwinista», entonces representada por William Bateson, a quien se describía de joven como «esnob, racista e intensamente patriota».[D] Los ataques de Bateson a Kammerer eran, según Arthur Koestler, mordaces y obsesivos. Bateson sospechó un fraude desde el principio, y el fraude, de hecho, fue probado en 1926, cuando se descubrió que las verrugas pigmentadas de las palmas de uno de los sapos parteros de Kammerer habían sido tatuadas. Hoy por hoy se desconoce quién fue el perpetrador del fraude, aunque es posible que fuera un ayudante que era simpatizante nazi y que trató de desacreditar a Kammerer, judío, apasionado pacifista y socialista. El fraude fue exhibido por Bateson como evidencia de que el trabajo de toda una vida de Kammerer era dudoso. Y este, con su reputación hecha pedazos, dio un paseo por el bosque y —como Semon antes que él— se mató de un tiro.

[5] *Bombinator* se refiere al abejorro (*bumble bee*), cuyo zumbido al volar se parece supuestamente al croar de este inusual sapo. Su llamada, por cierto, es producida por un flujo de aire hacia dentro, a diferencia del flujo hacia fuera usado por la mayoría de los demás sapos y ranas.

En 2009, el biólogo del desarrollo Alexandre Vargas volvió a examinar los descubrimientos de Kammerer y declaró que, dejando a un lado la palma tatuada del sapo, pudieron no ser fraudulentos, puesto que podían explicarse por medio de la epigenética: cambios provocados por la modificación en la expresión de los genes, más que por la alteración de los genes en sí. Otros investigadores han declarado que a Kammerer se le debería dar crédito como fundador del fenómeno epigenético conocido como efectos de «origen parental», por el cual la impronta genética permite el silenciamiento de ciertos genes. Un siglo después de sus desesperados suicidios, tanto Kammerer como Semon están consiguiendo algo de reconocimiento.

Los sapos parteros tienen un pariente cercano en Europa, los vientres de fuego o sapos *Bombinator* (las mismas criaturas que Hans Spemann manipuló para que desarrollaran cristalinos en la nuca). Existen ocho especies de estos pequeños y coloridos anfibios, los cuales son los únicos viajeros reales entre los alítidos.[6] Hace diez millones de años, estos diminutos vientre de fuego lograron cruzar la enorme amplitud de masa terrestre de Eurasia, y hoy cinco de las ocho especies habitan en montañas y pantanos de China.

Los alítidos son una de las tres antiguas familias del orden Archaeobatrachia; las ranas y sapos más primitivos que sobreviven en la actualidad. Las otras dos son las ranas de Nueva Zelanda y las ranas con cola de las montañas Rocosas de Norteamérica. Juntas, estas dos familias contienen únicamente cinco especies, mientras que los alítidos incluyen unas veinte especies vivas, de las cuales más de la mitad habitan en Europa. Los alítidos incluyen seis especies de ranas lengua de disco, dos de las cuales han llegado al norte de África, y las ranas pintadas (*Latonia*), de las que solamen-

---

[6] Su posición en la familia Alytidae aún está en discusión, pues algunos investigadores los colocan en su propia familia, los Bombinatoridae. Nadie pone en duda, sin embargo, que son parientes cercanos de los alítidos.

te existe una especie viva. Hace entre treinta millones y un millón
de años, las ranas pintadas abundaban en Europa, pero luego se
extinguieron. En 1940, biólogos recolectaron dos ranas adultas
y dos renacuajos en las proximidades del lago Hula, en lo que
hoy es Israel. Para sorpresa de todos, se trataba de ranas pintadas.
La más grande de las dos no tardó en comerse a su compañera
más pequeña y en 1943 la caníbal —para entonces encurtida en
líquido conservante en una colección universitaria— fue declarada
como una nueva especie, la rana pintada de Hula.

Otra rana pintada fue encontrada en 1955, pero, después
de aquello, las criaturas desaparecieron y, para 1996, la Unión
Internacional para la Conservación de la Naturaleza consideró
que estaba extinta. Israel, sin embargo, siguió incluyéndola en
la lista de especies en peligro de extinción. Su fe obtuvo recompensa en 2011 cuando el guardabosque Yoram Malka localizó
una rana pintada viva en la Reserva Natural de Hula, en el norte
de Israel, donde sobrevive una población de varios cientos. La
rana pintada de Hula (o sapillo pintojo de Israel) es el máximo
taxón lázaro: considerada extinta hace un millón de años, fue
descubierta aferrándose a la vida en un pantano de la periferia
de Europa.

Hasta hace medio millón de años, los alítidos compartían Europa con otro grupo de anfibios, los paleobatrácidos.[E] Las ranas,
por lo general, no dejan buenos fósiles, pero los paleobatrácidos
son una excepción y se puede ver en sus restos exquisitamente
preservados en las exhibiciones de varios museos europeos. En hábitos y forma corporal, los paleobatrácidos se parecían a la grotesca
rana de uñas africana y al sapo de Surinam, de Sudamérica; y, al
igual que ellos, parecen haber pasado toda su vida bajo el agua,
con una preferencia por los lagos, incluyendo los más profundos
y tranquilos, donde las posibilidades de conservarse como fósil
son mucho mejores que para aquellos que viven en pantanos o en
tierra firme. Nos perdimos observar estas ranas en carne y hueso
por un pelo de tiempo geológico.

Esta Europa de «en un principio» puede sonar como un lugar muy lejano, más parecido a, digamos, Australasia que a la Europa de hoy. Pero incluso en estas primeras épocas hay algunos hilos que la unen con la Europa de tiempos más recientes. Uno de ellos es su naturaleza extremadamente diversa. En un principio fueron los grandes reptiles que se movían pesadamente por las islas europeas. Hoy son los diferentes idiomas y culturas humanas que existen a lo largo de numerosas fronteras. De todas maneras, cabe destacar que Europa ha sido, tanto antes como ahora, una tierra de excepcional dinamismo e inmigración a gran escala de especies que llegan y encuentran un lugar entre los habitantes que ya existen ahí, de forma que se adaptan a las condiciones locales y ayudan reiteradamente a rehacer Europa.

7

LA GRAN CATÁSTROFE

En una gruesa capa de arenisca en la cuenca de Tremp, en los Pirineos del sur, una fantasmal sombra de los últimos dinosaurios de Europa puede ser observada en forma de pisadas.[1] Puesto que las rocas que las preservan han sido levantadas, plegadas y erosionadas desde abajo, muchas de esas huellas se han conservado en los techos de las salientes, así que lo que vemos es una gran réplica en piedra del pie de un dinosaurio que nos pisa desde arriba.[A] Las impresiones fueron hechas en su mayoría por saurópodos de largo cuello y hadrosaurios bípedos que habían migrado al archipiélago provenientes de Asia y Norteamérica hacia el fin de la era de los dinosaurios. A dónde se dirigían y de dónde venían ese día en particular nadie lo sabe. Pero lo que sí sabemos es que 300 000 años después de imprimir tales huellas, los descendientes de estas criaturas fueron borrados de la faz de la Tierra. Una rara evidencia del cataclismo que los destruyó se encuentra preservada entre las rocas de la cuenca de Tremp, donde una sucesión de sedimentos se acumuló sin interrupción durante un largo período, antes y después de la extinción.

La causa de la extinción de los dinosaurios ha sido debatida durante largo tiempo. Algunos paleontólogos argumentan que los cambios climáticos o geológicos interrumpieron el suministro de alimento para los dinosaurios. Sin embargo, nadie podía explicar convincentemente lo que había sucedido hasta que, en 1980, un equipo de investigadores —liderado por el físico Louis Álvarez y su hijo geólogo Walter— sugirió que un asteroide había chocado

---

[1] En geología, una cuenca es una depresión formada por rocas fracturadas o flexionadas que ha acumulado una gruesa capa de sedimentos.

contra la Tierra, provocando un invierno nuclear lo suficientemente severo como para detonar un evento de extinción masiva. El
equipo anunció que había evidencias de este acontecimiento —en
forma de capas sedimentarias ricas en iridio derivadas del asteroide— en rocas repartidas por todo el mundo. Basándose en este
trabajo pionero, en 2013, un equipo liderado por el profesor Paul
Renne, del Berkeley Geochronology Center, utilizó la datación
por argón para señalar el momento del impacto: hace 66 038 000
años, más o menos, 11 000 años.[B]

Algunos paleontólogos se sintieron indignados ante la teoría
del bólido o, más exactamente, ante el hecho de que una persona
externa a su disciplina se atreviera a entrometerse en sus asuntos.
Argumentaban que los dinosaurios siguieron existiendo durante
milenios después del impacto o que, de cualquier forma, en el
momento del desastre ya se encontraban en una lenta decadencia.
Otros negaban que el impacto de un asteroide pudiera tener un
efecto tan catastrófico.[C] A pesar de los contraargumentos, hoy
en día es aceptado que algún tipo de cuerpo celeste (un bólido)
chocó contra la Tierra y provocó la extinción. Los científicos están
cada vez más convencidos de que el objeto en cuestión era un
meteorito o un cometa de tamaño similar a la isla de Manhattan.

Pero ¿tan malo podía ser el impacto de un asteroide? Una respuesta proviene del hecho de que se requiere muchísima presión
para quebrar el cuarzo. De hecho, hasta hace muy poco no se
pensaba que su resistencia a la meteorización era absoluta. Entonces, los científicos examinaron algunos granos de arena de las
proximidades de una prueba nuclear subterránea. El poder de la
explosión había sido suficiente para deformar la estructura de cristal del cuarzo, que se mostraba como unas líneas microscópicas en
los granos. Se requiere de más de dos gigapascales (2000 millones
de pascales) de presión para quebrar el cuarzo de esta manera (en
comparación, la atmósfera al nivel del mar ejerce un poco más de
100 000 pascales de presión). Los volcanes, por cierto, no chocan
el cuarzo. Incluso si pueden generar la presión requerida, para el

choque se requiere que la temperatura se mantenga relativamente baja, y los volcanes son demasiado calientes. El bólido que exterminó a los dinosaurios liberó dos millones de veces más energía que la prueba nuclear más grande jamás realizada, creando el mayor volumen de cuarzo chocado en la historia de nuestro planeta: dicho elemento se encuentra por todos lados en las rocas que se formaron en esa época.

El bólido golpeó cerca del ecuador, en lo que ahora es la península de Yucatán, en México. El impacto desplazó unos 200 000 kilómetros cúbicos de sedimento y las ondas sísmicas habrían hecho vibrar la Tierra como una campana, generando erupciones volcánicas y terremotos alrededor del globo.[D] Se estima que el megatsunami que provocó fue de varios kilómetros de altura —uno de los más grandes en la historia del planeta— y debió haber sido todavía considerable cuando alcanzó el archipiélago europeo. Escombros en llamas llovían del cielo, causando tormentas de fuego que consumían bosques completos y dejaban tras de sí grandes capas de carbón. Dado que entonces los niveles de oxígeno eran más altos, hasta la vegetación húmeda habría sido calcinada.[2]

Cuando los incendios se apagaron, comenzó un invierno nuclear originado por las partículas que, lanzadas a la atmósfera, oscurecieron el sol. Y, por si este efecto destructivo fuera poco, el bólido aterrizó sobre un lecho de mineral de yeso, lo que generó enormes cantidades de trióxido de azufre que al mezclarse con el agua produjo ácido sulfúrico, reduciendo la cantidad de luz solar que llegaba a la Tierra hasta en un 20 % y agravando así el invierno nuclear, lo que generó que la temperatura descendiera hasta el congelamiento y que la fotosíntesis no fuera posible durante más o menos una década. Paradójicamente, al invierno nuclear le siguió un calentamiento global provocado por el dióxido de carbono liberado por los incendios y la actividad volcánica. La circulación de los océanos se habría detenido abruptamente, y durante miles

___

[2] El oxígeno cayó a cerca de los niveles actuales después del impacto.

de años después es posible que siguiera sufriendo de una severa afectación. La vida marina quedó devastada. Nunca más el mundo volvería a ver al glorioso amonite o al desgarbado plesiosaurio, ni volvería a tener a las almejas rudistas ni a los acteonélidos que parecen proyectiles de artillería.

El sitio del impacto estaba relativamente cerca del archipiélago europeo, así que podemos suponer que en este lugar las consecuencias del fuego y del tsunami fueron graves. Ninguna zona de la Tierra podría haber escapado al invierno nuclear que siguió. Casi todo lo que pesaba más de unos cuantos kilos —incluidos los dinosaurios atrofiados de Europa y la tortuga de Bajazid— se extinguió. Asimismo, desaparecieron muchas criaturas pequeñas, incluyendo a los lagartos cola de látigo, las serpientes Madtsoiidae y algunos mamíferos primitivos. *Sic transit gloria mundi!*

Las aguas dulces de Europa, sin embargo, proporcionaron un importante refugio. Sus anfibios siguieron existiendo casi indemnes, al igual que algunas de sus tortugas acuáticas. Las aguas profundas amortiguaron el calor y el frío excesivos, y los ecosistemas de agua dulce pudieron sobrevivir por un tiempo sin fotosíntesis porque las bacterias y los hongos que se alimentaban del detritus arrastrado desde la devastada tierra firme proveyeron de una base para la cadena alimenticia. Y, estando en la cima de la cadena, las ranas y las tortugas podían procurarse alimento. Así fue como los ancestros de las delicadas salamandras y sapos parteros sobrevivieron a la catástrofe global.

Para nuestra frustración, casi no contamos con fósiles europeos, de la época en que el bólido impactó, que nos indiquen lo que estaba ocurriendo en tierra firme. Somos más afortunados en lo que a los mares se refiere. En Italia y en Holanda, entre otros lugares, se puede ver —y tocar— en las piedras el momento preciso del impacto. De hecho, fue en Gubbio, en los Apeninos italianos, donde se identificó y estudió por primera vez la capa de iridio, después de quedar espléndidamente expuesta en un corte para construir una carretera. La capa demostró ser rica en pequeñas esferas cristalinas; restos de rocas que se fundieron y salieron disparadas hacia la atmósfera de la Tierra, para luego solidificarse y volver a caer como lluvia.

Tal vez, la extinción marina que más impacto tuvo, al menos en Europa, fue la de los cocolitóforos, cuyos fósiles, depositados por gigatoneladas, formaron la caliza que da nombre al período Cretácico. Desde los blancos acantilados de Dover hasta el horsteno, empleado en la construcción, y las rocas de los túneles de los campos de batalla de la Primera Guerra Mundial en Bélgica y el norte de Francia, Europa está llena de evidencias de lo abundantes que fueron los cocolitóforos en el pasado. Con la extinción de muchos tipos clave, la creta (caliza) nunca se volvería a formar.[3]

Aunque la mayoría de nosotros vivimos ajenos a semejante amenaza, el choque de un asteroide sigue siendo una posibilidad. En diciembre de 2016, científicos de la NASA advirtieron que estamos «penosamente mal preparados» para el caso de que un asteroide o cometa choque contra la Tierra.[E] Incluso un impacto muchísimo más pequeño que el que ocurrió hace 66 millones de años podría devastar nuestra civilización.

---

[3] Algunos cocolitóforos deben haber sobrevivido, pues la caliza continuó depositándose en unos pocos lugares, como Inglaterra y Dinamarca, durante algunos millones de años después del impacto del bólido.

8

UN MUNDO POSTAPOCALÍPTICO

La gran extinción ocasionada por el bólido marcó el final de la era de los dinosaurios y el principio de la era de los mamíferos. Conocida como la era cenozoica, que significa «vida reciente», es la división del tiempo en la que vivimos. El Cenozoico se divide en épocas, comenzando con el Paleoceno, que se extiende de 66 a 56 millones de años atrás.[A] Este confuso nombre que significa «nuevo viejo» fue acuñado en 1874 por Wilhelm Philippe Schimper, un francés experto en musgos que también incursionó en la paleobotánica.

¿Cómo era el archipiélago europeo una vez que el clima se hubo estabilizado y la vida comenzó a reclamar la tierra? Desgraciadamente nos enfrentamos a una terrible ausencia de registros fósiles de este momento crítico —una ausencia que dura cinco millones de años—. La probabilidad de que los fósiles de criaturas terrestres se hubieran preservado no se incrementó por el hecho de que, en aquella época, gran parte del archipiélago terrestre estaba sumergido (aunque existían grandes islas). Sin embargo, a partir de evidencias obtenidas en otros lugares, particularmente en Norteamérica, podemos suponer que durante miles de años prevaleció un devastado paisaje dominado por helechos.[1] Entonces, lentamente, los árboles y arbustos sobrevivientes emergieron de sus refugios, quizá desde el fondo de profundos valles o de los bancos de semillas de la tierra, o de las semillas que flotaban a la deriva en el océano. Pero el clima ya se había alterado: ahora Europa era más fría y seca, por lo que florecieron nuevos tipos de

---

[1] Algunos helechos son especies pioneras, capaces de colonizar rápidamente suelo desnudo.

plantas mientras que algunas sobrevivientes encontraban difíciles las nuevas condiciones.

A pesar del clima modificado, ¡cómo deben haber crecido los árboles! Porque no solamente se habían liberado de las bocas de los dinosaurios, sino también de las de muchos insectos herbívoros que, al menos en Norteamérica, también se habían extinguido.[B] Parece razonable suponer que hubo un impacto similar en Europa, lo que habría permitido a los bosques de las islas crecer con más densidad y rapidez que nunca antes. La reproducción, sin embargo, pudo volverse más difícil, ya que escaseaban los polinizadores y los dispersores de semillas.

¿Cómo era la vida en aquellos bosques de rápido crecimiento? Podemos echar un vistazo gracias a un agujero de 25 metros de profundidad y solo uno de ancho que se excavó en un campo de fútbol en Hainin, cerca de Mons, en Bélgica, que interseca sedimentos depositados unos cinco millones de años después del impacto del bólido. La excavación fue el resultado de un descubrimiento fortuito en los años setenta, cuando unos geólogos taladraron varios agujeros pequeños esperando obtener muestras de sedimentos marinos. En su lugar, encontraron algo infinitamente más valioso: fósiles de las primeras criaturas terrestres de la era de los mamíferos.[C] Posteriormente se cavaron otros tres agujeros en el campo de fútbol y cada uno arrojó nuevos fósiles, y nuevos conocimientos, sobre una época desaparecida.

En un breve momento de gloria, justo antes del frenesí por taladrar, los ROC de Charleroi-Marchienne jugaron en la primera división, aunque hoy en día continúan en la tercera división B. Espero que los agujeros en el campo de fútbol no hayan tenido nada que ver con eso. Ahora bien, en lo que a mí respecta, yo habría cavado en medio del mismísimo Bruselas para obtener los fósiles que esos excavadores encontraron en Hainin. Ciertamente el volumen de objetos encontrados fue pequeño. Los 400 fragmentos —la mayoría dientes aislados de mamíferos del tamaño de una rata y unos cuantos huesos de reptiles, anfibios y peces— cabrían en una o dos cajas de fósforos. ¡Pero qué gran cosecha de información! Los fragmentos nos dicen que el agua dulce en Hainin debe haber sido abundante, pues entre ellos se incluyen los restos de un gran pez depredador conocido como lengua huesuda o saratoga. Debido a que fue muy buscado por los pescadores deportivos, hoy solamente se encuentra en los ríos del sureste de Asia y en Australia. Sin embargo, en los tiempos en que el depósito de Hainin se estaba formando existía en todo el mundo.[D] Los huesos de antiguos alítidos —ancestros de los sapos parteros— también estaban presentes, así como los restos de una salamandra.

Los albanerpetónidos —¿ha existido alguna vez un nombre más extraño? Llamémosles simplemente pertones— eran anfibios parecidos a los tritones que vivían entre el lecho de hojas caídas. Sus fósiles se encuentran en Norteamérica, Asia y Europa (incluyendo Hainin), donde aparecen en sedimentos formados tanto antes como después de la colisión del bólido. Imagine que tiene un pertón en la palma de su mano. Al ser un habitante del suelo, su color probablemente es oscuro y podría ser confundido con un tritón de piel nudosa. Pero a diferencia de cualquier tritón, los pertones se sienten duros, pues bajo su piel tienen una armadura ósea. La criatura levanta su cabeza para mirarlo, revelando un cuello ágil y flexible, diferente al de cualquier otro anfibio vivo.

Los anfibios fueron los primeros vertebrados en colonizar tierra firme, antes, en el período Devónico, hace unos 370 millones de años. Hoy tenemos solamente tres linajes mayores de anfibios: los anuros (ranas y sapos), los tritones y las salamandras, y las cecilias parecidas a gusanos, todos los cuales pueden rastrear a sus ancestros hasta mucho antes de los dinosaurios. Los pertones eran un cuarto linaje; uno que se originó en el principio mismo la historia de los anfibios. A lo largo de las generaciones, los ojos de los pertones han presenciado la mayor parte de la historia de la vida en tierra firme. Y nosotros los humanos casi pudimos verlos a ellos. En 2007 fueron reconocidos unos fósiles que databan de apenas hace 1,8 millones de años y que fueron preservados en depósitos formados en roca caliza cerca de Verona, Italia.[E] Que la posibilidad de conocer a los pertones nos haya sido arrebatada por un período tan corto de tiempo (geológicamente hablando), después de que ellos habían existido por 370 millones de años, parece trágico. Sería hermoso pensar que, en algún oscuro valle de Europa, aún hay un pertón que sobrevive.

Parece muy extraño que los cascarones de los huevos de dos diferentes tipos de tortugas se hayan preservado en Hainin, pues los huevos rara vez se fosilizan. No podemos identificar a las tortugas que produjeron esos huevos, pero el hecho de que tres de los cuatro grandes linajes de tortugas europeas se extinguieran cuando cayó el bólido limita las posibilidades. Las únicas sobrevivientes fueron las cuello de serpiente, aunque vivieron tiempo prestado, pues se extinguieron unos diez millones de años más tarde. Todas las tortugas europeas vivas de la actualidad descienden de inmigrantes que llegaron tras el impacto del bólido.

Dos diferentes criaturas parecidas a cocodrilos están representadas por una vértebra cada uno, así que poco se puede decir de ellas.[F] En cambio, otras dos vértebras diminutas dan fe de algo mucho más interesante: la presencia de una serpiente ciega. Las serpientes ciegas son las más primitivas de todas las serpientes, y los huesos de Hainin son los huesos más antiguos de una serpiente ciega que se hayan encontrado en ningún lugar sobre la Tierra. [G] Estas criaturas excavadoras viven como gusanos, con los cuales guardan un gran parecido, y se alimentan de hormigas y termitas. Una sola especie sobrevive hoy en Europa, y se encuentra en los Balcanes y en las islas del Egeo.

Fósiles de anfisbenios —unos lagartos extraños, subterráneos y similares a gusanos, que se originaron en Norteamérica hace más de cien millones de años— también fueron encontrados en Hainin. De unos diez centímetros de largo, son unos depredadores formidables que tienen una horrible cabeza sin ojos y unos poderosos dientes que se entrelazan y que pueden desgarrar a pedazos a sus víctimas, a las cuales se comen vivas. Con la piel suelta que parece moverse por propia voluntad y que arrastra al cuerpo tras de sí, un anfisbenio puede avanzar hacia delante o hacia atrás con igual facilidad. Ciegos, de piel pálida y totalmente asombrosos, guardan un cierto parecido con el oráculo de Kattegat de la serie televisiva *Vikingos*. Los anfisbenios sobrevivieron al impacto del bólido en Norteamérica y su presencia en Hainin nos indica que migraron a Europa muy poco tiempo después.[H] No es probable que hayan sido navegantes marítimos, así que aparentemente cruzaron el Atlántico Norte en vegetación que flotaba a la deriva.[I] Hoy sobreviven cuatro especies de anfisbenios en Europa: dos en la península ibérica y dos en Turquía.[2]

Lo más sorprendente sobre la fauna de Hainin es lo ctónica que era. Salamandras y sapos que no ven, lagartos excavadores y serpientes ciegas, todas ellas son criaturas de la tierra. Cuando pienso en su mundo, me llegan a la mente imágenes de Europa en las postrimerías de una catástrofe mucho más reciente. Películas grabadas al final de la Segunda Guerra Mundial retratan criaturas pobres y atribuladas emergiendo entre los escombros de sus madrigueras subterráneas a un mundo tristemente devastado. Es como si solo las entrañas de la Tierra pudieran ofrecer refugio ante tal destrucción.

Hace 66 millones de años, las consecuencias del impacto del bólido duraron no décadas, sino millones de años. Y, sin embargo, la vida se recuperó. En un bosque junto al mar, tal y como los paleontólogos piensan que fue el yacimiento de Hainin en algún momento, las nuevas arboledas fueron vivificadas por un grupo de pequeños supervivientes. Luchando sobre los troncos caídos y entre las ramas de los árboles había una sorprendente diversidad de mamíferos del tamaño de una rata. Los más abundantes eran los comedores nocturnos de insectos y fruta conocidos como Adapisoriculidae, de quince centímetros de largo. Por mucho tiempo se pensó que estaban emparentados con los erizos, pero estudios

---

[2] Al parecer, los ancestros de los anfisbenios de Europa llegaron por mar en migraciones separadas.

más recientes los identifican como criaturas primitivas que no desarrollaban una placenta, aunque en otros aspectos eran similares a los mamíferos placentarios. En apariencia eran muy similares a las ratas, y existieron todavía durante diez millones de años después de que el bólido colisionó. La mayoría de las especies eran europeas.

Entre los mamíferos más intrigantes que merodeaban por los bosques de Hainin estaban los Kogaionidae —a estos sobrevivientes iniciales del impacto del bólido los conocimos brevemente en Hateg—. Únicos en Europa, sus restos abundan en Hainin; un tipo, el *Hainina*, toma su nombre de este sitio. Deben haber sido grandes sobrevivientes, aunque los Kogaionidae eran mamíferos muy primitivos que probablemente ponían huevos. Si bien no eran mucho más grandes que las ratas, los Kogaionidae nunca podrían haber sido confundidos con roedores. Imaginemos que estamos en los bosques antiguos de Hainin. Un movimiento en el sombrío sotobosque delata la presencia de algo que brinca entre los helechos. Se mueve igual que una rana, pero está cubierto de pelo. Conozcan al Kogaionidae, el único mamífero que ha desarrollado un medio de locomoción similar al de las ranas y los sapos.[3][J] Cuando abre su boca para ingerir a la serpiente ciega que ha emboscado, podemos ver unos grandes premolares que utiliza para cortar su presa. Extrañamente, los largos incisivos inferiores con los que ha empalado a su víctima son rojo sangre, resultado del hierro con que su esmalte ha sido fortalecido.[K] Ungulados primitivos del tamaño de una rata, marsupiales y musarañas elefante completan la fauna de mamíferos de Hainin.[L] Todos pudieron haber sobrevivido al impacto del bólido en sus madrigueras subterráneas y, después, durante el oscuro frío que siguió, comiendo pequeños invertebrados como gusanos, saltamontes e insectos, o las semillas que habían quedado en el suelo.

[3] Todavía se debate sobre la locomoción de los Kogaionidae. Las primeras reconstrucciones los mostraban como criaturas parecidas a las ardillas, pero un análisis reciente sugiere que se movían como las ranas.

9
NUEVO AMANECER, NUEVAS INVASIONES

Diez millones de años después de la extinción de los dinosaurios comenzó una nueva época geológica. El arranque del Eoceno está definido por un cambio en la proporción de dos isótopos de carbono —carbono-12 y carbono-13— lo que indica una erupción de carbono fósil a la atmósfera. Este evento es uno de los más impactantes en la historia de la Tierra. En tan solo 20 000 años —un mero instante geológico— el carbono fósil provocó que la temperatura global aumentara entre 5 y 8 grados centígrados, y permaneció elevada durante 200 000 años. Al mismo tiempo, los océanos, especialmente el Atlántico Norte, se acidificaron. La circulación de los océanos cambió radicalmente (en algunas regiones se invirtió), y los foraminíferos de agua profunda (organismos unicelulares) se extinguieron en masa. En la tierra, los patrones de lluvia cambiaron: unas regiones sufrieron diluvios de proporciones bíblicas y otras se secaron. La erosión y la degradación empobrecieron el suelo en una escala sin precedentes, dejando nuevos lechos de sedimentos de gran extensión en las llanuras aluviales. Las pluviselvas florecieron tan al norte como Groenlandia.

Algunos investigadores piensan que el calentamiento fue provocado porque los ductos de kimberlita (respiraderos volcánicos que se originan muy profundo en el manto de la Tierra) alcanzaron la superficie cerca del Lac de Gras, en el norte de Canadá, y despidieron grandes cantidades de carbono. Otros piensan que la causa fue una gran expulsión de gas natural desde las profundidades del océano. La extrema acidificación del Atlántico Central y del Atlántico Norte confirma esta idea, al igual que la presencia de varias estructuras parecidas a cráteres en el fondo del océano, las cuales tienen en su base delgadas capas de roca volcánica conocidas como láminas. La roca fundida de las láminas pudo haber encendido las vastas reservas de gas natural enterradas cerca de la superficie, como cuando se acerca una cerilla a un asador de gas.[A] Cualquiera que haya sido la causa, generalmente se acepta que el calentamiento fue provocado por un flujo anual de carbono más reducido que el que la humanidad está lanzando a la atmósfera en la actualidad.[B]

El nombre Eoceno (que significa «nuevo amanecer») fue acuñado por el padre de la geología moderna, Charles Lyell. Su obra en tres volúmenes *Principios de geología* fue publicada entre 1830 y 1833; y, en el último volumen, definió al Eoceno sobre la base de que del 1 al 5 % de sus especies todavía existen. Esta época duró 22 millones de años —hace entre 56 y 34 millones de años— y en el momento de su inicio había una gran masa de tierra donde alguna vez se extendió el archipiélago europeo. Aún se podían encontrar numerosas islas, incluyendo las de proto Gran Bretaña en el oeste e Iberia en el sur, pero extendiéndose desde el estrecho de Turgai en el este hasta Escandinavia en el norte. Un protocontinente europeo que comenzaba a tomar forma, uno que ni la subida de los mares ni el movimiento de las placas tectónicas ha dividido desde entonces.

Durante los diez millones de años posteriores al día en que las últimas quijadas de dinosaurio dejaron de moverse, la vegetación de Europa creció en total libertad. Los bosques europeos se habían convertido en catedrales —incluso más densas, sombrías y tranquilas— como las grandes pluviselvas de Borneo que fueron penetradas por primera vez en el siglo XIX por el explorador italiano Odoardo Beccari. Para él, las selvas tropicales de Borneo, las más altas de la Tierra, eran lugares que habían: «permanecido intactos e inalterados desde épocas geológicas remotas, y donde la vegetación ha seguido floreciendo ininterrumpidamente por cientos de siglos desde el período en que la primera tierra firme emergió del océano».[C] Si nos visualizamos entre esos troncos enormes, entre la penumbra iluminada por hongos e insectos luminiscentes en ese silencio y quietud penetrantes, rotos únicamente por la extraña y

escurridiza criatura, podemos darnos una idea de cómo eran los
irrestrictos bosques de Europa.

Justo antes del gran calentamiento, un ligero enfriamiento provocó que el nivel del mar descendiera unos 20 metros, abriendo
un puente de tierra entre Europa y Norteamérica, lo que permitió
que un gigante de América llegara a Europa. El *Coryphofodon* era
la criatura más grande que existió después de la extinción de los
dinosaurios. Descendiente de ancestros americanos del tamaño de
una rata de hace diez millones de años, el *Coryphodon* pertenecía
a un antiguo orden, hoy extinto. Criaturas de andar torpe, de dos
metros y medio de largo y hasta 700 kilos de peso con un cerebro
de apenas 90 gramos, probablemente no eran muy agradables a
la vista; parecían musarañas demasiado obesas.

Los coryphodones se alimentaban de grandes cantidades de
vegetación en los bosques pantanosos del Nuevo Mundo —que
en aquel entonces crecían tan al norte como Groenlandia—. Funcionaban como una especie de lerdos buldóceres y generadores
de compost. Su impacto al llegar a Europa era predecible. Se encontraron con una alacena que había estado llenándose durante
diez millones de años. Demasiado grandes para ser atacados por
ningún depredador, y «*oversexed, overpaid, and over here*»[1] (para
tomar prestada la frase), se agasajaron y causaron estragos hasta
que, con el tiempo, agotaron su reserva de comida.

Conforme las plántulas y el sotobosque eran comidos y los
árboles más viejos morían sin ser reemplazados, el imperecedero y
sombrío dosel forestal de los antiguos bosques se abría, permitiendo a la luz del sol alcanzar el suelo; lo que generó oportunidades

---

[1] Juego de palabras que significa literalmente: «demasiado sexuales, demasiado bien pagados, y están aquí». La frase era usada por los ingleses para
quejarse de la presencia y el comportamiento (especialmente con las mujeres
inglesas) de los soldados norteamericanos en Inglaterra durante la Segunda
Guerra Mundial. «What do you think is wrong with the American soldiers?».
«Well, they're overdressed, they're overpaid, they're oversexed, and they're over
here». (*N. del T.*)

para las plantas de más bajo crecimiento. Las veredas que unían pantanos y sitios de alimentación se habrían formado a pisotones a través del bosque, con nutrientes y semillas regadas a todo lo largo del camino en montones de excremento de *Coryphodon*. Con la luz del sol y con este práctico medio de transporte para las semillas, se estableció un dosel forestal mucho más diverso y coexistió una variedad de plantas mucho más grande que nunca antes.

La invasión del *Coryphodon* fue solo un evento de una compleja serie de migraciones que ocurrieron por el inicio del Eoceno. Debemos gran parte de nuestro conocimiento sobre estas migraciones al trabajo del Dr. Jerry Hooker. Para cuando me reuní con Jerry en junio de 2016, él llevaba más de cincuenta años estudiando mamíferos fósiles en el Museo de Historia Natural de Londres. Como él mismo explicó, su trabajo implicaba hacer una gran labor de tamizado. Tanta, de hecho, que su cadera había cedido. La ayuda, sin embargo, venía en camino —estaba a la espera de una cadera de titanio, cortesía del Servicio Nacional de Salud. Dados sus sacrificios, yo pensaría que una cadera recubierta de oro habría sido apropiada.

El tamizado que realizan los paleontólogos como Jerry es arduo, hay que agitar un voluminoso colador lleno de arcilla y sedimentos, generalmente estando de pie en un lago helado, en un esfuerzo por eliminar los sedimentos finos y concentrar los fósiles. Al cabo de algún tiempo, todo lo que queda son fragmentos rocosos —y con algo de suerte, entre tres y siete dientes minúsculos por cada tonelada de arcilla que Jerry lava—. Jerry cribará lo que sea: desde barro de cerca de 200 millones de años de edad hasta materia nueva formada hace unos pocos millones de años— siempre que exista la posibilidad de encontrar un fósil.

Uno de sus mejores momentos fue el descubrimiento de los huesos del topo más antiguo del mundo. Recuperó las reliquias de entre los sedimentos de 33 a 37 millones de años de antigüedad de la isla de Wight.[D] Los dientes de la criatura habían sido descritos décadas antes y, si bien los dientes pueden decirnos lo que comía el animal, no nos dicen si cavaba o si saltaba entre los arbustos. Jerry persistió en trabajar el sitio, lavando los sedimentos con tamices muy finos hasta recuperar unos minúsculos huesos de pie y de pierna cuya forma de pala demostraron que la criatura era el más antiguo excavador conocido. La revelación abrió la posibilidad de que los topos hubieran evolucionado primero en Europa, una idea apoyada por los estudios de ADN y por el descubrimiento en rocas europeas de fósiles de topos que en la actualidad viven en Norteamérica.[E]

En mi opinión, Jerry Hooker es tanto un tesoro nacional como un santo. A lo largo de su carrera ha encontrado suficientes fósiles diminutos para llenar unas cuantas cajetillas de cigarros. Un amigo de mente mecanizada, que había observado con demasiada frecuencia a su colega agacharse y filtrar lodo en un estanque helado, tuvo piedad de él. Con un poco de bricolaje, consiguió crear una «máquina lavadora» de fósiles. Yo la vi zumbando en el patio del Museo de Historia Natural, vibrando y escupiendo agua lodosa mientras concentraba los fósiles. Todo lo que Jerry debía hacer era poner el sedimento en la parte de arriba y recuperar el concentrado en la parte de abajo, el cual sería secado y revisado más tarde. Es una herramienta maravillosa. No tan sofisticada como el Rover de Marte, pero igual de efectiva para explorar mundos distantes.

El trabajo de Jerry ha revelado que hace unos 54 millones de años, muchos migrantes llegaron a Europa desde todos los puntos cardinales. De los más pequeños a los más grandes, los inmigrantes norteamericanos fueron ancestrales musarañas, ardillas, hurones primitivos, criaturas extintas similares a nutrias, pangolines, carnívoros primitivos y ungulados ancestrales. Proveniente de África llegó un modesto contingente de carnívoros primitivos, mientras que de Asia llegaron los primeros ungulados de dedos pares e impares, junto con los primeros primates de Europa y los ancestros de los carnívoros modernos.[F]

Como resultado de la llegada de estos avanzados linajes de mamíferos, la fauna europea que había estado evolucionando en aislamientos desde el impacto del bólido fue devastada. Las bestias de Hainin, similares tanto a las ranas como a sus parientes, desaparecieron junto con casi todos los otros mamíferos de Hainin. Por supuesto, la extinción que siguió a la invasión es algo muy común en la historia de la Tierra y, de hecho, ha ocurrido repetidas veces en Europa durante los últimos cien millones de años. Sin embargo, la extinción europea de hace 54 millones de años fue excepcionalmente severa.

Entre las víctimas estaban las musarañas elefante.[G] Estas se encuentran hoy únicamente en África, pero los fósiles africanos más antiguos no aparecen sino hasta cinco millones de años después de los primeros fósiles europeos. Las musarañas elefante son pequeñas criaturas con narices especializadas como diminutas trompas de elefante. Se alimentan principalmente de insectos y hacen caminos a través de la vegetación, que recorren a gran velocidad. Algunas tienen el crédito de ser los mamíferos más rápidos sobre la Tierra, con relación a su tamaño. Curiosamente, son uno de los pocos mamíferos, al igual que los humanos, en tener un ciclo menstrual.

Su inesperada presencia en Europa ofrece una pequeña desviación. La musaraña elefante pertenece a una gran división de mamíferos conocida como Afrotheria, que incluye elefantes, cerdos hormigueros, manatíes, y una variedad de tipos menores. Los afroterios son tan diversos en tamaño y forma corporal que nadie sospechaba que estaban emparentados hasta que, en 1999, un estudio de ADN reveló sus afinidades. Sin embargo, había algunas pistas en su reproducción: todos los afroterios tienen placentas inusuales y producen más fetos de los que pueden ser alimentados en el útero.

Por mucho tiempo se asumió que los afroterios surgieron en África, pero resulta extraño que la musaraña elefante, sola entre los Afrotheria, hubiera viajado hacia el norte, hasta Europa, en una etapa tan temprana. Como alternativa, los afroterios pueden haberse originado en Europa y una criatura parecida a la musaraña elefante cruzó hacia África y dio origen a la gran diversidad de afroterios —desde los elefantes hasta los topos dorados— que habitan dicho continente hoy en día. Si tal fue el caso, entonces los Afrotheria son los únicos sobrevivientes de los mamíferos europeos que evolucionaron durante los tiempos de Hainin.

Mientras que los mamíferos de Europa fueron devastados por los nuevos invasores, sus aves siguieron desarrollándose. Como es de esperarse en un archipiélago de islas, había muchas especies grandes no voladoras, entre las que se encontraba un gigante de dos metros de alto conocido como *Gastornis*.[H] Los primeros fósiles de la criatura fueron descubiertos en la década de los cincuenta del XIX entre los sedimentos de la cuenca de París por Gaston Planté, quien habría de convertirse en un físico de renombre, conocido sobre todo por haber inventado la batería de ácido-plomo. Tan impresionado quedó el paleontólogo Edmond Hébert con el «estudioso joven lleno de entusiasmo» que se presentó en el museo de París con dicho descubrimiento que nombró en honor a Gastón.

El *Gastornis* evolucionó en Europa a partir de sus ancestros, similares a los gansos que se habían vuelto no voladores en el entorno de la isla. Cuando se abrió el puente terrestre hacia Norteamérica, el *Gastornis* cruzó hacia ese continente, y un reciente descubrimiento de fósiles en China indica que también logró llegar a Asia.[2] El *Gastornis* tenía un enorme pico capaz de aplastar objetos duros, y generaciones de paleontólogos lo consideraron como un depredador: muchas ilustraciones antiguas muestran a grandes pájaros atrapando y consumiendo caballos primitivos. No obstante, un análisis reciente de isótopos de calcio indica que el *Gastornis* fue exclusivamente herbívoro.[I] Hace 45 millones de años, estas gigantescas aves ya se habían extinguido de Asia y Norteamérica, y subsecuentemente desaparecieron de su último reducto: Europa, su ancestral tierra natal.

---

[2] En Norteamérica se le conoció durante mucho tiempo como Diatryma.

Llegaron modernos eslizones y más anfisbenios.[J] Entretanto, ranas y sapos comunes fueron y vinieron. Los bufónidos habían llegado a Europa, hace unos 60 millones de años (presumiblemente de Asia), solo para desaparecer, antes de una nueva recolonización hace unos 25 millones de años. Comenzando alrededor de 34 millones de años atrás, llegaron las ranas verdes (Ranidae), quizá desde Asia o África.[K] Por esta misma época, aleteando desde partes desconocidas, arribó el primer murciélago de Europa.[L] Es sorprendente que los murciélagos parezcan estar ausentes de Europa, Asia y Norteamérica antes de esto. ¿Entonces de dónde llegaron? Los fósiles de murciélago más antiguos se encuentran en Australia, aunque en ese continente no se conoce ningún posible ancestro o pariente cercano del murciélago. El origen y expansión de los murciélagos sigue siendo uno de los grandes misterios de la paleontología.

El trabajo de Jerry Hooker reveló que hace 54 millones de años ocurrió una segunda migración, justo 200 000 años después de la primera. El gran calentamiento provocó que el mar subiera entre 60 y 80 metros durante solo 13 000 años, cortando los puentes terrestres hacia África y Asia. Pero debido a la actividad volcánica, el puente a Norteamérica permaneció abierto; y, marsupiales, primitivas criaturas similares a primates y algunos carnívoros primitivos lo usaron para llegar a Europa. Al mismo tiempo ocurrió algo sin precedentes: criaturas europeas, incluyendo a los ancestros de los perros, caballos y camellos, los cuales habían llegado a Europa provenientes de Asia solamente 200 000 años antes, emprendieron una migración masiva hacia Norteamérica.

En cierto sentido, esta gran migración sentó las bases del mundo moderno, pues permitió la evolución, en Norteamérica, de caballos, camellos y perros; los cuales, en nuestras manos, ayudarían a transformar el planeta. También presagió el futuro de Europa: la riqueza biológica de Asia había sido vertida hacia el protocontinente europeo, y entonces descubrió su camino hacia las Américas.

CAPÍTULO 10

MESSEL, UNA VENTANA AL PASADO

Gracias a uno de los depósitos fósiles más extraordinarios del mundo conocemos más sobre la vida en el protocontinente europeo de unos pocos millones de años después del gran calentamiento que de cualquier otro período anterior. El depósito, formado hace 47 millones de años, está expuesto en una vieja mina de lignito en Messel, cerca de Frankfurt, Alemania. Los fósiles de Messel pueden parecer de restos de animales que han quedado atrapados entre las páginas de un libro, con impresiones a menudo presentes de pelo, piel y hasta contenidos estomacales. Esto es lo máximo que podría imaginar la gente que se dedica a estudiar dientes solitarios, como Jerry Hooker, lo que hace a los fósiles de Messel inmensamente valiosos.

En Messel, se habían estado descubriendo fósiles maravillosos desde el año 1900, pero en la década de los setenta, los burgueses del pueblo propusieron que el lugar fuera usado como vertedero. Desde que el papa Sixto V sugirió convertir el Coliseo romano en una fábrica de lana para dar empleo a las prostitutas de la ciudad (un destino evitado sólo por la prematura muerte del pontífice) no se habían ninguneado de ese modo los valores patrimoniales de Europa. Las autoridades recapacitaron en 1991 y compraron el foso para asegurar el acceso científico. Entre 1971 y 1995, sin embargo, los coleccionistas aficionados tuvieron libre acceso a los invaluables fósiles, un ejemplo más de la flaqueza moral y la ambición humanas que ponen los pelos de punta a los paleontólogos.

El 14 de mayo de 2009, un comunicado de prensa titulado *Científicos mundialmente famosos revelan un descubrimiento revolucionario que lo cambiará todo* fue recibido en las oficinas noticiosas de todo el orbe.[A] En una conferencia de prensa que tuvo lugar al día siguiente, en el Museo de Historia Natural de Nueva York, se declaró que un eslabón perdido en la evolución humana había sido encontrado en el foso de Messel, un tesoro comparable en valor patrimonial con la Mona Lisa. El equipo de investigadores que hizo tales declaraciones estaba liderado por Jørn Hurum, del Museo de Historia Natural de la Universidad de Oslo. Él otorgó al fósil el apodo de Ida (en honor a su hija adolescente). Hurum aseguraba: «Este espécimen es como haber encontrado el Arca Perdida Es el equivalente científico del Santo Grial».[B] El fósil del «eslabón perdido» se dio a conocer, era un esqueleto exquisitamente preservado de un primate pequeño de 58 centímetros de largo, rodeado de rastros de pelaje y repleto de su última comida. En un artículo científico publicado dos días después, los investigadores afirmaban que la pequeña criatura, a la que nombraron *Darwinius masillae*,[1] era una forma intermedia entre los primates más antiguos, conocidos como prosimios, y los simios, el grupo que incluye a los monos y a los humanos. Si esto resultaba ser verdad, reescribiría nuestro entendimiento de la primera evolución de los primates. Hasta antes de la aparición del *Darwinius*, se pensaba que los simios habían derivado de criaturas semejantes a los tarseros.

A los científicos no les gusta que se hagan afirmaciones espectaculares en la prensa común, especialmente si se hacen antes de que la evidencia de soporte sea publicada en una revista especializada. El titular de un diario publicado poco después del anuncio, «*Origin of the Specious*»,[2] debería haber advertido a Hurum y a sus coautores sobre lo que estaba por venir.[C] Nils Christian Stenseth, uno de los principales biólogos de Noruega, calificó a las afirmaciones de ser «un exagerado fraude» que «viola en sus

---

[1] El primer nombre en celebración del bicentenario del nacimiento de Charles Darwin, el segundo por el nombre romano de Messel.

[2] «El origen de lo engañoso». Juego de palabras que hace referencia a *El origen de las especies*, el famoso libro de Darwin. (*N. del T.*)

fundamentos los principios y la ética científicos».[D] Además, los análisis mostraron que el equipo de Hurum estaba equivocado. Ida no pertenece al linaje humano, sino que es un antiguo primate conocido como adapiforme, que es muy parecido a los lémures.

El espécimen había sido desenterrado por un buscador de oro amateur en el foso de Messel en 1983. Debido a la manera en que los fósiles se preservan en Messel, el esqueleto venía en dos partes: un bloque con los huesos (un «positivo», por llamarlo así) y una contraparte con las impresiones (el «negativo»). El negativo reapareció en un museo privado en Wyoming, Estados Unidos, en 1991, pero pronto se demostró que había sido parcialmente falseado: lo habían construido utilizando los restos de dos criaturas diferentes.³ En 2006, la impresión positiva fue ofrecida a Hurum por un millón de dólares norteamericanos. Él la compró por 750 000, un coste que generaría presión en el presupuesto de la mayoría de los museos. Y con la presión financiera llega la necesidad de maximizar la publicidad y la relevancia. Se firmó un contrato para publicar un libro, y el History Channel pagó por la historia más de lo que había pagado nunca por cualquier otro programa.[E] Las excavaciones *amateurs* no reguladas y el pago de grandes cantidades por fósiles pueden crear un peligro tóxico para los investigadores. Si los buenos burgueses de Messel se hubieran dado cuenta en 1971 del tesoro que tenían en el viejo foso de lignito y de inmediato lo hubieran protegido, tal vez podría haberse evitado la farsa.

Los depósitos de Messel se formaron hace 54 millones de años, cuando los descendientes de las criaturas que habían llegado al protocontinente europeo se estaban diversificando y adaptando a las condiciones locales. Entre ellos se encontraban los antiguos Palaeotheriidae, parientes primitivos de los rinocerontes, tapires y caballos. También floreció una variedad de extraños y primitivos

---

³ Se desconoce cuánto se pagó por este espécimen tan ingeniosamente trucado, pero sospecho que fue mucho.

ungulados pertenecientes a seis familias de artiodáctilos, incluyendo a los Anoplotheriidae (semejantes al duiker) y a los dicobúnidos (del tamaño de un conejo). Todas estas familias eran únicas en Europa, y todas eran criaturas pequeñas.[F] Como los dinosaurios enanos de Nopcsa, los mamíferos del Eoceno europeo se habían adaptado a la vida en una isla tropical reduciendo su tamaño.

En esa época, Alemania se localizaba diez grados más al sur de su localización actual y era una zona volcánica y tectónicamente inestable. El foso de Messel era entonces un lago rodeado por exuberantes pluviselvas, al fondo del cual, en un ambiente libre de oxígeno, se formó la lutita de lignito y petróleo que posteriormente se extrajo de la mina que se abrió en el lugar. Los volcanes cercanos convirtieron al lago en un perfecto yacimiento de fósiles para el futuro. Ocasionalmente escupían dióxido de carbono, el cual, al ser más pesado que el aire, descendía hasta la parte más baja del paisaje —la superficie del lago— y permanecía ahí. Cualquier ave o murciélago que volara sobre el lago, o cualquier criatura que bajara a beber, perdería la consciencia y se hundiría hasta el fondo, donde la química anóxica de los sedimentos la prepararía para la eternidad de una forma tan experta como cualquier embalsamador.

Algunos fósiles de Messel tienen suficientes detalles para dar la impresión de ser una vieja fotografía en blanco y negro de una criatura desaparecida. Incluso el color ha sido preservado en algunos bichos pequeños, como en el caso de los bupréstidos. Y, a veces, los fósiles traen a la vida el tejido ecológico del bosque: la impresión de las mandíbulas de una hormiga en un fragmento de hoja llevó a los investigadores a conjeturar que la hormiga había sido atacada por un hongo parásito que altera el comportamiento. Así, obliga a su huésped a trepar a un lugar alto y permanecer colgado ahí hasta morir, de modo que el hongo pudiera liberar sus esporas en la brisa.

Entre los tesoros más extraordinarios de Messel hay nueve pares de tortugas nariz de cerdo (una criatura que fue encontrada en los depósitos de Charente de la era de los dinosaurios) en pleno proceso de apareamiento. En tanto que estudiante de los registros fósiles, puedo asegurarle que no es común que las criaturas sean transformadas, *in flagranti delicto*, en *memento mori*. Entre los muchos mamíferos de Messel está el *Propalaeotherium*, muy parecido al tapir. Cuerpos de diez kilos de peso de estas criaturas han sido encontrados completos, con todo y sus fetos a punto de nacer, y el contenido de su última comida (bayas y hojas) en el estómago. Hay también algunas sorpresas, como el *Eurotamandua*, un pangolín sin escamas que tiene un asombroso parecido con el oso hormiguero sudamericano. Sin embargo, son las aves de Messel las que constituyen el verdadero tesoro del yacimiento, ya que los pájaros, al carecer de dientes, no hacen buenos fósiles y son difíciles de diferenciar de otros fragmentos. Pero en Messel toda una fauna aviar quedó preservada como si estuviera envuelta en gelatina.

La presencia de algunas de las aves de Messel —incluyendo halcones, abubillas, un búho, ibis y una criatura ancestral semejante al faisán— es de esperarse en el sitio, pero otras están fuera de lugar, o su presencia es inesperada, o resultan francamente extrañas. Entre las que están fuera de lugar se encuentra un tipo de urutaú (un pájaro nocturno como el chotacabras), un colibrí, una tigana y un pariente de la cariama carnívora, todas las cuales viven hoy en Sudamérica, pero no en Europa. Una criatura primitiva parecida al avestruz y un pájaro ratón (hoy exclusivos de África) también se encuentran en este grupo. Entre las aves cuya presencia era inesperada hay un tipo de alcatraz que cazaba en agua dulce, mientras que entre las extrañas se debe contar seguramente un perico que carecía de pico de perico, y una rara criatura que semejaba una mezcla entre halcón y búho, pero con plumas membranosas tipo moño en el pecho.[G] Lo que falta en Messel y, de hecho, en toda Europa en ese tiempo, son ancestrales alondras, tordos, oropéndolas y cuervos, todas ellas aves percheras. A pesar del hecho de que la mayor parte de la fauna aviar actual de Europa consiste precisamente en aves percheras.

¿Qué hacemos con la alta proporción de especies de aves sudamericanas en Messel? Curiosamente, existe buena evidencia geológica de que en aquella época Sudamérica, aunque yacía cerca de África, estaba enteramente rodeada por agua, así que la migración sobre el mar era la única ruta posible. Tal y como están las cosas, no tenemos explicaciones convincentes del motivo por el que tantas aves que hoy son exclusivas de Sudamérica florecieron durante el Eoceno en Europa.[H]

EL GRAN ARRECIFE DE CORAL EUROPEO

Es 1 de junio de 2016 y estoy parado frente al gabinete gris que contiene la colección de corales fósiles del Museo de Historia Natural, y apenas puedo creer lo que veo. Parece una irregular masa rocosa, pero Brian Rosen, uno de los investigadores de coral del museo, me explica que de hecho se trata del holotipo (de quien surge el nombre para la especie) del *Acropora britannica*; un miembro del gran *Acropora*, el grupo de coral cuerno de ciervo que hoy constituye uno de los arrecifes más importantes. Nombrado así por la doctora Carden Wallace, una australiana experta en este tipo de arrecifes coralinos (los Acroporidae), fue encontrado en sedimentos de hace 37 millones de años (Eoceno tardío) cerca del pintoresco pueblo de Brockenhurst en el New Forest, cerca de Southampton.

Las rocas alrededor de Brockenhurst han producido fragmentos de una extraordinaria fauna marina, incluyendo a los *Acropora anglica* y *britannica*: dos especies que se cuentan entre los miembros más antiguos de los dos grandes grupos de especies de coral —*robusta* y *humilis II*— que en la actualidad representan la mayoría de los corales ramificados costeros del Indo-Pacífico.[A] ¿Realmente pudo Brockenhurst, en el New Forest, haber sido el lugar donde nacieron los magníficos arrecifes de coral de la Tierra? Durante más de un siglo, los geólogos han sabido que hace 37 millones de años el área de Brockenhurst era donde la costa del protocontinente europeo se enfrentaba con el océano Atlántico abierto. En este lugar, de acuerdo con un geólogo del siglo XIX, «los arrecifes de coral, expuestos al furioso oleaje de un gran océano», habían formado un baluarte contra los vientos y marejadas del sur.[B]

Investigadores más recientes dudan de que haya habido un verdadero arrecife de coral en el área de Brockenhurst, aunque las formaciones coralinas claramente crecían ahí, y corales ramificados de rápido crecimiento, como el *Acropora*, florecieron en entornos así de vigorosos. Además, Brockenhurst no marca el inicio del género *Acropora*, pues existen algunos fósiles más antiguos provenientes de Francia, y un solo registro de Somalia que data de hace unos 55 millones de años. Los fósiles de Brockenhurst, sin embargo, sí forman parte de la evidencia de que muchos organismos de los modernos arrecifes de coral se originaron en la sección europea del mar de Tetis.

Gracias a un excepcional depósito de fósiles en Italia, sabemos un poco sobre las comunidades animales que florecían cuando los corales *Acropora* comenzaron a desarrollarse. Durante más de 400 años, los viajeros han visitado Monte Bolca, cerca de Verona, para asomarse en una pecera de 50 millones de años de edad, la *Cava della Pesciara*, como la llaman los italianos. Los primeros registros escritos de una visita al lugar, autoría de Pietro Andrea Mattioli, datan de 1554: «algunos bloques de piedra, los cuales, se habían partido por la mitad, revelaban las formas de varias especies de peces, cuyos más mínimos detalles habían sido transformados en piedra».[C] A lo largo de los años, nobles, cardenales e incluso el emperador Franz Joseph pasaron por allí y partieron llevándose consigo peces fósiles como *souvenir*.

Hace unos 50 millones de años, cuando los fósiles eran criaturas vivientes, las rocas de Monte Bolca se estaban formando en el mar de Tetis. Los peces y otras criaturas preservadas en el depósito parecen haber habitado una laguna costera que se formaba entre la tierra y un arrecife (aunque los modernos arrecifes de coral, como el *Acropora*, no han sido encontrados en ese lugar). Muy cerca de ahí, han sido encontrados restos de cocodrilos, tortugas, insectos y plantas, todos exquisitamente preservados. Entre las plantas se encuentran cocoteros y otras palmas, higueras y eucaliptos.[D] Estos peces fósiles se cuentan entre los más hermosos y espectaculares que se hayan encontrado sobre la Tierra: algunos parece que siguen nadando y hasta conservan restos de color.[E]

La maravillosa conservación de los peces fósiles de la *Pesciara* no puede ser explicada del todo. Hoy por hoy, la mejor teoría consiste en que en algún momento se dio un repentino florecimiento de algas tóxicas que mató a los peces en masa y sus cuerpos se hundieron hasta las aguas sin oxígeno de las zonas más profundas de la albufera. Cualquiera que haya sido la causa, unas 250 especies de peces están representadas en el yacimiento. Y no tendríamos ninguna de ellas de no haber sido por un improbable evento geológico. La región completa alrededor de Verona era volcánica y altamente inestable en la época en que se formaron los estratos. Antes de que se hubiera endurecido y convertido en roca, el bloque de sedimentos que contiene a los peces, de varios cientos de metros de largo por diecinueve metros de ancho, fue movido, intacto, a una distancia considerable; tal vez por un derrumbe submarino.

Lo más importante sobre la fauna de Monte Bolca es que se trata de la aparición más antigua que se conoce de la comunidad de peces que habita los arrecifes de coral en la actualidad. Dejando a un lado la presencia de unas pocas familias de peces hoy extintas, las 250 especies preservadas en el sitio son muy similares en tipo y forma a las que aún pueden ser observadas en los arrecifes del mundo, incluyendo rayas, peces ángel y anguilas. Pero tanto el pez mariposa como el pez loro, que abundan en los modernos arrecifes de coral, están ausentes en el yacimiento, lo que sugiere que probablemente evolucionaron después.[F] Una asombrosa excepción, sin embargo, la constituye un único fósil de un pez mano, llamado así porque «camina» sobre sus aletas como si fueran manos; hoy habitan exclusivamente en las frías aguas del sur de Australia.[1] Hace algunos años tuve la opción de visitar la Galleria dell'Accademia, en Florencia, para ver el *David*

---

[1] Al pez mano de Monte Bolca se le conoce como *Histionotophorus bassani*. De las catorce especies vivientes, once están restringidas a Tasmania. Durante el Eoceno deben haber existido a todo lo largo de Tetis.

de Miguel Ángel, o de ir al Museo de Historia Natural de Verona para ver los peces fósiles. Podrá usted adivinar lo que escogí. Llegué a Verona un soleado jueves y me fui directo al museo, que se localiza al otro lado del río viniendo desde el centro de la ciudad, y casi me desmayo al descubrir que estaba cerrado sin ningún aviso. Como seguramente les ha pasado a muchos visitantes de museos en Italia, volví al día siguiente solo para descubrir que el museo cerraba cada semana de viernes a martes, ¡justo el día que tenía el billete para dejar la ciudad! Mi único consuelo fue pasear por la bien preservada arena romana, donde algunas de las gradas contienen restos de amonitas del tamaño de llantas de tractor, y cuyas superficies fueron pulidas como gemas por los traseros de los antiguos romanos. ¿Alguna vez, me pregunto, se habrán cuestionado sobre qué hacían en sus asientos de piedra esas enormes formas como de caracoles redondos?

HISTORIAS DE LAS CLOACAS DE PARÍS

Más o menos por la época en que los peces de Monte Bolca respiraban sus últimas bocanadas, una región del norte de Francia era una cálida y serena bahía del océano Atlántico. Los sedimentos que cayeron hasta el fondo de ese mar son lo que ahora se conoce como las rocas de la cuenca parisina, y en 1883 el geólogo francés Albert de Lapparent —quien probablemente sea más recordado por sus esfuerzos para conectar a Gran Bretaña con el resto de Europa a través de un túnel de ferrocarril— acuñó el nombre Luteciense (derivado del nombre romano de París) para la edad geológica durante la cual se formaron las rocas de la cuenca.

Las rocas de la cuenca parisina incluyen a la famosa piedra de París —una caliza que ha sido utilizada para la construcción desde tiempos de los romanos—, cuya cálida tonalidad gris cremosa otorga a la ciudad una belleza inconfundible. Mientras vagabundeo por la ciudad, no son únicamente imágenes de la Revolución Francesa lo que acude a mi mente, ni es solo el delicioso olor del pan y el queso lo que me cautiva, sino también los rastros de ese París de hace tanto tiempo; un lugar de gigantes marinos, criaturas tropicales y una asombrosa biodiversidad.

No hay mejor lugar para observar las huellas de esa gloria perdida de París que el Muséum National d'Histoire Naturelle, en el Jardin des Plantes. Es uno de los museos más antiguos del mundo y ahí transcurrió la vida laboral del conde de Buffon como de Georges Cuvier (el padre de la paleontología). Durante las primeras décadas del siglo XIX, Cuvier estableció un cierto número de «doctrinas», algunas de las cuales han sobrevivido al tiempo mejor que otras. Tuvo razón en defender que la extinción efectivamente ocurrió (un hecho del que se dudaba en su época). En cambio, se equivocó al oponerse a la evolución.[1] En su lugar, desarrolló la idea de que las catástrofes habían extirpado periódicamente la vida, pero que Dios había creado la vida de nuevo cada vez. Esto fue una consecuencia lógica de su interpretación del registro fósil.[2] Según pudo observar Cuvier, la mayoría de las especies fósiles mantienen una forma similar desde su primera hasta su última aparición, y los «eslabones perdidos» son extremadamente raros. Esto también era sabido por Darwin y le preocupaba enormemente. Sin embargo, Darwin percibió algo que Cuvier no: que la prehistoria es tan vasta que los fósiles no nos ofrecen más que una pequeñísima visión de cómo era la vida en tiempos pasados. Como señala Signor-Lipps, esto significa que en los registros fósiles casi nunca vemos el origen de una especie ni su extinción final.

Algunos de los trabajos más perdurables de Cuvier fueron realizados con Alexandre Brongniart, un profesor de la escuela de minería de París. Juntos examinaron fósiles que habían sido desenterrados por toda la ciudad, muchos de ellos al ser encontrados durante la excavación de las famosas cloacas de París. Otra área muy prolífica para los descubrimientos era Montmartre, donde la extracción del aljez para elaborar yeso de París casi socava la famosa colina.[3] Fue la abundancia de fósiles ahí preservados, de entornos tanto terrestres como marinos, lo que le permitió a Cuvier deducir las reglas de la sucesión geológica (que rocas más jóvenes yacen encima de rocas más viejas).

---

[1] Así de sorprendente como pueda parecer ahora, la idea de la extinción era enfrentada con el razonamiento de que las especies supuestamente extintas podían con toda seguridad haber sobrevivido en algún lugar — quizá en el inexplorado Oeste americano— y con el argumento teológico de que Dios no extinguiría sus propias creaciones.

[2] Un argumento mucho más sencillo de sostener antes de la publicación de El origen de Darwin. Cuvier murió en 1832.

[3] El aljez empleado para producir el famoso yeso se formó hace unos 50 millones de años, cuando grandes lagunas costeras se desecaron y el mineral se depositó en grandes yacimientos.

A pesar de una tendencia de gran duración de enfriamiento global, las condiciones en los mares pocos profundos alrededor de lo que habría de ser París permanecían favorables para el crecimiento de organismos marinos.[A] Uno de los beneficiarios fue el caracol badajo gigante (*Campanile giganteum*), descrito en 1804 por Jean-Baptiste Lamarck.[4] Posiblemente excedía el metro de largo, lo que lo convierte en el gasterópodo más grande que jamás haya existido. Y sus restos, restringidos principalmente a la cuenca parisina, se descubrían con frecuencia durante la excavación de las cloacas. Una sola especie de caracol badajo sobrevive en la actualidad —en los hábitats rocosos de las frescas aguas someras del suroeste de Australia Occidental—. A pesar de que solo alcanza un cuarto de la longitud de su gigantesco pariente europeo, es un raro y asombroso recuerdo de las glorias que una vez proliferaron en el mar donde hoy se erige París.

Pero ¿qué hay de la vida en el resto de Tetis, ese maravilloso mar perdido que bañaba el protocontinente en una salada y agradable calidez? Otro auténtico gigante era el cauri más grande que jamás haya vivido, el *Gisortia gigantea*. Sus conchas, exquisitamente fosilizadas, del tamaño de pelotas de rugby, datan de hace 49 a 34 millones de años. Han sido encontradas en lugares tan diseminados como Bulgaria, Egipto y Rumanía. Los cauríes, con su lustre similar al de la porcelana, se cuentan entre los más bellos de todos los gasterópodos. Tristemente, nada ni remotamente parecido en tamaño al gran *Gistoria* sobrevive actualmente en los océanos.

El Tetis fue también el cuartel del poderoso *Nummulites*, del cual unas pocas especies sobreviven hoy en el Pacífico. El nombre proviene de una palabra latina que significa moneda pequeña. Estos organismos unicelulares fueron muy abundantes durante

---

[4] Lamarck es conocido principalmente por su teoría de la evolución, en la que postula que la experiencia adquirida durante la vida de una criatura puede ser transmitida a su descendencia.

el Eoceno. Los *Nummulites* se arrastraban por el fondo del mar alimentándose de detrito y produciendo conchas internas de calcio de muchas cámaras. El Tetis proveía un hábitat perfecto para ellos: tropical, poco profundo y bien iluminado por el sol. En Turquía se han encontrado fósiles de *Nummulites* de hasta dieciséis centímetros de diámetro. Se estima que estos gigantes vivían hasta un siglo, lo que los convierte en los organismos unicelulares más longevos de los que se tenga conocimiento.[B]

Fueron tan abundantes los *Nummulites* a todo lo largo del Tetis que en muchos lugares sus restos formaron un peculiar tipo de roca llamado caliza numulítica, la cual, desde tiempos antiguos, ha sido muy utilizada para la construcción. El origen de esta roca tan ubicua —los antiguos egipcios la emplearon en la construcción de las pirámides— fue durante mucho tiempo un gran misterio. Heródoto difundió una de las primeras concepciones erróneas: que los *Nummulites* eran los restos petrificados de las lentejas con las que los egipcios alimentaban a sus esclavos mientras trabajaban en las poderosas estructuras. Pero incluso a principios del siglo XX, la presencia de *Nummulites* en las pirámides seguía generando confusión, como bien ilustra la triste historia de Randolph Kirkpatrick, encargado asistente de los invertebrados menores en lo que hoy es el Museo de Historia Natural de Londres.

Una de las batallas más grandes en la ciencia geológica fue aquella que se desató entre plutonistas y neptunistas sobre el origen de la superficie de la Tierra. Los plutonistas, que tenían a Thomas Huxley de su lado, aseveraban que rocas como el basalto y el granito, generadas en estado fundido en las profundidades de la Tierra, constituyeron la fuente primigenia, y que los otros tipos de roca, como la caliza y la pizarra, se formaron a partir de su descomposición y posterior reasentamiento como cieno y lodo. Sus contrincantes los neptunistas, que contaban con Goethe entre sus filas, creían que originalmente la Tierra estaba cubierta por un océano, y que todas las rocas se habían originado como depósitos en el fondo de los antiguos mares. Para mediados del siglo XIX el asunto había quedado resuelto a favor de los plutonistas. Pero entonces, en 1921, Kirkpatrick soltó una bomba que reinició el debate.

No había escapado a la atención de Kirkpatrick que las pirámides estaban casi en su totalidad compuestas por *Nummulites*. Mientras registraba rocas buscando evidencia de más *Nummulites*, comenzó a encontrarlos en cada tipo de roca que colocaba debajo de su microscopio. En su gran obra, *The Nummulosphere* (que abre con un estupendo frontispicio que representa a Neptuno conduciendo una cuadriga sobre un globo de agua), Kirkpatrick utilizó esta supuesta ubicuidad de los *Nummulites* para revivir la teoría de los neptunistas; y argumentó que toda la corteza del planeta, y básicamente de todo el sistema solar y del Universo, estaba formada por fragmentos fosilizados de *Nummulites* que habían vivido en un mar primigenio.[C]

Los historiadores de la ciencia a menudo se han preguntado cómo un curador formal e indudablemente sobrio de una de las instituciones de historia natural más prestigiosas del mundo pudo pasar de publicar serias e importantes investigaciones a hacer afirmaciones tan hilarantes. Cuando he discutido el tema con expertos en coral, me dicen que dedicar una vida a investigar la compleja biología de organismos como los corales y las esponjas puede alterar a un hombre. George Matthai trabajó en el Museo de Historia Natural poco después de Kirkpatrick. Tras describir incontables nuevas especies de coral, incluyendo muchas de aquellas que constituyen la Gran Barrera de Coral de Australia, se suicidó.

Cyril Crossland, colega de Matthai, también sufrió por la causa. En 1938, tras décadas de extenuante trabajo estudiando los corales en instituciones de investigación británicas, egipcias y demás, aceptó un puesto en el Museo Zoológico de la Universidad de Dinamarca. Tal vez el dedicarse en extremo a su investigación le hizo ignorar los peligros que estaban surgiendo en el sur, o tal vez su sordera evitó que se enterara. Previo a su muerte en 1943 se le veía montar en los tranvías de Copenhague insultando a los nazis en un cultivado acento inglés. El heroico, aunque imprudente Crossland, fue echado de menos con tristeza por sus colegas, quienes nombraron 60 especies de organismos marinos en su honor.

Fuera de su obsesión con los *Nummulites*, Kirkpatrick no mostraba ninguna otra señal de deficiencia mental. Fue sincero en sus convicciones sobre la nummulósfera y publicó las imágenes que, según él, mostraban restos de *Nummulites* en basaltos, granitos y meteoritos —rocas en la que nunca se han encontrado fósiles— para que otros pudieran verificar sus afirmaciones. Mi hijo David, quien también es científico, al escuchar la historia de Kirkpatrick me hizo ver que muchos investigadores, después de pasar miles de horas observando una figura en el microscopio, comienzan a verla repetida *ad nauseam* en paredes vacías, en paisajes lejanos y hasta en el rostro de su cónyuge. Y no son solamente imágenes, sino también teorías, lo que puede imprimirse y reflejarse, lo que provoca que un científico vea por todos lados evidencias de su teoría favorita. Quizá a este padecimiento debería llamársele *nummulitis*.

Mientras Kirkpatrick trabajaba, Otto Hahn —un abogado alemán intensamente patriótico y petrólogo aficionado convertido al swedenborgianismo que creía que la vida se había originado en el espacio exterior— pasaba horas mirando al microscopio lo que él tomó como restos fosilizados de algas. Hahn, al igual que Kirkpatrick, era un neptunista, pero consideraba que la idea de que las rocas terrestres se hubieran formado a partir de *Nummulites* era ridícula. Propuso que estaban compuestas por un bosque de algas fosilizado que tenía su origen en los meteoritos. También «descubrió» el fósil de un gusano diminuto de tres mandíbulas que se alimentaba de algas al que nombró *Titanus bismarcki*, en honor al canciller alemán. Bismarck tenía otros asuntos en la cabeza, pues las potencias de Europa acababan de embarcarse en la Gran Guerra.

Hace unos 49 millones de años, el continuo crecimiento del protocontinente europeo estaba alterando profundamente los pasos marítimos a su alrededor. Al sur el Tetis se hacía más angosto, al igual que el Estrecho de Turgai, que separaba a Europa de Asia. Con excepción de un recientemente formado y aún estrecho Atlántico Norte, el cada vez más angosto Turgai era la última conexión entre las aguas del mar Ártico y el resto de los océanos del mundo.

El mar Ártico no siempre ha estado frío y cubierto de hielo. Hace 49 millones de años era más parecido al mar Negro de la actualidad —con su muy profunda capa salada y sin oxígeno por debajo de aguas más dulces— aunque en aquel entonces el mar Ártico era más tropical que el mar Negro de hoy. Esa fue también una época de intensas lluvias, y a medida que el mar Ártico se desconectaba del resto de los océanos, la escorrentía de los ríos comenzó a estancarse en las capas superiores, volviéndolas más dulces, a tal punto que una clase particular de planta acuática, conocida como *Azolla*, pudo crecer ahí.

Si usted alguna vez ha tenido un estanque, seguramente identifica a la *Azolla*, también llamada helecho mosquito, helecho de pato o helecho de agua. Sus hojas pequeñas y arrugadas suelen aparecer primero como una diminuta mota verde flotante que poco a poco va creciendo. Pero cuando ya ha cubierto el 10 % de la superficie del estanque, es solo una cuestión de días que se cubra por completo. Si cuenta con la temperatura y los nutrientes adecuados, la *Azolla* puede duplicar su masa cada tres o diez días.

La evidencia de que alguna vez la *Azolla* creció en el mar Ártico está enterrada debajo de miles de metros de sedimentos glaciales y agua cubierta por una capa de hielo. Hubiera yacido por siempre sin ser identificada de no ser por unos buscadores de petróleo que en 2004 perforaron muy profundo, con taladros muy caros, en los sedimentos del Ártico. Lo último que esperaban encontrar era la evidencia de un helecho de agua. Pero ahí estaba: en capas de grosor variable distribuidas a lo largo de al menos ocho metros verticales de sedimento. Los fósiles fueron muy pronto llamados *Azolla arctica*.[D] Hoy la presencia de *Azolla* ha sido confirmada en más de cien perforaciones que se han realizado en la región

Ártica, con sus más grandes concentraciones precisamente en las perforaciones del mar Ártico.

Al menos cinco especies de *Azolla* crecían en y alrededor del mar Ártico hace 49 millones de años.[E] El agua, tibia y dulce, y los nutrientes que traían los ríos proveían a las plantas todo lo que necesitaban. En su punto máximo, la *Azolla* cubría unos 30 millones de kilómetros cuadrados de océano —un área del tamaño de África—.[F] La planta crecía tan vigorosamente, absorbiendo el dióxido de carbono de la atmósfera durante el proceso, que redujo la concentración atmosférica global de dióxido de carbono al menos de mil partes por millón a 650. Y todo ese carbón capturado habría de formar las reservas de petróleo del Ártico que hoy los gigantes petroleros se mueren por alcanzar.

Con el tiempo, la *Azolla* se extinguió a sí misma, pues la falta de dióxido de carbono hizo descender la temperatura global tan sustancialmente que la lluvia en los polos disminuyó. Esto provocó una reducción en la afluencia de agua dulce y de nutrientes, lo que mató de hambre a la planta.[5] Conforme la temperatura siguió descendiendo, una capa de hielo se formó sobre el mar Ártico. Un nuevo mundo glacial que empezó por una diminuta planta. Al principio, sin embargo, el descenso en las concentraciones de dióxido de carbono tuvo poco efecto sobre Europa; era casi como si las precondiciones para un cambio mayor hubieran quedado establecidas, pero faltara todavía que se disparara el detonador.

---

[5] Este es un excelente ejemplo de la autorregulación de Gaia: un ciclo de reacción negativa que evita que la vida modifique el clima de la Tierra fuera de la zona habitable.

CONVIRTIÉNDOSE EN CONTINENTE

(Hace 34-2,6 millones de años)

Mioceno temprano europeo, hace 20 millones de años

CAPÍTULO 13

LA GRANDE COUPURE

Cuando rompió el siglo xx trayendo maravillas tales como el vuelo propulsado, la electricidad y el automóvil motorizado, el paleontólogo suizo Hans Stehlin seguía pegado al microscopio en su oficina del Museo de Historia Natural de Basel, en Suiza, reflexionando sobre antiguos huesos. Se había convertido en algo parecido a una leyenda por su obstinada persistencia en la paleontología. Pero, al parecer, tal dedicación se debía a algo más que el puro interés científico. Según el folclore museístico, había sufrido una decepción amorosa y, para olvidar su infortunio, había dirigido toda su energía y su pasión al trabajo. Bien parecido, con una barba al estilo Freud y unos ojos penetrantes, se rumoreaba que había perfeccionado una mirada asesina. Cuando necesitaba del esqueleto de alguna bestia exótica para compararlo con sus huesos fósiles, visitaba el zoológico de Basel y miraba fijamente al animal requerido, el cual, poco tiempo después, habría de estirar la pata.

En algún momento cercano a 1910, Stehlin se dio cuenta de que un dramático cambio había ocurrido en la fauna de Europa hace unos 34 millones de años. Durante un período de turbulento cambio climático, muchas especies que habían sobrevivido por millones de años se extinguieron repentinamente y una multitud de nuevas especies hizo su aparición. Stehlin etiquetó al evento como *la Grande Coupure*; el gran corte. Y, desde entonces, los científicos han discutido sobre sus causas y tiempos precisos. *La Grande Coupure*, ahora fechada hace 34 millones de años, ha sido ampliamente reconocida como la marca que señala el final de esa excesivamente larga época tropical, el Eoceno, y el inicio de una más fría y seca, el Oligoceno. En términos generales esto es verdad, pues *la Grande Coupure* representa una reorganización fundamental del clima. De manera predominante, el mundo pasa de ser un invernadero a ser un congelador.[1]

La causa del cambio climático en esta ocasión parece haber sido la separación entre Sudamérica y la Antártica Occidental. El pasaje de Drake, como se conoce a la vía marítima que separa a estas dos masas terrestres, fue inicialmente poco profundo y así permaneció durante millones de años. Aun así, el flujo de agua fue suficiente para permitir que se estableciera una corriente oceánica que circulaba alrededor de la Antártica. A su vez, esto permitió que se generara más agua fría y que se formara una capa de hielo, lo que llevó a una reorganización fundamental de las corrientes oceánicas y de los vientos que produjo condiciones mucho más frías.

En Europa, esta modificación fue acompañada por cambios en el ciclo hidrológico. La historia precisa de lo que ocurrió está elocuentemente narrada por las conchas de caracol; específicamente en las conchas fosilizadas del caracol de agua dulce *Viviparus lentus*, que alguna vez se desarrolló en abundancia en las llanuras aluviales costeras donde hoy se encuentra el Solent, frente a la isla de Wight.[A] El caracol del río Lister (*Viviparus contectus*) —una especie grande de agua dulce con una concha a rayas que actualmente sobrevive en los lagos de Gran Bretaña— nos da una buena idea de cómo sus antiguos parientes se veían y vivían. Los estudios isotópicos de conchas de caracol fosilizadas revelan que el agua fría que llegó al Atlántico Norte desde la Antártica provocó una caída de las temperaturas de entre 46 grados centígrados en el sur de Gran Bretaña. Pero en el verano, que es cuando los caracoles crecen, las temperaturas se desplomaron cerca de diez grados centígrados. A la par del cambio climático, otra cosa muy importante

[1] El final del Eoceno está de hecho marcado por el deceso de la oscura familia planctónica foraminífera unicelular conocida como Hantkeninidae. Pero *la Grande Coupure* tuvo lugar en dos impulsos separados 350 000 años entre sí, justo después de que los últimos Hantkeninidae encontraron el eterno descanso.

estaba ocurriendo. El estrecho de Turgai, que se extendía desde el mar de Tetis vía lo que hoy es el mar Caspio hasta el mar Ártico, desaparecía en algunas partes. Como resultado, Europa y Asia quedaron finalmente conectadas. Y más o menos al mismo tiempo, Europa y Norteamérica se unieron por un puente terrestre durante un último y breve período.

En el 2004, el formidable Jerry Hooker y sus colegas echaron otra mirada al gran corte de Stehlin. Al examinar sedimentos expuestos alrededor del estuario del Solent y en el norte de Francia y Bélgica se dieron cuenta de que, como suele suceder, las cosas fueron mucho más complejas de lo que había parecido a primera vista. Entre los fósiles que examinaron había evidencia de dos extinciones bastante distintas: una más pequeña, que coincidía con el cambio climático; y otra más grande, unos pocos cientos de miles de años después, que coincidía con la llegada de nuevos mamíferos invasores.[B]

Uno de los pocos linajes sobrevivientes fue el del lirón. Los lirones en realidad no son ratones,[2] sino miembros de la familia Gliridae, antiguos roedores cuyos ancestros llegaron a Europa hace 55 millones de años provenientes de Norteamérica. Proliferaron adaptándose a las condiciones europeas y expandiéndose hacia una amplia variedad de nichos ecológicos. Durante más de 40 millones de años estuvieron restringidos a Europa, antes de extenderse a África en algún momento posterior a hace 23 millones de años, y aun mucho tiempo después a Asia. Ellos son los mamíferos más antiguos y venerables de Europa, aunque su actual diversidad es solo el mero vestigio de su pasada gloria.

El Oligoceno se extendió desde *la Grande Coupure* de hace 34 millones de años hasta hace unos 23 millones de años. A pesar de las condiciones más frías, gran parte de la vegetación de Europa siguió siendo principalmente entre subtropical y tropical. En la costa turca abundaban los manglares, la palma nipa (que no tolera

---

[2] El nombre en inglés del lirón es *dormouse* (*mouse* 'ratón'). (*N. del T.*)

temperaturas por debajo de los 20 grados centígrados) y demás vegetación que hoy se asocia con el sureste tropical de Asia.[C] Hace unos 28 millones de años el nivel del mar descendió una vez más y prevalecieron condiciones incluso más frías. Sin embargo, las plantas fósiles de Turquía indican que ratanes y cicadofitas se mantuvieron alejadas del mar en un bosque que estaba constituido en gran parte por plantas con flores, incluyendo *Engelhardias* (hoy restringidas al sureste de Asia), caryas (que ya no se encuentran en Europa) y un ancestral tipo de carpe.[D] Aunque los bosques continuaban dominando buena parte de la tierra, los desiertos y las praderas ganaban terreno en lugares como Iberia, permitiendo una mayor diversidad de especies animales.

Mientras tanto, la tierra misma estaba sufriendo modificaciones cruciales, la menor de las cuales no era el levantamiento de los Alpes, la cordillera más majestuosa de Europa. El origen de los Alpes se remonta a la era de los dinosaurios, pero aquel levantamiento temprano fue seguido por un período de inactividad que terminó al principio del Oligoceno, cuando un pedazo de la placa europea curvado hacia abajo se desprendió y comenzó a elevarse hacia la superficie, forzando a los Alpes modernos a ascender.

El desarrollo de la topografía actual de Europa involucró numerosos plegamientos, fallas y cabalgamientos posteriores. Fragmentos de tierra se movieron de todo tipo de maneras y en distintas direcciones. Algunos parecen haberse disparado de un lado al otro del Mediterráneo con gran celeridad (según estándares geológicos). Otros se enterraron profundo en la corteza terrestre, derritiéndose o deformándose durante el proceso, y unas placas rocosas provenientes de África, conocidas como mantos, fueron empujadas sobre rocas de origen oceánico o europeo. Uno de dichos fragmentos de la geología africana estaba destinado a convertirse en el pico de Matterhorn, a menudo llamado la «montaña africana».[3] A medida

[3] Para ser precisos, la porción africana del Matterhorn es la que se encuentra por arriba de los 3400 metros. Las laderas más bajas están compuestas por

que África y Europa se aproximaban, vastas extensiones del antiguo fondo del mar de Tetis se elevaron para luego volverse a erosionar, dando origen a los espectaculares paisajes de caliza que pueden verse en la actualidad en las estribaciones de los Alpes.

La fuerza conductora fue África. Originalmente a la deriva del nornordeste, se desvió ligeramente en dirección nornoroeste, hace entre 16 millones y 7 millones de años. Posteriormente volvió a cambiar y comenzó a moverse hacia el noroeste —la dirección en la que sigue hoy en día—.[E] Este giro en sentido contrario a las manecillas del reloj partió el mar de Tetis, bloqueó temporalmente el estrecho de Gibraltar y catapultó los Alpes hacia las nubes. De hecho, a medida que Africa continúa su camino hacia el norte, los Alpes siguen elevándose —a un ritmo de entre un milímetro y un centímetro por año, aunque el clima los va desgastando casi tan rápido como crecen—.

No me sorprendería que George Orwell se hubiera inspirado en el Oligoceno para escribir su novela *Rebelión en la granja*. Cualquiera que haya sido el caso, al igual que en la fábula admonitoria de Orwell las especies distintivas del Oligoceno eran un repugnante grupo de cerdos y otras criaturas parecidas a cerdos, entre los que destacan los entelodontes, popularmente conocidos como cerdos del infierno o cerdos exterminadores. Los ancestros de estas criaturas grandes como vacas, habían migrado desde Asia hace unos 37 millones de años. Los paleontólogos le dirán que no eran cerdos sino parientes de los hipopótamos y las ballenas, pero si usted hubiera visto alguno, su primera impresión habría sido la de estar frente a un gigantesco e hipercarnívoro jabalí verrugoso.

Tal vez la característica menos agradable de los entelodontes eran sus descomunales cabezas, ostentosamente ornamentadas con

---

sedimentos marinos o por rocas europeas. La roca africana es parte de la placa de Apulia, que originalmente formaba parte de África, y cuya mayor parte yace por debajo del mar Adriático. Cabalgó sobre las demás rocas de los Alpes cuando las placas Apuliana y Eurasiática colisionaron.

verrugas óseas del tamaño y la forma de penes humanos, y en cuyas casi cocodrilescas mandíbulas crecían unos colmillos y molares realmente salvajes. A diferencia de los cerdos modernos, que no son contrarios a comer carne, pero subsisten principalmente a base de materia vegetal, los entelodontes eran carnívoros por excelencia. Y eran rápidos, sus largas y delgadas patas cargaban sus 400 o más kilos con una velocidad que hoy dejaría a los jabalíes, y a los humanos, mordiendo el polvo.

Su eficiencia como carnívoros es confirmada por el descubrimiento de guaridas con restos fosilizados de sus víctimas. Uno de esos escondites de Norteamérica consistía en numerosos esqueletos de antiguos camellos del tamaño de ovejas.[F] Se cree que los entelodontes perseguían manadas de bestias más pequeñas y los atacaban y masacraban en masa, una práctica que los obligaba a almacenar sus sobras. O quizá la carne en descomposición era más amable con sus intestinos, que habían evolucionado de sus ancestros herbívoros, así que enterraban a sus víctimas para reblandecer sus cuerpos.

Como si los cerdos del infierno no fueran suficiente plaga en el paisaje del Oligoceno, Europa era hogar de dos grupos más de criaturas parecidas a cerdos. Los antracotéridos (que significa bestias del carbón, porque sus primeros fósiles fueron descubiertos en vetas de carbón) tuvieron un gran desarrollo durante el Oligoceno. Aunque estaban emparentados con los hipopótamos, eran más delgados y aparentemente llevaban un estilo de vida similar al de los cerdos. Un misterioso antracoterio conocido como *Diplopus* (llamado así por sus dos dedos al final de cada una de sus muy finas patas) llegó a Europa justo antes de *la Grande Coupure*, presumiblemente a nado por el estrecho de Turgai. Se conocen muchos de sus huesos, incluyendo la delicada escápula, pero nunca se han encontrado rastros del cráneo; un hecho que hace a Jerry Hooker sacudir su cabeza con incredulidad. Los restos más comunes de otras criaturas que encuentra son quijadas y dientes, y la ausencia de cabezas de *Diplopus* es un gran misterio.

A propósito, el museo de historia natural de Berlín es el orgulloso propietario de un mojón de antracoterio. Es negro y parece un enorme trozo de excremento de perro. Fue un placer enterarme de que en su mayoría, si no en su totalidad, está constituido de materia vegetal.

Los cerdos de hoy se clasifican en dos familias: los pecaríes del Nuevo Mundo y los cerdos del Viejo Mundo, incluyendo a los jabalíes salvajes y a los facóqueros o jabalíes verrugosos. Ninguno de los dos grupos existió en Europa durante el Oligoceno, aunque abundaban las criaturas que parecían tanto cerdos como pecaríes. En su lugar, las criaturas europeas similares a cerdos pertenecían a un extinto grupo conocido como pecaríes del Viejo Mundo (familia Palaeochoeridae).[G] Surgido de sus ancestros migrantes asiáticos, el *Palaeochoerus* (quien prosaicamente significa «antiguo cerdo») era un típico ejemplo. Más pequeño que un jabalí salvaje moderno, con un cuerpo compacto y miembros cortos, sus patas eran inconfundiblemente como las de un cerdo. Además, sus molares estaban más bien en cúspide, lo que sugiere que ya se había embarcado en una dieta omnívora.

Después de ver los estragos que los cerdos salvajes de Australia pueden causar a las ovejas que están pariendo, me resulta difícil amar a los cerdos. Y mi rechazo se vio reforzado en 2016 cuando los investigadores descubrieron que más de tres cuartas partes de los jabalíes domésticos que examinaron tenían heridas en el pene provocadas por mordidas. Las fotos son horribles. Aún sigue siendo un misterio quiénes infligieron las mordidas, pero yo creo que algo anda muy mal cuando una criatura fundamentalmente herbívora adquiere un gusto por la carne.[H]

Aunque pudieron haberse originado en Europa, los pecaríes de hoy son exclusivamente americanos. Son animales sociales, se han llegado a reportar manadas de hasta 2000 ejemplares, y pueden atacar a la gente. En la noche del 30 de abril de 2016, una mujer de Fountain Hills, Arizona, salió a pasear a sus perros cuando fue atacada por seis pecaríes de collar. La derribaron y le desgarraron el cuello y el tórax con sus dientes, provocando heridas severas. Afortunadamente la mujer fue rescatada por su esposo.[1]

Pero no todo eran cerdos durante el Oligoceno. Castores, marmotas y erizos llegaron a Europa provenientes de Asia, tal como habían hecho los verdaderos tapires y los rinocerontes, así como los rumiantes. En la actualidad, los rumiantes —especies que remastican el bolo y tienen pezuña hendida—[4] conforman un grupo particularmente importante que incluye reses y ovejas, venados, jirafas y antílopes. Los primerísimos rumiantes eran pequeños y se parecían al ciervo almizclero, que tiene caninos largos como dientes de sable y no tiene astas.[J]

Algunos inmigrantes carnívoros pueden haber llegado provenientes de Norteamérica más que de Asia. Uno de ellos era el *Eusmilus*, un asesino dientes de sable conocido como nimrávido. De extremidades cortas y largos caninos, esta criatura tan poco agradable no estaba de ningún modo relacionada con los posteriores tipos de dientes de sable (los cuales pertenecen a la familia de los verdaderos gatos). Los osos perro (hemicioninos) parecían perros corpulentos de cola corta, pero en realidad estaban emparentados con los osos y, como si esto no fuera suficientemente confuso, existía también un grupo de perros oso (anficiónidos). Estos parientes cercanos de los caninos habían llegado a parecer osos y sus ejemplares más grandes alcanzaban los 600 kilos de peso. Evolucionaron en Norteamérica, pero durante el Oligoceno se extendieron a Europa, donde desarrollaron estilos de vida carnívoros y omnívoros.

Había también muchos roedores en Europa durante el Oligoceno, incluyendo una proliferación de lirones, ardillas, arvicolinos y castores. Una pequeña criatura muy notable es el ancestro de los desmanes, los mamíferos más característicos de Europa y

---

[4] *Species that cheweth the cud and are cloveth of the hoof,* en el original. Términos utilizados para identificar a los animales kosher ritualmente puros. (*N. del T.*)

miembros de la familia de los topos, adaptados a la vida en ríos, arroyos y estanques. Existen solo dos especies: una se encuentra en los Pirineos, la otra en el este de Rusia. El desmán ruso, que puede llegar a pesar medio kilo, es por mucho el miembro más grande de la familia de los topos; suficientemente grande para ser perseguido por su piel.

14
GATOS, AVES Y OLMS

Hace alrededor de 25 millones de años, cuando el Oligoceno se aproximaba a su fin, el primer miembro de la familia de los gatos, conocido como *Proailurus*, surgió de Asia y llegó a Europa. Más o menos del tamaño de un gato doméstico, sus fósiles han sido encontrados en Alemania, España y Mongolia. Durante los diez millones de años posteriores a su llegada a Europa, a pesar de la presencia de gran número de pequeños roedores, los gatos no mostraron señales de progreso, y mucho menos alcanzaron el dominio del que hoy gozan entre los depredadores expertos en emboscadas.

Los huesos de pájaro son unos fósiles miserables, y el registro incompleto del Oligoceno en Europa deja mucho espacio para la conjetura. Unos pocos fragmentos encontrados en Inglaterra y Francia han sido proclamados como evidencia de que los buitres del Nuevo Mundo (un grupo que incluye al cóndor) alguna vez se elevó por los cielos de Europa. Pero una nueva valoración sugiere que se trata de los huesos de un carraca curol del Oligoceno.[A] En el sur de Inglaterra se encontraron los huesos de un *Paracygnopterus,* algunos afirman que es el más antiguo miembro de ese ornamental grupo de aves acuáticas, los cisnes. Otros, sin embargo, opinan que se trata simplemente de un ganso.[B]

Mejor es la evidencia de que las gavias, aves acuáticas buceadoras, fueron abundantes durante el Oligoceno en los lagos de Inglaterra y Bélgica, aunque no hay manera de saber si emitían algún ruido parecido al inquietante grito del colimbo grande, su pariente que ha sobrevivido. Algo menos esperada fue una especie de secretario —una criatura hoy familiar en las sabanas africanas— que acechaba en las praderas de Francia. Pero la llegada más importante del Oligoceno fue la de las primeras aves canoras de Europa; quizá al momento de *la Grande Coupure*. Estos primeros migrantes terminaron por extinguirse de Europa, pero fueron sustituidos por una posterior migración de pájaros cantores.[C]

Recientes investigaciones en el ADN muestran que los pájaros cantores, los pericos y los halcones están emparentados, y que este grupo tan exitoso tuvo su origen en la sección australiana de Gondwana, aproximadamente al mismo tiempo que ocurriría la extinción de los dinosaurios. El hecho de que los halcones y los petirrojos estén más emparentados que los halcones y las águilas parece no tener sentido. Pero el patrón corporal de las aves está altamente restringido por los requerimientos del vuelo, así que la evolución convergente, por medio de la cual criaturas no emparentadas desarrollan características similares, es bastante común.

Los pájaros cantores son, por mucho, las aves más numerosas y exitosas. Sus 5000 especies, divididas en cuarenta órdenes, representan el 47 % de todas las especies de aves. Dieciocho de las especies aviares más abundantes en Gran Bretaña son pájaros cantores, al igual que el ave silvestre más abundante sobre la Tierra, el quelea común, del cual se estima que existen unos 1500 millones. Dicho esto, la gran mayoría de los pájaros cantores caen en un solo orden, los pájaros percheros, o paseriformes, que toman su nombre de la palabra latina para el gorrión. Todos los pajarillos que buscan su alimento entre las hojas son pájaros percheros, al igual que los cuervos y las urracas; y una cosa que los diferencia es que poseen un dedo trasero operado por un juego independiente de tendones.

Los primeros indicios sobre el origen de las aves canoras aparecieron a principios de la década de los setenta. Charles Sibley, un ornitólogo que trabajaba en la Universidad de California, descubrió que, si purificaba y hervía ADN bicatenario de pájaro, las cadenas se recombinaban al enfriarse la mezcla. Si mezclaba el ADN de especies cercanamente emparentadas, la unión entre las cadenas era más fuerte que si mezclaba ADN de especies más lejanamente emparentadas.[D] Desde los tiempos de Sibley, los estudios genéticos se han vuelto inmensamente más sofisticados. En 2002 se demostró que el acantisita roquero de Nueva Zelandia está en la base del árbol familiar de los pájaros cantores. Otros estudios muestran que la segunda rama más antigua del árbol familiar de los pájaros cantores incluye al corretroncos pardo y al pergolero satinado, ambos de Australia. Ninguna de estas ramas cuenta con muchas especies y todas son exclusivas de Australasia. Esta abundancia de tipos originarios, aunada al descubrimiento en Australia del más antiguo fósil de pájaro cantor en el mundo, provee evidencia convincente para señalar el lugar de origen de los pájaros cantores: Australia.

En repetidas ocasiones, Australia ha sido la fuente de donde surgen los pájaros que han colonizado Europa. Uno de los grupos inmigrantes más recientes es el de las oropéndolas, que llegaron a Eurasia provenientes de Australia/Nueva Guinea hace unos siete millones de años. El ecologista australiano Ian Low piensa que los pájaros cantores de Australia son tan exitosos porque explotaron un nuevo nicho ecológico que se desarrolló gracias a las infértiles tierras de Australia, que hacían que las plantas australianas tendieran a crear reservas de cualquier nutriente que pudieran obtener.[E] Los visitantes de Australia pueden observar fácilmente las consecuencias: los eucaliptos en flor están repletos de loritos y de los estridentes gritos de media docena de especies de melifágidos. Las especies relativamente pequeñas, como los pájaros cantores, triunfaron en medio de estas aglomeraciones volviéndose altamente sociales, agresivas e inteligentes. Si esto es correcto, los pájaros cantores no solo no desmienten las ideas de Darwin sobre la migración —las cuales, después de todo, se basan en la premisa de que una elevada competencia conduce a una evolución más rápida— sino que revelan una inesperada dimensión al respecto.

Aún existen muchos misterios sobre los primeros 60 millones de años de Europa, pero ninguno es tan fastidioso como el origen de uno de sus más extraordinarios sobrevivientes.

Conocido por los eslovenos como el «pez humano» (y por el resto del mundo como olm[1]), esta salamandra rosa y ciega crece alrededor de 30 centímetros de largo y es el único vertebrado europeo que pasa la totalidad de su vida en cuevas. En 1689, Johann Weikhard von Valvasor dio a conocer su existencia en su libro *La gloria del Ducado de Carniola*. El ducado, desde hace mucho incorporado a Eslovenia, era una región pequeña, pero Valvasor estaba firmemente convencido de que el mundo no sabía lo suficiente sobre ella. *La gloria* consistía en quince volúmenes con 3532 páginas de gran formato, 528 grabados y 24 apéndices. La obra fue meticulosamente investigada y era científicamente precisa para los estándares de la época, y para producirla Valvasor hizo instalar una imprenta de talla dulce en el castillo de Bogenšperk donde vivía. *La gloria* lo dejó en bancarrota y Valvasor se vio en la necesidad de vender el castillo, la imprenta y otras propiedades. El obispo de Zagreb se compadeció de este patriota y adquirió su biblioteca por una cantidad considerable. Sin embargo, no fue suficiente y en 1693 Valvasor murió en la ruina, solo sobrevivió cuatro años a la publicación de *La gloria*.

Hay algo esencialmente europeo en la gran obsesión de Valvasor. Después de graduarse de la escuela jesuita en Liubliana, pasó catorce años viajando por Europa y el norte de África, procurándose la compañía de hombres educados. Edmund Halley lo propuso como miembro de la Royal Society, y en 1687 se convirtió en *Fellow*. Su *amor patriae* salta a la vista en su gran obra, la cual debe tomar el lugar que le corresponde entre esos volúmenes que desde los tiempos de Heródoto han buscado explicar la naturaleza de Europa o de alguna parte de ella. Gracias a personas como Valvasor, Europa es el único de todos los continentes en tener un registro tan vasto y profundo de su historia natural, cuyo costo

---

[1] O proteo. (*N. del T.*)

demasiado a menudo ha sido pagado con vidas al igual que con fortunas.[2]

El recuento de Valvasor sobre el olm asegura que, después de fuertes lluvias, las criaturas eran lanzadas a la superficie desde las cavernas subterráneas. La gente local, dice, cree que son las crías de un dragón de las cuevas. Valvasor mismo, sin embargo, caracterizó al olm como: «gusano y alimaña, del cual hay muchos por aquí». Con relación al olm, En *El origen* Darwin exclama: «solo me sorprende que más despojos de la vida antigua no hayan sido preservados». Para el siglo XIX se desarrolló en Europa una suerte de manía conservadora del olm. Se exportaron miles de ejemplares y algunos fueron liberados en cuevas de Francia, Bélgica, Hungría, Alemania, Italia y posiblemente Inglaterra.

Este animal existe naturalmente en ciertas cuevas y aguas de Eslovenia, Croacia, Bosnia y Herzegovina. Cada población es ligeramente distinta y nadie se ha puesto de acuerdo sobre cuántas especies hay. En 1994, unos científicos anunciaron que habían encontrado un olm negro que poseía ojos y estaba restringido a las aguas subterráneas de una pequeña área en los alrededores de Dobličica, en la región de la Carniola Blanca, en Eslovenia. Pero cómo llegó el olm a Europa es un misterio. La familia Proteidae a la que pertenece incluye solamente seis especies, cinco de las cuales son norteamericanas. Sus fósiles son raros, los más antiguos provienen de Norteamérica y datan del final de la era de los dinosaurios. Los fósiles europeos más antiguos son de hace unos 23 millones de años.

Una cosa en la que todos coinciden es que los olms son extraños. Para empezar, viven su vida en el carril de baja velocidad. Una camada de 64 huevos que fue puesta en la cueva de Postoina,

---

[2] *La gloria del Ducado de Carniola* fue publicado originalmente en alemán. Nunca volvió a reeditarse y durante siglos permaneció en el olvido. Finalmente, entre 2009 y 2012, un equipo reunido por Tomaž Čeč lo tradujo al esloveno.

en Eslovenia, tardó cuatro meses en eclosionar, y las crías tardan el mismo tiempo que los humanos —unos catorce años— en alcanzar la madurez sexual. Nadie sabe cuánto viven los olms, pero se podría afirmar con certeza que por lo menos un siglo. Y pueden ser muy resistentes. Un olm sobrevivió doce años en cautiverio *sin comer*.

No hemos tratado bien a los olms. Durante más de un siglo han sido horrorosa y excesivamente capturados, e incluso los granjeros los han utilizado como alimento para cerdos. Hoy, los sobrevivientes viven con la amenaza de envenenamiento por metales gracias a los desechos industriales.[G] ¡Qué manera de tratar a un tesoro nacional!

15

EL MARAVILLOSO MIOCENO

El Mioceno, que duró unos 23 a unos 5,3 millones de años, fue bautizado por Charles Lyell.[1] Significa «menos nuevo» en griego, y Lyell le otorgó ese nombre por la mundana razón de que consideraba que había menos especies del Mioceno, en comparación con épocas más recientes, que hubieran sobrevivido hasta los tiempos modernos. Debido a su favorable clima y a su diversa fauna y flora, el Mioceno es discutiblemente la época más encantadora de Europa. Una superficie creciente de tierra, corredores de migración más grandes y un clima favorable conspiraron para crear una diversidad sin precedentes de mamíferos, algunos de los cuales llegarían a volverse exitosos colonizadores de Asia y África. Europa ya no era solamente un destino para inmigrantes, sino que su fauna comenzaba a influir sobre los continentes circundantes.

Las evidencias de vida en el Mioceno no están distribuidas de forma pareja a lo largo de Europa. Grecia es espectacularmente rica en fósiles de reptiles, y España, Francia, Suiza e Italia tienen excepcionalmente buenos registros de entornos tanto terrestres como marinos. Suiza ha producido algunos de los insectos fósiles mejor conservados, y Alemania, algunas de las plantas fósiles más informativas. Las islas británicas, en contraste, que fueron un pilar cuando examinamos el Eoceno y el Oligoceno, casi no cuentan con fósiles terrestres de mamíferos y plantas del Mioceno.

La tendencia de enfriamiento global que comenzó hace aproximadamente 54 millones de años continuó durante el Mioceno,

---

[1] Ningún evento climático global marca el comienzo o el final del Mioceno; su arranque está definido por la extinción de una especie de plancton, y su terminación, por un abrupto cambio en los polos magnéticos de la Tierra.

aunque hubo algunos retrocesos notables. Por ejemplo, hace entre 21 y 14 millones de años, las condiciones se volvieron tan cálidas como habían sido previamente en el Oligoceno. Cuando pienso en Europa durante esta fase calurosa me imagino una especie de costa Azul sobre el Sena. En estas condiciones más cálidas el nivel del mar aumentó, por lo que la región que hoy es París estaba mucho más cerca de la costa que en la actualidad. Conforme el calentamiento alcanzaba su punto máximo, muchas de las tierras bajas comenzaron a inundarse, recreando un archipiélago de islas que recordaba (aunque estaba mucho mejor interconectado) al que había existido hacia el final de la era de los dinosaurios.

Sin embargo, la tendencia general iba hacia la generación de más territorio y mayor conectividad. Una importante fase de creación de montañas comenzó durante el Mioceno, y a medida que los Alpes y otras montañas crecían, la masa terrestre de Europa se convulsionaba, causando erupciones volcánicas a lo largo del sur que provocaron sin duda gran cantidad de terremotos. Algunas montañas deben haberse elevado con asombrosa velocidad (desde una perspectiva geológica): análisis de índices isotópicos de agua y oxígeno han revelado que los picos más altos de los Alpes suizos alcanzaron su elevación actual a mediados del Mioceno, hace unos quince millones de años.[A] La fuerza motora detrás de toda esta agitación fue la compresión que generó África al empujar hacia el norte. Y no fueron los Alpes los que se estaban levantando. Conforme la tierra se doblaba, surgieron islas y cordilleras completamente nuevas, separadas por anchas cuencas.[2]

Entre las más notables se encuentran la cordillera Bética (que se originó como una isla montañosa que incorporó la región cir-

---

[2] La altura de los Alpes puede variar hasta 27 centímetros dependiendo de la atracción de la luna, un hecho que solo se volvió ampliamente conocido cuando se construyó el acelerador de partículas del CERN, cerca de Ginebra, el cual trabaja con tal precisión que la atracción lunar debe ser considerada en sus mecanismos.

cundante al actual Cádiz en el sur de España), sierra Nevada, el peñón de Gibraltar y la sierra de Tramontana en Mallorca (donde encontró refugio el sapo partero). Al norte, los Pirineos recibieron un fuerte empuje hacia arriba, al igual que los Apeninos en Italia. Y más hacia el este, diversos arcos montañosos se desarrollaron desde Albania hasta Turquía.

Muchas de las regiones volcánicas más famosas de Europa tuvieron su origen en el Mioceno, como el resultado de grandes placas de corteza que fueron empujadas hacia el manto fundido, donde la roca se derretía hasta convertirse en magma. Un importante arco volcánico se extiende desde la Toscana (monte Amiata) hasta Sicilia, donde el Etna, entre otros volcanes como el Stromboli, permanece aún lo suficientemente activo para ser una de las mayores atracciones turísticas. Otros campos volcánicos potencialmente peligrosos están inactivos, incluyendo una gran área al sur de Roma cuya última erupción fue hace unos 25 000 años. Una segunda región volcánica de importancia existe en Grecia, donde el Methana, el Santorini y el Nísiros se consideran activos. A lo largo del Mioceno, la actividad volcánica estuvo mucho más extendida, con provincias volcánicas mayores en el sur de Francia, por ejemplo, durante las fases de inicio y fin de esta época.

Otra característica definitoria del Mioceno europeo son las grandes migraciones. Tras *la Grande Coupure*, la migración este-oeste solía darse relativamente libre de impedimentos topográficos. Pero también se abrieron amplios corredores migratorios entre África y Europa. Y, a veces, fueron tan extensos que hace unos doce millones de años las faunas de Kenia y de Alemania eran prácticamente indistinguibles.

La vegetación de Europa continuó evolucionando, aunque gran parte del continente siguió bajo el dominio de un bosque subtropical rico en miembros de la familia de las lauráceas, conocido como bosque laurófilo o laurisilva. Si quiere tener la experiencia de estar en un bosque de laureles, los archipiélagos Macaroneses de Madeira y de las Canarias bien valen una visita. Macaronesia significa en griego «islas de los afortunados», y vaya que sí son afortunadas estas islas, porque en ellas ha sobrevivido hasta nuestros días un pedazo de la antigua Europa. La zona boscosa que se localiza a mitad de las montañas de la Gran Canaria es un buen ejemplo, dominada por cuatro miembros de la familia laurácea, incluyendo el barbusano, el laurel de Azores, el laurel del Cabo y un pariente del aguacate, los cuales son todos tipos antiguos que crecen junto a miembros de las familias ebenácea y oleácea.

Otra antigua reliquia vegetal que sobrevive en Macaronesia es el legendario drago, cuya savia, promocionada como sangre de dragón,[3] en tiempos pasados fue muy apreciada como medicina, como incienso y como tintura. El drago no forma parte del bosque laurófilo; pertenece a un hábitat más seco que comenzó a establecerse en partes de Europa durante el Mioceno. Estos hábitats eran más evidentes en la península ibérica donde, hace unos quince millones de años, los miembros del género rosa espinosa (*Neurada*), el esparto, el mezquite dulce y el arbusto nitro (*Nitraria*) florecieron en áridos matorrales.[B]

Tristemente, los bosques laurófilos de Macaronesia están prácticamente desprovistos de la vida animal que fue tan abundante en el Mioceno europeo. Esto se debe a que las islas de Macaronesia tuvieron su origen como volcanes que brotaron del fondo del océano, o como piezas de la corteza oceánica que fueron empujadas por encima de la superficie del mar. Las laurisilvas ancestrales deben haber llegado como semillas en las tripas de las aves o flotando sobre el océano. Con una importante excepción, las criaturas terrestres no podían cruzar el mar; y, si hubiera sido usted un marinero cartaginés bajo las órdenes de Hannón el Navegante en los siglos previos a la destrucción de su gran ciudad por parte de Roma, seguramente habría visto con sus propios ojos a esas excepcionales criaturas.

---

[3] El drago, en inglés, se llama *dragon tree*. (*N. del T.*)

Imagine que es usted una de las primeras personas en poner pie sobre la mítica Macaronesia. Es alrededor del año 500 a. C. y entonces, como ahora, el gran pico de Tenerife es tan alto que a menudo se pierde entre las nubes. Sin embargo, a diferencia de las secas y rocosas tierras bajas de la actual Tenerife, la isla que usted descubre es un paraíso de verdor con sus árboles llenos de pájaros, incluyendo al próximamente famoso canario, que no muestran ningún temor ante su presencia. Aquí solamente existe un tipo de gran criatura terrestre. Al penetrar en el bosque usted se encuentra con un inmenso reptil. El lagarto gigante de Tenerife (*Gallotia goliath*) era un herbívoro de un metro de largo con poderosas quijadas.

Hoy, lo único que nos queda para recordar su existencia son unos huesos y una sola pieza momificada de cabeza y pecho que fue hallada en una cueva de lava. Lagartos casi tan grandes, pero pertenecientes a otras especies, vivieron en otras partes de las Canarias. Sin embargo, uno por uno se fueron extinguiendo cuando los humanos colonizaron las islas y llevaron consigo depredadores, como los perros y los gatos. Durante un siglo se pensó que los lagartos gigantes habían desaparecido. Entonces, a finales del pasado milenio, se redescubrió una población remanente.

Durante más de un siglo el lagarto gigante de La Gomera (*Gallotia bravoana*) fue considerado una especie extinta. Pero en 1999 el biólogo Juan Carlos Rando descubrió seis ejemplares aferrándose a la vida en dos inaccesibles acantilados de la isla. Habían encontrado un precario refugio contra los depredadores y de alguna manera se las habían arreglado para subsistir después de que sus parientes, que tan abundantes habían sido a lo largo de la isla, perecieron. Se tomó la decisión de conservar algunos de esos últimos sobrevivientes en cautiverio y, hoy, gracias a un meticuloso programa de recuperación, existen alrededor de 90 lagartos gigantes de La Gomera en colonias salvajes y en cautiverio. Tal vez, con un poco de ayuda humana, su progenie pueda recuperar su isla algún día.

Los lagartos son conocidos por su habilidad para alcanzar islas, a menudo flotando sobre balsas de vegetación, así que no es tan sorprendente que los gallotias hayan colonizado Macaronesia. Son miembros de la familia de lagartos más diversa de Europa, los lacértidos, y entre sus parientes se encuentran las lagartijas que pueden verse por todas las zonas templadas de Europa. Las islas Canarias también son hogar de seis especies más pequeñas de gallotias, similares en tamaño a las lagartijas, que sobreviven en gran número. Son notables por contarse entre los lagartos herbívoros más pequeños del mundo.

Durante mucho tiempo los biólogos han señalado al gallotias gigante como un ejemplo de la propensión de las criaturas pequeñas a volverse gigantes cuando quedan aisladas en islas. Pero un descubrimiento fortuito hecho cerca de Ulm, Alemania, probó que esto era falso. El esqueleto casi completo de un ancestral y gigantesco *Gallotia* carnívoro de 22 millones de años indicó que, cuando llegaron a Macaronesia, los lagartos debieron volverse vegetarianos, y muchos se convirtieron en enanos.[C]

Justo después de que los laureles de Macaronesia llegaron a su refugio isleño, los antiguos bosques de Europa comenzaron a cambiar. Parte de la mejor evidencia de lo que sucedió proviene de Alemania, donde se han hallado troncos silicificados de alrededor de 80 especies de árboles, preservados en lo que alguna vez fue una gran laguna costera que bordeaba las laderas norte de los crecientes Alpes. De una antigüedad de hace 17,5 a 14 a millones de años, revelan la presencia de un bosque subtropical cuya composición se estaba modificando rápidamente.[D] En las capas más antiguas del depósito, el tipo más abundante de madera silicificada pertenece a un pariente del mangle bala de cañón (*Xylocarpus granatum*). Miembro de la familia de la caoba, el mangle bala de cañón se encuentra hoy en las regiones costeras tropicales de África, Asia y Australasia, y se extiende hacia muy dentro del Pacífico.

En los pantanos cercanos crecieron en abundancia tanto palmas como el *Glyptostrobus europaeus*, un pariente del ciprés chino.

Algunos botánicos consideran que este ciprés de los pantanos europeo fosilizado y el árbol asiático vivo (*Glyptostrobus pensilis*) son idénticos: «Es posible que el árbol que hoy se encuentra al borde de la extinción en China sea la especie del Terciario inalterada».[E] El ciprés chino es caducifolio y se da de forma natural en riberas y pantanos. Resistente al deterioro y de madera aromática, ha sido talado casi hasta su extinción.

En tierras más firmes y alejadas de la costa, durante el Mioceno, crecieron en Alemania bosques mixtos de antiguos parientes de la haya y el mirto. No podemos saber con total exactitud qué vestía las laderas más altas de los Alpes, pues ningún fósil ha sido preservado, pero es razonable suponer que cerca de los picos más altos, tres kilómetros o más sobre el nivel del mar, se estaba creando una flora alpina o subalpina. Hoy, 350 de las 4500 especies de plantas alpinas europeas, incluyendo a bellezas como la *saxifrage du Mercantour* (o *Saxifraga florulenta*) y la amapola alpina, no se encuentren en ningún otro lugar, lo que sugiere que han experimentado un largo período de evolución en su hogar alpino.

Para cuando la siguiente capa de madera a la deriva se estaba depositando en la antigua albufera alemana, solo uno o dos millones de años más tarde, el clima ya se había enfriado y resecado. En esta capa, los troncos silicificados indican que parientes de las acacias y miembros de la familia del laurel dominaban un muy diverso bosque que incluía a los dipterocarpos, los cuales se encuentran entre los árboles más altos de los bosques de Borneo de la actualidad. En una capa más reciente, que se formó en un clima incluso más frío y más seco, destacaban robles y laureles, mientras que en los sedimentos más recientes (que datan de hace unos catorce millones de años) predominan los *Robinia* y miembros de la familia de la acacia similares al marabú (*Dichrostachys*).

Estos cambios en la vegetación —de árboles tropicales de hoja perenne a tipos caducifolios y de tierra firme— muestran algo de la complejidad de las modificaciones en la flora que ocurrieron en Europa durante los 18 millones de años del Mioceno.

La historia continúa con los excepcionalmente ricos fósiles del suroeste de Rumanía. Fechados en unos trece millones de años de antigüedad, revelan una vegetación que, aunque mucho más rica, nos recuerda en gran medida a la que podemos encontrar en la Europa contemporánea. Bosques mixtos de robles y pinos crecían a lo largo de las orillas de antiguos lagos, intercalados con hayas, olmos, arces, carpes y algunos miembros de la familia del laurel. En tierra cenagosa el ciprés de los pantanos creció en abundancia, junto con sauces y álamos. En general, esta vegetación mixta de pinos, de especies de hoja perenne y de especies de hoja caediza, se parece a los bosques que todavía crecen en Asia oriental y el este de Norteamérica, pero incluye muchos géneros que siguen dominando los bosques de Rumanía. Este tipo de flora fósil, que aparece en muchos yacimientos europeos del Mioceno tardío y del Plioceno, se conoce como geoflora arctoterciaria.

Una extraña característica de los bosques europeos, en el tiempo en que los fósiles rumanos y alemanes se estaban depositando, es la repentina aparición del *Ginkgo*. Aunque se conoce desde la era de los dinosaurios, parece haberse extinguido de Europa en algún momento alrededor o poco después del impacto del asteroide, por lo que su reaparición unos 40 millones de años después es sorprendente. Pero las condiciones de la Europa del Mioceno le eran propicias y, por un tiempo, el ginkgo floreció allí.[F] El ginkgo europeo no era precisamente el mismo que encontramos hoy en día, que solo se da naturalmente en una pequeñísima área de las montañas de China, pero se parecía mucho. Los ginkgos de Europa parecen haberse extinguido en algún momento previo al arranque de las edades de hielo hace unos 2,6 millones de años. Algunos de sus últimos registros provienen de Rumanía. Su reciente regreso a Europa, como árboles de calle y de jardín, debería ser celebrado como el regreso de un nativo.

Para el final del Mioceno, hace unos cinco millones de años, la formación de montañas, las dramáticas caídas de temperatura y el descenso en el nivel del mar, habían creado una Europa que era topográficamente similar, en términos generales, a la Europa de hoy. El enfriamiento también había provocado la desaparición de especies sensibles al frío en la flora europea, y lo más probable es que las praderas, los matorrales áridos y las floras alpinas ya estuvieran bien establecidas. De una importancia particular para la historia de nuestra propia especie, una mezcla de bosque y sabana apareció de manera extensa en el sureste europeo; en lo que hoy es Grecia y Turquía.

16

UN BESTIARIO DEL MIOCENO

Por momentos, durante el Mioceno, la fauna de Europa fue casi tan rica y diversa como la que se encuentra en África hoy en día. Aquellas criaturas han dejado un abundante registro fósil que llega a ser apabullantemente variado, al igual que rápidamente cambiante. Los rinocerontes habían llegado a Europa durante el Eoceno, pero se mantuvieron moderadamente diversos hasta el Mioceno temprano. Entonces, hace entre 23 y 20 millones de años, surgió un mosaico de hábitats que sustentó hasta seis especies coexistentes; incluyendo al pequeño (de solo media tonelada) *Pleuroceros*, que tenía dos cuernos, lado a lado, en la punta del hocico. Esto, sin embargo, tan solo fue el inicio de la proliferación del rinoceronte europeo: hace 16 millones de años, el número de especies de rinocerontes en Europa ya se había incrementado a quince, en parte por la evolución local y en parte por la llegada de nuevos inmigrantes de Asia. No obstante, al igual que en época anteriores, no coexistieron más de cinco o seis especies.[A]

Los calicoterios eran de los mamíferos más extraños que jamás hayan vivido. Eran perisodáctilos —parientes de los caballos, rinocerontes y tapires— y si todo lo que usted pudiera ver de uno de ellos fuera la cabeza, lo habría confundido con un caballo sumamente extraño. Pero su cuerpo era como el de un gorila y sus miembros terminaban en enormes y afiladas garras. La mezcla de características es tan rara que durante décadas los paleontólogos fueron incapaces de reconocer que los fósiles de las distintas partes pertenecían a un solo tipo de animal.

Los calicoterios surgieron en Asia hace unos 46 millones de años y se extendieron rápidamente a Norteamérica y después a Europa; su migración hizo un rodeo por el camino largo, vía el puente de Bering y el corredor De Geer.[B] Durante el Mioceno, una verdadera explosión evolutiva de los calicoterios tuvo lugar en Europa, con no menos de cinco géneros existiendo al mismo tiempo. El más extraño de todos fue el *Anisodon*. Habitante de Europa durante el Mioceno tardío, medía aproximadamente un metro y medio, hasta la altura del hombro, y pesaba unos 600 kilos. Su cabeza, parecida a la de un caballo, estaba montada sobre un largo cuello, casi idéntico al del okapi, que surgía de un cuerpo sostenido por dos robustas y largas patas delanteras y dos cortas patas traseras, lo que le otorgaba una espalda en pronunciada pendiente, como la de un gorila. Y, al igual que un gorila, el *Anisodon* caminaba sobre sus nudillos, doblando sus dedos hacia dentro para proteger sus afiladas garras. Se alimentaba de follaje y semillas, nueces y frutos duros, cuyas cáscaras eran tan duras que sus dientes se desgastaban a un nivel extraordinario.[C] Fue, en un sentido ecológico, la respuesta de Europa al perezoso terrestre de Sudamérica y a los gorilas de África.

Los calicoterios se extinguieron de Europa hace varios millones de años, pero un linaje sobrevivió en los bosques del sur de Asia hasta hace unos 780 000 años, así que le debe haber resultado familiar al *Homo erectus*. Si yo tuviera el poder divino de resucitar a una sola criatura del panteón de la naturaleza, sería el *Anisodon*, un animal tan indescifrable para mí que se me figura como salido de un cuento de hadas.

A menudo se piensa que las jirafas son africanas, sin embargo, sus orígenes se remontan a Asia, desde donde migraron a Europa y África.[D] Un grupo extinto, conocido como los sivaterios, alcanzaba gran tamaño y tenía en la cabeza protuberancias similares a astas. Probablemente parecían un gigantesco okapi cornudo. Los sivaterios se extinguieron hace unos dos millones de años, pero otras jirafas, incluyendo a los ancestros de las especies de jirafas que viven actualmente, y el okapi, se desarrollaron en abundancia. Las jirafas más abundantes del Mioceno europeo pertenecieron al género *Palaeotragus*, el cual se pensaba que había desaparecido hace unos cinco millones de años. Hasta el 2010, el *Palaeotragus* era de poco interés para cualquiera que no fuera un especialista en jirafas fósiles, pero en ese año dos paleontólogos, Graham Mitchell y John Skinner, anunciaron que el *Palaeotragus* no estaba extinto del todo. Por el contrario, opinaban que aún sobrevivía en los bosques montañosos de África Central; en forma de okapi.[E]

Muchos científicos rechazan esto, pero la aseveración de que una criatura europea supuestamente extinta podría haber sobrevivido en las selvas de África Central es extraordinaria. El okapi, con su purpúrea piel de terciopelo y sus franjas blancas en la grupa, tiene que ser el mamífero más bello sobre la Tierra. Si efectivamente se trata de un antiguo habitante de Europa, o incluso de un reemplazo ecológico de uno, los entusiastas de la resilvestración, en un futuro distante donde Europa sufra el calentamiento de los gases antropogénicos de efecto invernadero, podrían intentar reintroducirlo ahí.

Mitchell y Skinner, por cierto, también tenían sorprendentes noticias sobre el origen de las modernas jirafas de cuello largo. Probablemente, como afirmaban, este grupo evolucionó en Europa hace unos ocho millones de años; antes de extenderse a Asia (donde se extinguió) y África. Como europeos originarios, quizá algún día las jirafas de cuello largo también serán consideradas candidatas para ser reintroducidas alrededor de la costa del Mediterráneo.

Los bóvidos incluyen a una enorme variedad de rumiantes (mamíferos que mascan el bolo y tienen la pezuña hendida), desde antílopes hasta ovejas y reses, y son uno de los más diversos y exitosos grupos de grandes mamíferos que hayan existido. Sus orígenes se remontan al Mioceno temprano, cuando divergieron de los ancestros del venado y la jirafa. El bóvido más antiguo conocido, el *Eotragus*, era un habitante del bosque del tamaño de un perro que evolucionó en Eurasia. Sus cuernos cortos rectos, así como otros huesos, han sido encontrados en sedimentos de 18 millones de años de edad desde China hasta Francia.[F] Poco después los bovinos (que incluyen a las reses y sus parientes) surgieron en alguna parte de Eurasia.

Los antílopes se originaron en Europa hace unos 17 o 18 millones de años —los fósiles más antiguos (*Pseudoeotragus*) provienen de Austria y España—. Su expansión —hace aproximadamente 14 millones de años— hacia África y Asia, representa una historia de gran éxito europeo. Los caprinos (un grupo que incluye a las cabras, las ovejas y los íbices) surgieron hace unos 11 millones de años en África o en Europa, pues sus fósiles más antiguos provienen de África y de Grecia. Con la expansión de las praderas hace alrededor de diez millones de años, todos estos bóvidos —que están maravillosamente adaptados para extraer los nutrientes de sus fibrosos recursos— se diversificaron a gran velocidad.

Los elefantes se originaron en África y llegaron a Europa hace 17,5 millones de años, probablemente por la vía de Asia.[G] Los primeros que llegaron a Europa pertenecían a una familia hoy extinta conocida como gonfoterios —criaturas primitivas de cuatro colmillos—. Se extinguieron de la mayoría de sus hábitats hace unos 2,7 millones de años, cuando otros tipos de elefantes emergieron de África y alcanzaron una gran expansión. No obstante, algunos sobrevivieron en Sudamérica hasta que los humanos llegaron hace 13 000 años: en término geológicos, estuvimos a un pelo de poder ver a los gonfoterios.

Hace aproximadamente 16,5 millones de años otros dos tipos de elefantes —los dinoterios y los mastodontes— llegaron a las costas de Europa. El *Prodeinotherium* (un dinoterio) era más o menos del tamaño de un elefante asiático de la actualidad, pero su trompa era similar en tamaño y función a la de un tapir. No poseía colmillos superiores, pero sí tenía un par de colmillos en la mandíbula inferior que apuntaban hacia abajo, los cuales podrían haber sido usados para desprender la corteza de los árboles. A lo largo del Mioceno los dinoterios europeos se volvieron enormes, llegando a pesar hasta quince toneladas —convirtiéndose así en uno de los mamíferos terrestres más grandes que hayan existido—.

Los mastodontes se parecían a los elefantes actuales, pero las coronas de sus molares parecían unas mamas (el nombre significa mama-diente), al menos en la imaginación de algunos sabios del siglo XIX. Se extinguieron de Eurasia hace unos 2,7 millones de años, pero sobrevivieron en Norteamérica hasta hace 13 000 años.

El ciervo avanzado —la especie con astas ramificadas que se mudan anualmente— estuvo presente en Eurasia hace alrededor de 14 millones de años. Uno de ellos, conocido como *Dicrocerus*, daría origen a dos grandes linajes de ciervo astado, el Capreolinae y el Cervinae. Entre los capreolinos se cuentan el corzo, el alce, el reno y la mayoría de las especies americanas de ciervo (con la notable excepción del uapití o ciervo canadiense). Los cervinos incluyen al muntíaco, al ciervo rojo, al uapití, al gamo común y al extinto alce irlandés, al igual que a muchas especies asiáticas como el chital y el milú o ciervo del padre David.

Los cervinos son indiscutiblemente la mejor historia europea de mamíferos exitosos: los primeros tipos, *Cervavitus*, aparecieron en Europa hace aproximadamente diez millones de años. Unos tres millones de años más tarde ya se habían extendido al este de Asia y estaban bien encaminados para convertirse en los herbívoros grandes más abundantes en buena parte de Eurasia.[H] Cuando se descubrió que los cervinos eran originarios de Europa, los investigadores quedaron estupefactos, y uno de ellos escribió: «Europa debería ser considerada más como un callejón sin salida [en término de migración] que como un área con una diversificación evolutiva normal».[I]

Caballos del género *Hipparion* (caballos de tres dedos) migraron de Norteamérica a Europa hace 11,1 millones de años —una de las pocas especies migrantes exitosas de ese tiempo—. Su llegada marca el comienzo del Vallesiense europeo —una subdivisión del Mioceno—.[J] Sus fósiles son extremadamente abundantes, lo que permite datar con facilidad los yacimientos fósiles. A grandes rasgos similares en apariencia a los caballos modernos, eran más o menos de la mitad de peso y tenían dos pequeños dedos laterales hendidos en cada pata. Los caballos habían estado confinados a Norteamérica por decenas de millones de años, pero ahora les fue posible migrar porque un período frío llevó a la expansión de la capa de hielo antártica y, con tanta agua congelada en los polos, el nivel del mar descendió unos 140 metros, abriendo un herboso puente terrestre a través del estrecho de Bering.[K] Nada parecido a los caballos había existido en Eurasia, así que rápidamente llenaron el nicho ecológico vacante.

Los extraños osos perro y perros oso del Oligoceno sobrevivieron hasta el Mioceno en Europa, al igual que aquellos primitivos depredadores dientes de sable, los nimrávidos. El *Felis attica*, del tamaño de un lince y ancestro de todos los gatos actuales, acechaba en los bosques de la antigua Grecia y otras partes de Eurasia hace unos doce millones de años, y los gatos dientes de sable estaban creciendo.[L] Los depósitos fósiles expuestos por la minería en el Cerro de los Batallones, cerca de Madrid, revelan detalles de su evolución.[M] Estos depósitos datan de hace entre 11,6 y 9 millones de años, y se encuentran en hondonadas rellenas o en cuevas. La mayoría de los huesos son de carnívoros, lo que indica que las cavidades funcionaban como trampas naturales, con el olor de los cadáveres en descomposición a manera de carnada. Un descubrimiento inusual en el sitio son los huesos de una extinta especie de panda rojo.

Cráneos completos de varias clases tempranas de gatos dientes de sable fueron recuperados de los Batallones, incluyendo uno de los primeros miembros del linaje del *Smilodon* y un primitivo tipo de gato dientes de cimitarra. El ancestro *Smilodon* era solamente del tamaño de un leopardo, mientras que el gato dientes de cimitarra ya era tan grande como un león.[N] El ancestro *Smilodon* era de piernas cortas y tenía casi la forma de un *bulldog*. Machos y hembras eran similares en tamaño, lo que sugiere que eran depredadores emboscadores solitarios. Los gatos cimitarra tenían una espalda en pendiente como la hiena moteada y probablemente eran excelentes corredores. Los machos eran mucho más grandes que las hembras y pueden haber tenido territorios que se superponían con aquellos de numerosas de hembras, como los tigres de hoy.

Los dientes de sable más grandes, que sobrevivieron hasta hace 13 000 años en Norteamérica, podían matar elefantes jóvenes. No se sabe con exactitud cómo utilizaban sus caninos superiores, semejantes a sables; pero a menudo terminaban rotos, lo que sugiere violentas luchas con sus presas. Algunos investigadores creen que los usaban para cortar las arterias del cuello; otros piensan que los gatos dientes de sable destripaban a sus víctimas. Sus sables deben haber dificultado el meterse grandes pedazos de carne a la boca, y sus largos y puntiagudos incisivos pueden haber servido para arrancar trozos de carne del cadáver. También es posible que tuvieran una lengua rasposa cubierta de púas, como la de los leones, para lamer el músculo de los huesos.

Durante el Mioceno en Eurasia, las hienas evolucionaron de un ancestro parecido al hurón. Divergieron en dos tipos: los trituradores de huesos pesados y los rápidos corredores similares a perros. Estas hienas parecidas a perros fueron extremadamente abundantes en la Europa del Mioceno; y, en algunos yacimientos de 15 millones de años de antigüedad, sus fósiles superan en número a los de todos los demás carnívoros. Pero hace de cinco a siete millones de años un cambio en el clima, y posiblemente la competencia de los primeros perros que llegaron a Europa, provocó su decadencia. Hoy, la única hiena similar al perro es el lobo de tierra africano, que se alimenta de termitas. Las hienas trituradoras de huesos se convirtieron en los principales carroñeros de Eurasia —un papel que siguen jugando actualmente en África y Asia—. Parte de su éxito parece basarse en una sociedad con los gatos dientes de sable, pues ambos tipos de carnívoros florecieron juntos. Los gatos dientes de sable no tenían la habilidad de quebrar huesos, así que, presumiblemente, las hienas se alimentaban de los esqueletos una vez que los dientes de sable hubieran quedado satisfechos.

Pero, ¿dónde estaban los perros? Seguían a un continente de distancia —en Norteamérica, esperando un puente terrestre apropiado para cruzar a Eurasia—. Hace de siete a cinco millones de años, justo al final del Mioceno, el *Eucyon*, un miembro de la familia de los perros del tamaño del chacal, realizó el cruce y se extendió con rapidez.[O] Sin embargo, poco tiempo después desapareció, y fue necesaria otra migración de Norteamérica, hace unos cuatro millones de años, para que llegaran nuevas y más grandes especies de cánidos a Eurasia: estos perros sí sobrevivirían.

Los avestruces corrieron por las planicies de Europa oriental desde el Mioceno hasta el Pleistoceno temprano. Todas ellas, con la excepción de una diminuta especie de Moldavia, pertenecían a un solo tipo, *Struthio asiaticus*, que era muy similar al avestruz actual, pero más pesada. Es un enigma científico el que, por un lado, todos los huesos fósiles sean tan parecidos y, por el otro, se hayan encontrado tres distintos tipos de huevos fósiles de avestruz. Las cariamas —depredadores terrestres de un metro de alto hoy restringidas a las praderas de Sudamérica— recorrían las planicies de Francia durante el Mioceno, mientras que los pericos encontraron su hogar en Alemania. Muchas de las demás aves que habitaron la Europa del Mioceno eran muy parecidas a las que podemos ver en la Europa de hoy.

Solemos pensar en las tortugas gigantes como habitantes de islas, pero en el pasado se podían encontrar enormes quelonios en todos los continentes, y en la Europa del Mioceno se desarrollaron en abundancia. Huesos de pitón del Mioceno han sido encontrados en Grecia y en Baviera, mientras que una cantera en Wallenreid, Suiza, nos proporcionó el colmillo de serpiente venenosa más antiguo del mundo.[P] Estudios realizados en un colmillo ligeramente más reciente, encontrado en el sur de Alemania, indican que estos dientes se utilizaban para inyectar veneno de la misma manera en que las serpientes venenosas utilizan sus colmillos hoy.[Q]

Los coristoderos eran reptiles parecidos a cocodrilos con mandíbulas largas y delgadas que usaban para atrapar peces. Probablemente, en apariencia y comportamiento eran similares al gavial de la India y, sin embargo, no tenían absolutamente ningún parentesco con los cocodrilos. A pesar de montones de investigaciones, la posición de los coristoderos en el árbol de la vida sigue siendo poco clara, pero parecen haberse originado antes de la evolución de los dinosaurios. Para el Mioceno ya eran fósiles vivientes, únicos en Europa. Cuando los científicos encontraron los huesos de un primitivo coristodero en depósitos de hace 20 millones de años en Francia y en la República Checa quedaron sorprendidos y, al describir a la criatura, dijeron que tenía un «fantasmal linaje» de 11 millones de años; pues no se conocen fósiles de coristodero de hace entre 31 y 20 millones de años. Llamaron al fósil *Lazarussuchus* porque parece haberse levantado de entre los muertos.[R] No sabemos cuánto tiempo vivió Lázaro tras su resurrección, pero el tiempo que el *Lazarussuchus* duró bajo el sol parece haber sido breve, pues esto fue lo último que supimos de este venerable linaje de reptiles.

LOS EXTRAORDINARIOS
SIMIOS DE EUROPA

Los simios parecen extraños a la Europa de hoy, pero a lo largo de unos doce millones de años, durante el Mioceno, el continente jugó un papel crucial en su evolución. La familia de los simios (Hominidae) incluye al linaje de los humanos, orangutanes, gorilas y chimpancés. Descubrimientos muy recientes han revelado que los primeros homínidos —los primeros simios bípedos y posiblemente los primeros gorilas— evolucionaron en Europa. Esto no habría sorprendido a Charles Darwin, quien hace más de cien años especulaba que simios «casi tan grandes como el hombre existieron en Europa durante el Mioceno superior; y desde tan remoto período la Tierra ha sufrido sin duda muchas grandes revoluciones y ha habido tiempo suficiente para la migración en su mayor escala».[A]

Los últimos ancestros comunes de los monos del Viejo Mundo y los simios eran unas criaturas parecidas a monos llamadas pliopitecoideos. Probablemente se originaron en Asia, pero pronto se extendieron a Europa y África.[B] Los pliopitecoideos permanecieron en Europa, Asia y África mucho tiempo después de que aparecieron los primeros simios verdaderos y monos del Viejo Mundo, y el fósil de uno de ellos es el espécimen al que se refería Darwin. Fue descubierto en 1820 por trabajadores de una mina en Eppelsheim, cerca de Mainz, Alemania. El fémur se encontró en depósitos que contenían los restos de muchas criaturas hace tiempo extintas, y era largo y recto, con una pequeña articulación coxofemoral. En general, parecía tan humano que algunos sabios del siglo XIX plantearon que había pertenecido a una niña pequeña.

Este notable descubrimiento fue deliberadamente ignorado por Georges Cuvier. Uno de sus dichos —que no ha resistido la prueba del tiempo— era «*l'homme fossile n'existe pas*» («el hombre fósil no existe»).[C] Como devoto luterano que era, rechazaba cualquier noción de evolución y proponía en su lugar una teoría de catástrofes y nuevas creaciones, lo que era más consistente con la Biblia. Únicamente el último ciclo de creación, proponía Cuvier, involucraba a las personas; y de ahí la falta de fósiles humanos en rocas más antiguas. Aunque Cuvier se las arregló para ignorar el estorboso fémur, hacia el final del siglo XIX fue estudiado y llamado *Paidopithex rhenanus*. Hoy se piensa que perteneció a un pliopitecoideo sobreviviente tardío que existió hace unos diez millones de años.[D]

Estudios genéticos indican que el último ancestro común de los simios y los monos del viejo mundo vivió hace alrededor de 30 millones de años. Pero los fósiles más antiguos, de Tanzania, tienen solo 25,2 millones de edad.[E] El simio más antiguo, el *Rukwapithecus*, se conoce por una mandíbula incompleta, en tanto que el simio más antiguo del Nuevo Mundo, el *Nsungwepithecus*, se conoce por un fragmento de quijada que conserva un único molar. Los científicos estiman que el *Rukwapithecus* pesaba unos doce kilos y que el *Nsungwepithecus* era un poco más ligero. Fuera de eso, casi nada se sabe de estos dos ancestros. La superfamilia de los simios a la que el *Nsungwepithecus* dio origen se conoce como la Hominoidea (incluye a los gibones, además de los orangutanes, gorilas, chimpancés y humanos). Los hominoides se diferencian de los monos en varios aspectos, el más notable de los cuales es la carencia de una cola externa. Los simios, sin embargo, conservan los huesos de la cola, que ha evolucionado en una estructura curvada y totalmente interna conocida como coxis. Puesto que los simios y los monos del Viejo Mundo comparten muchas similitudes, identificar un fósil de diente o de hueso de una extremidad como perteneciente a un simio es un hecho necesariamente especulativo, pero un coxis fósil constituye una evidencia segura.

Durante millones de años, África ha estado abriéndose paso
cual buldócer hacia el norte. A menudo hablamos de la deriva continental, pero el término es demasiado pasivo: los continentes do-
blan, levantan o destrozan cualquier cosa que se interponga en su
camino. Hace alrededor de 19 millones de años, África comenzó
a girar en sentido contrario a las manecillas del reloj para prensar
el mar de Tetis en la región de lo que hoy es la península arábiga.
Debió llegar un día en que la arena tocó la arena. El gran Tetis
fue cortado y en su lugar un puente terrestre unió a África con
la sección turca de Europa. Los elefantes pueden haber nadado
delante de la conexión por el cada vez más estrecho mar de Tetis,
pero los simios aborrecen el reino de Neptuno: ellos esperarían
hasta poder poner pie en tierra firme. O, tal vez, incluso hasta
que se pudiera negociar un pasaje a través de algún dosel arbóreo.

El simio fósil *Ekembo* (previamente incluido en los *Proconsul*),
de Kenia, vivió hace entre 19,5 y 17 millones de años. En general
se parecía a los monos, pero probablemente carecía de una cola
externa.[1] Hace unos 17 millones de años, simios parecidos al
Ekembo habían colonizado Europa y emprendido una rápida fase
evolutiva, convirtiéndose en Griphopithecidae. Los Griphopithecidae son los primeros homínidos, y su aparición en Europa, al
menos un millón de años antes que en África, sugiere que lo más
probable es que nuestra familia se haya originado en Europa —y
no, como se pensó durante tanto tiempo, en África—. Hace 16,5
millones de años la vía marítima de Tetis ya se había vuelto a abrir,
aislando a los Griphopithecidae de Europa. Ellos siguieron evolucionando en aislamiento hasta hace unos 15 millones de años,
cuando el puente hacia África se volvió a abrir, lo que les permitió
entrar a este continente y establecerse ahí.[F]

El *Equatorius* africano, de 15 millones de años de edad, era un
emigrante reciente muy similar a los Griphopithecidae europeos,

[1] Por desgracia no podemos estar absolutamente seguros de esto basándo-
nos en los restos con los que contamos.

aunque más terrestre. Su pariente contemporáneo *Nacholapithecus* (también africano) provee la evidencia inequívoca más antigua sobre esa característica clave de los simios: el coxis.[G] El registro fósil de los simios comienza a disminuir desde hace unos 13 millones de años en África, hasta desaparecer finalmente hace 11 millones de años. Existen abundantes fósiles de todo tipo de criaturas, así que parece que los simios se extinguieron de África, quizá debido a la competencia con los monos del Viejo Mundo.

Podría parecer paradójico que los monos hayan superado a los simios, pero si dejamos de lado a los humanos y nos preguntamos por aquellos que han tenido mejores resultados en términos evolutivos, si los simios o los monos del Viejo Mundo, la respuesta es evidente. Existen alrededor de 140 especies vivas de monos del Viejo Mundo distribuidas desde las heladas montañas de Japón hasta Bali y desde el cabo de Buena Esperanza hasta Gibraltar. Los simios, en contraste, suman solo 25 especies que, con excepción de la nuestra, son en su mayoría habitantes raros de las pluviselvas africanas y asiáticas. De hecho, los monos han estado desplazando a los simios en diversos hábitats durante varios millones de años, por lo cual los simios que sobreviven hoy son especies principalmente grandes que han evitado la competencia con los monos más eficientes por medio del incremento en su tamaño corporal.

Parece más que probable que hace alrededor de 13 millones de años, justo antes de la gran disminución de los simios africanos, el *Nacholapithecus*, o alguna especie muy similar, utilizara otro puente terrestre de corta existencia para cruzar de África a Europa. Sin embargo, algunos de los migrantes no permanecieron ahí, sino que se desplazaron a Asia, donde hace entre 10 y 13 millones de años dieron origen a un orangután ancestral. Los simios que permanecieron en Europa florecieron debido a que sus principales competidores, los monos del Viejo Mundo, no llegaron a Europa sino hasta hace unos 11 millones de años y no se extendieron ampliamente en ese territorio sino hasta hace alrededor de siete millones de años. Tal vez el ambiente europeo, más estacional, los puso en desventaja.

LOS PRIMEROS SIMIOS ERGUIDOS

Existe poca evidencia de migraciones de mamíferos entre Europa y Asia, y mucho menos con África, hace entre 13 y 10 millones de años. Durante este período se produjeron cambios cruciales en los simios de Europa.[A] La historia de dicha transformación se cuenta mejor a través de los huesos de un antiguo catalán, un húngaro y un griego. Hace alrededor de 10 millones de años, en un canal que hoy es un tiradero de desperdicios en Can Llobateres, cerca del puedo de Sabadell, en Cataluña, se comenzaron a acumular huesos de criaturas, entre las que se contaban antiguos rinocerontes, ardillas voladoras, caballos y antílopes. En el verano de 1991, los paleoantropólogos David Begun y Salvador Moyà-Solà comenzaron a registrar el lugar en busca de fósiles.[B] Ignorando la pestilencia, clavaron sus picos casi al mismo tiempo en el sedimento y, para su sorpresa, descubrieron el cráneo de un antiguo simio.

En el transcurso de varios años, el esqueleto incompleto de una criatura extraordinaria llamada *Hispanopithecus crusafonti* (simio Crusafonti's Hispanic) fue surgiendo del barro. Esos huesos constituyen el esqueleto de homínido más completo que se haya encontrado en Europa.[1] Los huesos de sus extremidades revelan que el *Hispanopithecus* se movía como los chimpancés y los gorilas. Pero lo sorprendente llegó cuando los científicos examinaron sus senos paranasales, que son grandes y de una forma vista solo en gorilas, chimpancés y humanos. A juzgar por estas cavidades, el

---

[1] La criatura fue nombrada así en honor del paleontólogo catalán Miquel Crusafonti i Pairó, quien pasó toda una vida estudiando los mamíferos de Iberia durante el Mioceno.

Hispanopithecus crusafonti es el miembro más antiguo conocido de los homininos (el grupo que incluye a todos los grandes simios, con excepción de los orangutanes).

Los huesos del segundo espécimen importante fueron desenterrados en una mina de hierro cerca del pueblo de Rudabánya, en Hungría. Los sedimentos expuestos ahí fueron depositados en y alrededor del lago Pannon, un cuerpo de agua hoy desaparecido hace tan solo entre 10 y 9,7 millones de años era más o menos del tamaño de los Grandes Lagos de Norteamérica. Las condiciones tan peculiares de Rudabánya resultaron en la captura de una «instantánea» de todo un ecosistema.

Subamos nuevamente a nuestra máquina del tiempo y visitemos la maravilla que era Hungría hace diez millones de años. Llegamos a la hora del ocaso a un mundo verde y húmedo. Lo primero que notamos es el escándalo del coro del anochecer. Los llamados de patos, faisanes, cuervos, ranas e insectos llenan el aire, y los primeros murciélagos voladores ya comienzan a revolotear. El lugar se siente más como una Luisiana moderna que como Europa central.

Un chubasco —uno de tantos en este lugar que recibe al menos 1,2 litros de lluvia por año— ha dejado el suelo pantanoso. Cuando comenzamos a alejarnos de la máquina del tiempo perturbamos a una gran bestia. Es un tapir, que sale del agua y sigue el rastro dejado por un enorme elefante —un dinoterio— cuyos colmillos inferiores han arrancado corteza de los árboles que se encuentran junto al camino. Un grupo de calicoterios, rinocerontes y caballos se alimenta en el bosque a la distancia, acechado por un nimrávido dientes de sable y una hiena. La diversidad de mamíferos es asombrosa, hay presentes más de 70, entre los que se encuentran musarañas, topos, murciélagos, pliopitecoideos, liebres, muchos roedores incluyendo anomalúridos (extrañas criaturas semejantes a ardillas con escamas en la cola que aún pueden ser observadas en África Central), castores y una amplia variedad de carnívoros.[C]

Atraídos por un croar, nos agachamos a mirar entre los juncos que crecen al lado de un pequeño charco, donde observamos dos tipos de sapos. Tomamos uno y lo giramos para revelar el vistoso dibujo amarillo y negro de un vientre de fuego. Al hacerlo, la criatura adopta su característica postura de defensa, estirando sus piernas abiertas por encima de su hocico, creando la notable ilusión de que el trasero del sapo es su cabeza.

El otro tipo de sapo, el más grande, es gigantesco. Tiene poco parecido con su único pariente vivo, el sapillo pintojo de Israel. Se le ve bastante seguro, croando fuerte entre los juncos, pero un día el cambio climático expulsará a todo su género de Europa. Los vientres de fuego y las ranas pintadas son miembros de la familia Alytidae, que incluye a los sapos parteros. El Mioceno ha sido amable con estas venerables criaturas.

Algo salta de entre el pasto junto a nuestros pies y atrapa al vientre del fuego. Es una cobra, la cual, al vernos, se yergue y despliega su capucha. Pronto las cobras habrán de extinguirse de Europa, pero el animal se siente totalmente en casa en este ambiente subtropical. Hay una sorpresa más reservada para nosotros: un grito como de chimpancé llama nuestra atención y entre el dosel arbóreo descubrimos un extraordinario simio. Conocido como *Rudapithecus*, se asemejaba en ciertos aspectos al *Hispanopithecus* y es de excepcional importancia para la historia de la evolución humana.

El descubrimiento de un cráneo de *Rudapithecus* en Rudabánya ha aportado enormemente a nuestro conocimiento de este simio desaparecido. El espécimen fue encontrado por Gábor Hernyák, un geólogo local que había recolectado fósiles en la mina de Rudabánya desde la década de los sesenta. Recuperó así muchos especímenes invaluables. Hernyák se ofreció como voluntario para trabajar con David Begun en su excavación en la mina en 1999, pero, según Begun, tenía «poca paciencia para los detalles de la documentación» de fósiles, y sin documentación los fósiles son de reducido valor científico. Así que Hernyák fue enviado a cepillar el polvo de un banco de piedra donde los paleoantropólogos se habían sentado a comer su almuerzo. Algunos milímetros por debajo de la superficie que había soportado sus académicos traseros, Hernyák encontró la mandíbula del *Rudapithecus*, la cual, al seguir excavando, llevó al descubrimiento de este importantísimo cráneo.[D]

El cuerpo y el cerebro del *Rudapithecus* eran del tamaño de los de un chimpancé; simios anteriores tenían cerebros mucho más pequeños con relación a sus cuerpos, y el *Rudapithecus* representa la evidencia más antigua que se haya encontrado en el mundo de un simio con un cerebro tan grande. Debido a las limitaciones en el tamaño de la cabeza durante el nacimiento, los simios de cerebro grande nacen cuando sus cerebros aún están en crecimiento. En los humanos esto lleva al fenómeno conocido como el «cuarto trimestre»: los tres meses posteriores al nacimiento, durante los cuales el cerebro se desarrolla muy rápido, pero ahora expuesto a la estimulación social. Algunos investigadores piensan que este fenómeno es responsable de nuestra sociabilidad e inteligencia.[E] Si tal es el caso, puede ser que la base de estos aspectos en nuestra especie comenzase a orillas del lago Pannon, hace unos diez millones de años.

Aproximadamente medio millón de años después, algunos individuos del *Rudapithecus* murieron junto al gran lago Pannonian, en lo que hoy es Hungría, y un homínido mucho más grande rondaba las cercanías de lo que actualmente son Atenas y Tesalónica. El *Ouranopithecus* era del tamaño de un gorila, con prominentes arcos superciliares, grandes quijadas y un paladar que eran claramente parecidos también a los de un gorila. Sus molares, sin embargo, no se parecían a los de un gorila sino a los de un humano, pues estaban cubiertos por una gruesa capa de esmalte. Sus caninos también eran cortos, como los nuestros, a diferencia de los largos y filosos caninos de los gorilas. El *Ouranopithecus* es tan prometedor como frustrante, ya que este eslabón de importancia crítica en la historia de la evolución de los homínidos nos

ha dejado con nada más que unos cuantos dientes, unas quijadas
y un cráneo incompleto. No podemos saber cómo se desplazaba,
ni el tamaño de su cerebro ni si tenía grandes senos paranasales.
Cuando se descubrió por primera vez, los investigadores lo des-
cribieron como un posible ancestro de los australopitecinos; y,
por lo tanto, cercano a la raza humana. En tiempos más recientes
se ha sugerido que el *Ouranopithecus* también está ligeramente
relacionado con todos los simios de África.

El descubrimiento de unos dientes de unos ocho millones de
años de edad en Etiopía ha dado a pie a una nueva teoría. Se
asegura que son los fósiles de gorila más antiguos, pero en su
apariencia son muy similares a los dientes del *Ouranopithecus*.[2]
Así que es posible que el *Ouranopithecus* sea un gorila ancestral y
que los gorilas hayan evolucionado en Grecia. Si esto es correcto,
entonces la evolución ha retrocedido de varias maneras: primero,
el delgado esmalte de los gorilas y de los molares de los chimpancés debió haber reevolucionado a partir del grueso esmalte de los
molares similares a los de los humanos; y, segundo, los formidables
caninos de los gorilas y chimpancés debieron haber evolucionado
a partir de los caninos cortos similares a los de los humanos. Si
este es el caso, el ancestro de humanos, gorilas y chimpancés tenía
caninos cortos y un grueso esmalte molar; características que,
entre los simios vivos, únicamente han conservado los humanos.

En mayo de 2017 se le otorgó un enorme énfasis a la importancia de Grecia para la evolución del homínido, con el nuevo análisis
del *Graecopithecus freybergi*.[F] La historia de este simio se remonta
a 1944, cuando las amenazadas tropas alemanas estacionadas en
Atenas cavaban un refugio antibombas. Mientras los soldados
escarbaban desesperadamente en los finos sedimentos rojizos, uno
de ellos desenterró la muy deteriorada quijada de un primate. No
quedan registros de cómo alguien pudo, en aquellas circunstan-

---

[2] Esta criatura parecida al *Ouranopithecus* fue llamada *Nakalipithecus*,
y se conoce únicamente por una quijada y once dientes aislados.

cias, fijarse en aquel hueso que carecía de coronas dentales, ni de cómo fue preservado. Tampoco hay ninguna esperanza de que se vuelva a excavar el sitio en Pyrgos Vasilissis, pues los propietarios de la tierra, que hoy es virtualmente un suburbio de Atenas, construyeron una piscina en los restos del refugio antibombas. Afortunadamente, el fósil puede ser datado con precisión: tiene unos 7 175 000 años de antigüedad.

Después de la guerra, la pieza cayó en manos del paleoantropólogo holandés Gustav Heinrich Ralph von Koenigswald, quien en 1972 lo llamó *Graecopithecus freybergi* —el simio griego de Freyberg—.[3] Von Koenigswald era famoso por sus investigaciones sobre el hombre de Java (*Homo erectus*), pero tomó un gran riesgo al llamar al miserable pedazo de hueso *Graecopithecus*. En efecto, el nombre fue ampliamente considerado como un *nomen dubium* —un nombre dudoso— y estuvo en peligro de ser rechazado por la Comisión Internacional de Nomenclatura Zoológica, lo cual representa una verdadera mancha en el récord de cualquier zoólogo. Y ahí quedó el asunto; hasta que nuevas tecnologías revelaron que el gran profesor había estado todo el tiempo en lo correcto.

Sucede que las raíces de los premolares son los indicadores clave del linaje hominino, por lo que las tomografías de las raíces, junto con las raíces de un premolar encontrado en Bulgaria, permitieron de alguna manera identificar con certeza los restos como los homininos más antiguos que se conocen. Es decir, como un ancestro directo de los simios erguidos, incluyéndonos a nosotros. Esto significa que, además de la democracia y los gorilas, ahora también debemos darle crédito a Grecia por ser la cuna de los homininos; de quienes nosotros los humanos somos los únicos representantes vivos.

Los sedimentos rojizos donde estaba sepultada la quijada tienen su propia historia que contar. Análisis de partículas de sal y de diminutas rocas muestran que fueron llevadas a Atenas desde

---

[3] El espécimen se conservaba en el Freyberg Museum.

el Sahara en nubes de polvo por lo menos diez veces más grandes que las que vemos hoy, lo que indica que el desierto del Sahara ya se estaba secando hace siete millones de años y su polvo caía en abundancia sobre Europa. En otras partes de la región, en sedimentos similares se han encontrado restos de antiguos rinocerontes, caballos, jirafas y grandes antílopes. Polen de estos sitios revela la presencia de pinos y robles, plantas de sal, margaritas y pastos, mientras que el carbón da testimonio de la presencia de fuego.[G] Con todo, el entorno seco y abierto que habitaba el *Graecopithecus* era muy diferente de los húmedos hábitats que prefirieron los anteriores simios de Europa.

En 2017 se realizó un asombroso descubrimiento cerca del poblado de Trachilos, en la isla de Grecia. Ahí, en algún momento hace entre 8,5 y 5,6 millones de años (la fecha más probable es hace 5,7 millones de años), un par de simios bípedos, quizá en compañía de otros, caminaron por los bajos a la orilla del mar, dejando huellas que serían preservadas con gran detalle. En la época en que fueron hechas, Creta era muy probablemente una península de Europa.

Las huellas dejadas por estas criaturas varían en longitud, entre 9,4 y 22,3 centímetros, más pequeñas que las huellas de adultos humanos, pero del tamaño correcto para el *Graecopithecus*. Claramente muestran que los pies que las hicieron tenían una «bola» y un dedo gordo alineado, como los nuestros. Solo los simios que caminan erguidos tienen pies como estos; es probable que hayan sido dejados por algún pariente del *Graecopithecus*, si no fue el *Graecopithecus* mismo.[H]

Estas huellas son la evidencia más reciente que tenemos de los homininos en Europa antes de la llegada del *Homo erectus*, hace alrededor de dos millones de años. Es conmovedor pensar que los simios erguidos de Europa pudieron no haber sobrevivido durante mucho tiempo más después de las huellas de Trachilos, pues hacia el final del Mioceno Europa perdió numerosas especies que continuaron sobreviviendo en África, entre las que se cuentan primitivas jirafas como el okapi. Las extinciones pudieron haber sido causadas por el mismo evento que permitió a los simios erguidos migrar a África; la crisis salina del Messiniense, cuando todo el Mediterráneo se secó, abriendo una ancha ruta a África, aunque quizá solo por un breve tiempo antes de que la cuenca se volviera inhospitalaria para la vida.

El primer posible hominino que aparece en los registros fósiles de África es el *Sahelanthropus tchadensis*, el cual habitaba lo que hoy es Chad hace unos siete millones de años. El siguiente más antiguo es el *Orrorin tuguensis* de Kenia, de 6,1 a 5,7 millones de años de edad. Conocido por un cráneo incompleto, definitivamente era bípedo. A partir de ahí, África produjo una rica diversidad de simios erguidos que abarcan la brecha entre *Orrorin* y *Homo*. Misteriosamente casi no se conocen fósiles de chimpancés; los únicos que se han identificado hasta ahora son un puñado de dientes de Etiopía de medio millón de años de edad.

Charles Darwin estaba en lo correcto. En algún momento hace alrededor de 5,7 millones de años, «una migración de mayor escala» fue realizada por simios que caminaron de Europa a África. Estoy seguro de que el mismo Darwin se habría sorprendido con la idea de que la migración fue hecha sobre dos piernas, no sobre cuatro. Sin embargo, después de ese evento, y hasta que el *Homo erectus* colonizó Asia y Europa hace alrededor de 1,8 millones de años, la historia humana es totalmente africana.

RESUMEN DE LA EVOLUCIÓN DEL SIMIO
DURANTE EL OLIGOCENO-MIOCENO

Hace más de 30 millones de años	Los ancestros de los monos del Viejo Mundo y de los simios, los pliopithecoideos, evolucionaron en Asia.
Hace 25-30 millones de años	El Rukwapithecus (ancestro de gibones, orangutanes, gorilas, chimpancés y humanos) evoluciona en África.
Hace 17 millones de años	Los Griphopithecidae (ancestros de orangutanes, gorilas, chimpancés y humanos) evolucionan en Europa.
Hace 13 millones de años	El Nacholapithecus (ancestro de orangutanes, gorilas, chimpancés y humanos) evoluciona en África.
Hace 11 millones de años	El Hispanophitecus (ancestro de gorilas, chimpancés y humanos) evoluciona en Europa.
Hace 7 millones de años	El Graecopithecus, el ancestro más antiguo de la raza humana, evoluciona en Europa.
Hace 6 millones de años	El Orrorin, nuestro ancestro directo, evoluciona en África.

LAGOS E ISLAS

Hace entre 11 y 9 millones de años, las migraciones masivas fueron transformando la fauna de las aguas dulces de Europa. El mejor lugar para observar lo que sucedió se encuentra en los sedimentos preservados alrededor de los antiguos lagos del este y el centro de Europa, incluyendo al lago Pannon. Estas extensas masas de agua dulce permitieron a muchos nuevos tipos de peces colonizar Europa, casi todos ellos provenientes de Asia, lo que condujo a la excepcionalmente rica fauna de la actual cuenca del Danubio.[A]

Europa tiene alrededor de 600 especies de peces de agua dulce, y el 50 % pertenecen a la misma familia, los ciprínidos, que incluye a la carpa, la tenca y el piscardo, entre otros. La mayoría de las antiguas especies endémicas europeas de peces de agua dulce se encuentran en el sur de Europa, pues la fauna del norte de Europa fue destruida por el avance del hielo, para después volver a ser colonizada desde el sur después de cada período glacial.

Un sobreviviente notable puede ser encontrado en el sur de los Cárpatos de Rumanía. El *Romanichthys* es un ciprínido muy primitivo que tiene dos aletas dorsales y una cubierta de ásperas escamas. Su descubrimiento en las partes altas del río Argeş en 1957 provocó olas de sorpresa en el mundo de la ictiología. El desarrollo de presas hidroeléctricas ha tenido un severo impacto sobre el *Romanichthys*. Podría sobrevivir en un solo afluente del Argeş, pero, sin ayuda, el tiempo se le acaba a este antiguo rumano.

Hoy, las aguas de Europa son el hogar de 8 de las 27 especies de esturiones del mundo. Estas, representan una antigua raza de peces con una historia que se remonta a más de 200 millones de años. Su registro fósil, sin embargo, es tan vago que no queda claro el momento preciso en que llegaron a aguas europeas. Pero están adaptados a la vida en los lagos y, hoy, la mayor diversidad de esturiones se da en el mar Caspio, en la frontera este de Europa, donde cohabitan seis especies. Es lógico suponer que los ancestros de las especies de Europa llegaron por la vía del lago Pannon.

El pez beluga (no la ballena) es el esturión más grande; en tiempos pasados, según los informes, en el mar Caspio llegó a medir 5,5 metros de largo y a pesar 2000 kilos, lo que lo convierte en el pez más grande sobre la Tierra.[B] Todas las especies de esturión son longevas, algunas llegan a vivir más de un siglo y les lleva veinte años alcanzar la madurez sexual. Son, en efecto, megafauna, y como a toda la megafauna de Europa, les ha ido mal en un continente cada vez más intensamente poblado. La pesca ilegal sigue saqueando la única población viable de esturión que queda en la Unión Europea —en las partes bajas del Danubio, en Serbia y Rumanía—.

Es turno de hablar de las islas de Europa, así como de uno de sus últimos, y quizá el más extraordinario, simio. Así que subamos a nuestra máquina del tiempo y fijemos los controles para el mar Mediterráneo, hace unos 9 millones de años. Debajo de nosotros, las aguas oscuras como vino son vastas, pero no hay señal de la península italiana. En su lugar, dos grandes islas son visibles, parte de las cuales serán, con el paso del tiempo, incorporadas a la Italia continental. Ambas han dejado un rico registro fósil.

Aterrizamos en la isla perdida de Gargano, un lugar que existió hace entre 12 y 4 millones de años, y salimos al aire templado. Ante nosotros se extiende una meseta de caliza acarcavada, cubierta por una vegetación forestal mixta y otros hábitats abiertos. Una sombra pasa sobre nosotros. Levantamos la mirada y vemos un halcón del tamaño de un águila que desciende en picado para investigar y perturba a un grupo de *Hoplitomeryx*. Más bien similares a las cabras en tamaño y forma, tienen cinco cuernos en la cabeza, uno de los cuales les sale de entre los ojos, lo que les otorga un aspecto temible que es acentuado por los largos caninos superiores, parecidos a sables. A pesar de las apariencias, son herbívoros —un tipo de ciervo cornudo— y los habitantes más grandes de Gargano. Los restos de cinco especies han sido descubiertos (pudieron haber existido en diferentes momentos), la más grande de las cuales era del tamaño de un ciervo rojo.

Los sorprendidos *Hoplitomeryx* se dirigen a medio galope hacia un matorral, donde una fea criatura con ojos de cerdo que parece ser pura cabeza sale y coge un cervatillo, gruñendo y luchando para dominar a su presa. El *Deinogalerix* es el erizo más grande que jamás haya existido. Un tercio de sus 60 centímetros de longitud es cabeza, el resto es un cuerpo peludo de patas cortas. Sus incisivos sobresalen casi horizontalmente de sus feroces fauces, en tanto que sus diminutos ojos le otorgan un aspecto particularmente malvado. En ausencia de gatos y otros carnívoros, la evolución ha reclutado a esta improbable criatura para ser el máximo mamífero carnívoro de Gargano. Pero el titánico erizo no era el único depredador del antiguo Gargano. Si tuviéramos tiempo para seguir explorando podríamos ver una gigantesca lechuza blanca que con su altura de más de un metro doblaba en tamaño a la lechuza más grande que viva hoy. Sumemos a eso un ganso gigante que no puede volar, una nutria endémica, una gigantesca pika (criatura parecida al conejo), cinco especies de lirones, algunas de las cuales eran gigantes, y tres gigantescos hámsteres, y el resultado es una fauna realmente extraña.

Los huesos de los antiguos habitantes de Gargano quedaron preservados cuando la meseta de caliza se erosionó hasta crear formaciones cavernosas que los atraparon y los conservaron. Posteriormente la mayor parte de la isla, si no toda, se sumergió y fue cubierta por una capa de sedimentos marinos. Cuando la península italiana con silueta de bota se estaba formando, pateó hacia atrás, por decirlo de algún modo, rotando de una posición adyacente a Cerdeña hacia otra más cercana a la costa este del Adriático, chocando contra la entonces sumergida isla de Gargano y elevándola alrededor de mil metros sobre el nivel del mar, antes de fusionarse con ella para convertirla en la «espuela» de la bota de la península de Italia.

Volvemos a nuestra máquina del tiempo y viajamos hacia el oeste, a Tuscania, la isla más grande del Mioceno europeo. Compuesta por lo que hoy son las islas de Cerdeña y Córcega, así como de partes de la Toscana, Tuscania era más grande que cualquiera de las islas modernas del Mediterráneo. A lo largo de los últimos 50 millones de años ha estado intermitentemente conectada con el continente, lo que ha permitido la colonización de nuevas especies. Hace unos nueve millones de años, sin embargo, un prolongado período de aislamiento llevó al desarrollo de la más inusual fauna isleña. Nuestra máquina del tiempo toca tierra junto al estuario de un río tropical, en una duna elevada que separa una amplia franja de bosque pantanoso del mar.

Cuando descendemos, un rebaño de pequeños o pequeñísimos antílopes, claramente pertenecientes a dos especies distintas, acompañados por una jirafa primitiva mucho más grande, se alimentan de la escasa vegetación de la duna.[1] La más grande de las dos especies de antílopes es el herbívoro más abundante de la isla, y tiene unos característicos cuernos en espiral. La más pequeña, apenas del tamaño de una liebre, tiene unos simples cuernos curvados. La jirafa (cuyos fósiles son pocos) podría haberse asemejado a un okapi pequeño. En los bajos se refresca una criatura enana parecida a un búfalo, acompañada por un puerco etrusco —un pequeño cerdo de hocico corto—.

Un inusual simio deambula por la duna. La criatura, del tamaño de un gibón, camina erguida con un extraño andar, sosteniendo con su mano derecha una ancha hoja para proteger su cabeza del sol. Se dirige hacia un grupo de manglares y trepa hasta

---

[1] La identidad exacta de la «jirafa», *Umbriotherium azzarolli*, aún sigue en disputa, pero ciertos rasgos de sus premolares se asemejan a aquellos de las jirafas primitivas.

las copas de los árboles, donde se alimenta de las hojas saladas. El simio de Tuscania, *Oreopithecus bambolii*, es por mucho el más conocido de todos los simios de Europa, ya que esqueletos completos fueron encontrados en una mina de lignito en la Toscana. Estos revelan a una criatura que pesa entre 30 y 35 kilos, con largos brazos, un pequeño cráneo globular y dientes adaptados para comer hojas. No era inteligente, pues su cerebro tenía solo la mitad del tamaño de los cerebros de otros simios más antiguos.

Como sus largos brazos y su dieta de hojas indican, el *Oreopithecus* estaba adaptado principalmente a la vida entre las copas de los árboles, desplazándose por el dosel arbóreo como un gibón, balanceando un brazo y luego el otro. Pero esa no es toda la historia. Su espina está curvada de una forma muy peculiar y su pelvis es asombrosamente parecida a la de un humano, lo que sugiere que acostumbraba a estar de pie. Además, cada pie tiene un dedo gordo que sale en un ángulo de 90 grados, como un robusto trípode sobre el cual balancearse. El *Oreopithecus* es un misterio que se oculta a plena vista: difícilmente podríamos desear más evidencia de esqueletos y, no obstante, los científicos no pueden ponerse de acuerdo sobre si pertenece a nuestro árbol familiar. ¿Era un hominino erguido —y por lo tanto parte del linaje humano— o un tipo más primitivo de simio que desarrolló de manera independiente la habilidad para pararse en dos piernas?

El *Oreopithecus* fue uno de los últimos simios de Europa. Si hubiéramos llegado a Tuscania hace unos seis millones de años y hubiéramos mirado hacia el norte, habríamos visto una costa distante al otro lado del mar. Generación tras generación, esa costa se habría ido acercando imperceptiblemente, trayendo consigo su cargamento de hienas, dientes de sable y cánidos primitivos que acechaban en los bosques más allá de las playas de la Europa continental. Cuando finalmente una costa tocó a la otra, el pequeño simio no tuvo la menor oportunidad.

*   *   *

Si alguna vez ha visitado usted Mónaco, tal vez para jugar en Monte Carlo o para ver el Grand Prix, es posible que haya estado casi hombro con hombro junto a una interesante norteamericana. No la princesa Grace, sino la salamandra de cueva de Strinati —quien merece absolutamente ser tan celebrada y apreciada como cualquier actor o cabeza de estado—. De solo diez centímetros de largo, de naturaleza retraída y —cosa rara en un organismo terrestre— carente de pulmones, sobrevive respirando por la piel que debe mantenerse siempre húmeda, por lo que pasa la mayor parte de su vida en cuevas, grietas y otros lugares húmedos. Para alimentarse únicamente sale de noche; es entonces cuando dispara su larga lengua para atrapar insectos y otras criaturas pequeñas, muy a la manera de los sapos.

El origen de esta reservada criatura ha tenido a los científicos haciendo conjeturas durante más de un siglo. ¿Cuándo llegaron sus ancestros al refugio de caliza de Mónaco y cómo llegaron ahí? La salamandra de cueva de Strinati es solo una de las siete salamandras de cueva de Europa, cuatro de las cuales se encuentran únicamente en la isla de Cerdeña, mientras que las otras están distribuidas en el suroeste de Francia e Italia, San Marino y Mónaco. Podría decirse que su gusto por los pequeños Estados nación es un misterio casi tan grande como sus orígenes.

El grupo familiar Plethodontidae, al que pertenecen las salamandras de cueva europeas, contiene 450 especies, lo que lo convierte en la familia más grande de salamandras y tritones. Y el 98 % de sus especies están restringidas a América. Todas carecen de pulmones, aunque esa desventaja parece haber importado poco. En el Bosque Nacional Mark Twain de Misuri, por ejemplo, son —si las contamos por peso— la forma dominante de vida, con 1400 toneladas de pletodóntidos que se ocultan bajo la cama de hojas y en los humedales de sus 600 000 hectáreas.

Las salamandras de cueva de Europa, coinciden los científicos, deben haber venido de Norteamérica. Pero ¿cuándo y por qué ruta? ¿Llegaron, como los anfisbenios, con la extinción de los di-

nosaurios? ¿Y viajaron por tierra o por mar? Algunos investigadores sospechan que son antiguas reliquias que han sobrevivido solo
porque se retiraron a sus refugios subterráneos. Su distribución
—que hasta hace poco se pensaba que incluía solamente América
y Europa— respaldaba la idea de que debían haber cruzado por
un puente entre dos masas de tierra, quizá durante la era de los
dinosaurios. Pero los fósiles más antiguos del grupo en Europa,
provenientes de Eslovaquia (de donde ya han desaparecido), datan
únicamente de mediados del Mioceno —hace unos 14 millones
de años.[C]

En 2005 se anunció un notable descubrimiento. Un maestro
norteamericano que trabajaba en Corea estaba guiando a sus estudiantes en una caminata por Chungcheongnam-do cuando divisó
a una salamandra en una grieta entre las rocas. Capturó al animal
y lo envió al doctor David Wake, un experto en clasificación de
salamandras, quien lo proclamó como: «el más impresionante
descubrimiento en el campo de la herpetología que se haya hecho durante mi vida».[D] Era una salamandra apulmonada —la
primera que se encontraba en Asia—. El descubrimiento vuelve
muy probable que las salamandras apulmonadas hayan llegado a
Europa, por la vía de Asia, durante el Mioceno.

20

LA CRISIS SALINA DEL MESSINIENSE

Desde el siglo XIX, los geólogos saben que existen capas de sal y yeso alrededor del Mediterráneo, pero hasta 1961 nadie entendía cómo habían llegado ahí. En ese año se realizó un estudio sísmico que reveló una capa de sal, en algunos sitios de más de un kilómetro y medio de ancho, debajo de toda la cuenca del Mediterráneo. Los atónitos científicos llevaron a cabo un programa de perforaciones y, una década más tarde, confirmaron que las capas de sales y de otras evaporitas solo podían significar una cosa: en algún punto, el Mediterráneo se había secado por completo. Un programa de investigación encontró que la gran sequía comenzó hace unos seis millones de años, durante la edad Messiniense, última etapa del Mioceno.[1] Conocida como la crisis salina del Messiniense, fue resultado de la rotación de África en el sentido de las manecillas del reloj, lo que cerró el estrecho de Gibraltar y aisló al Mediterráneo del océano Atlántico.

Podría pensarse que los potentes ríos (como el Ródano, el Nilo y el Danubio) que desembocan en el Mediterráneo habrían evitado que el mar se secara, incluso si este se hubiera separado del Atlántico. Pero es tan grande la cantidad de agua que se evapora del Mediterráneo cada año que toda el agua que llega por medio de los ríos, además de toda la que recibe directamente de la lluvia, no alcanza a compensarlo. De hecho, los ríos que desembocan en el Mediterráneo aportan aproximadamente un décimo de la cantidad de agua que se pierde por evaporación. El déficit de agua restante es reemplazado por un flujo desde el Atlántico, y esa es

[1] El período Messiniense fue llamado así por las capas de rocas de evaporita que afloraron cerca de Messina, Sicilia.

la razón de que haya una suave corriente a través del estrecho de Gibraltar. Sin esta agua del Atlántico, el nivel del mar Mediterráneo descendería a un ritmo de un metro por año.

Cuando la conexión con el Atlántico quedó bloqueada, se necesitaron solamente mil años para que el Mediterráneo se secara por completo. Se creó de este modo una vasta planicie de sal, a más de 4000 metros bajo el nivel del mar en su punto más bajo, salpicada de lagunas hipersalinas. Las islas del Mediterráneo ahora se erigían como torres de hasta siete kilómetros de alto por encima de la planicie salada, donde las temperaturas podían alcanzar los 80 grados centígrados; un fenómeno que debe haber afectado profundamente la circulación atmosférica y las caídas de lluvia de la región, además de impedir todo tipo de vida, con excepción de los extremófilos bacterianos.[2]

El hecho de que el Mediterráneo se secara provocó que los ríos que desembocaban en la cuenca esculpieran profundos valles. Por ejemplo, el Nilo fluía 2,4 kilómetros por debajo del nivel de El Cairo, mientras que el Ródano caía en cascada por una pronunciada pendiente, creando un valle de 900 metros de profundidad por debajo de la actual Marsella. El Mediterráneo no permaneció continuamente seco durante la crisis del Messiniense: periódicamente, cuando el clima cambiaba, se llenaba, de forma parcial, dejando una serie de capas saladas y menos saladas en el sedimento. Hace alrededor de 5,3 millones de años, después de unos 600 000 años, se restableció la conexión con el Atlántico cuando los ríos que drenaban en la cuenca cortaron un paso a través de la barrera.

Una vez que el océano encontró un camino hacia la cuenca, cortó un canal más profundo y comenzó así la llamada inundación langeliana,[3] durante la cual las aguas del Mediterráneo subieron

---

[2] Resulta difícil ser más preciso con respecto a los puntos más altos de las islas del Mediterráneo hace seis millones de años.
[3] Mejor conocida como inundación zancliense. (N. del E.)

hasta diez metros por día. Al principio el agua descendía la vertical de cuatro kilómetros hasta el suelo de la cuenca salada por medio de una serie de cascadas que seguían una pendiente relativamente suave. A pesar de ello, debe de haber sido un espectáculo impresionante que en general habría hecho parecer como enana a cualquier cascada que exista en la actualidad. Al cabo de un siglo, el Mediterráneo estuvo lleno otra vez.

La crisis salina del Messiniense cambió al mundo. El nivel global del mar se elevó diez metros debido a que el agua evaporada del Mediterráneo se sumó al resto de las aguas de los océanos y, durante el siglo que duró el llenado, el nivel de los océanos descendió en diez metros. Había tanta sal acumulada en los sedimentos del fondo del Mediterráneo —aproximadamente un millón de kilómetros cúbicos— que la salinidad de todos los océanos de la Tierra se vio reducida y, puesto que el agua dulce se congela a temperaturas más altas que el agua salada, las capas superficiales de los océanos cerca de los polos se congelaban más fácilmente. Como el clima seguía enfriándose, esto aceleró el inicio de las edades de hielo.

El final del Mioceno está fechado hace 5,3 millones de años. Aunque más o menos coincide con el final de la crisis salina del Messiniense, el final del Mioceno no se define por este evento. De hecho, no está marcado por ningún cataclismo global, sino por la extinción de un oscuro y diminuto plancton conocido como *Triquetrorhabdulus rugosus*. Los geólogos suelen escoger la extinción de alguna especie de plancton para definir el final de un período geológico porque sus pequeñísimos fósiles están por todas partes y son fáciles de encontrar, lo que permite a los paleontólogos rastrear globalmente el evento.

Esto es ciencia sensata, pero el poeta que hay en mí no está nada satisfecho. ¿Acaso el inicio de una nueva época geológica no es un hecho portentoso que debería quedar marcado por algo más que la muerte de un alga microscópica? Para señalar el arranque del Plioceno se podría utilizar el nacimiento del género *Gadus*, lo cual es significativo porque incluye a ese pez tan importante económicamente, el bacalao.[A] Durante siglos, los europeos han disfrutado del «*fish and chips*», del *bacalao*[4] y de otras delicias basadas en este pez, así que bien se puede argumentar a favor de que se convierta en el heraldo del Plioceno. Y, sin embargo, siento que estoy peleando una batalla perdida; para tomarme una pequeña libertad con los Filipenses 4:7: las maneras de los geólogos, como un buen trozo de bacalao, sobrepasan todo entendimiento.

[4] En español en el original. (*N. del T.*)

EL PLIOCENO: TIEMPO DE LAOCOONTE

Si no podemos definir la llegada del Plioceno por el surgimiento del bacalao, entonces quizá deberíamos abolirlo por completo. Después de todo, es ridículamente breve y no tiene gran cosa que lo distinga del Mioceno. En su definición actual, se extiende solamente de hace 5,3 a 2,6 millones de años. Nombrado por Charles Lyell, una traducción más o menos aproximada sería «continuación de lo reciente». Al parecer, Lyell metió la pata cuando inventó la designación —tan atroz que el lexicógrafo Henry Watson Fowler, famoso por *A Dictionary of Modern English Usage*, arremetió contra el nombre de la época y lo llamó un «lamentable barbarismo».[1] Lyell lo justificó con el pobre argumento de que muchos moluscos del Plioceno son similares a las especies vivas de hoy. Pero lo que es realmente característico del Plioceno, al menos en Europa, es que fue un tiempo de gigantes. En efecto, el Plioceno es el último gran florecimiento de Europa, después del cual la biodiversidad del continente comenzó a declinar.

Un mapa de Europa durante el Plioceno tiene la extraña cualidad de parecernos familiar, aunque no esté del todo correcto. Al mirar al este de Islandia vemos que no toda Escandinavia está ausente, sino que está combinada con una masa de tierra que forma un baluarte noroccidental de Europa. Esto es porque la cuenca del mar Báltico aún está por ser esculpida en la roca. ¿Y dónde está Gran Gran Bretaña? Como Escandinavia, está incrustada a una amplia península que se proyecta hacia el norte desde lo que hoy es Francia. No existen ni el canal de la Mancha ni el mar de

---

[1] En términos de Fowler, un barbarismo es una palabra acuñada utilizando palabras de más de un idioma.

Irlanda. Hacia el sur, la forma de las tierras mediterráneas es aún más desconcertante. Comenzando por el oeste, la cordillera Bética (que comprende sierra Nevada y las islas Baleares) es todavía una sola isla montañosa localizada en la entrada del Mediterráneo, donde hoy se encuentra el estrecho de Gibraltar. Tuscania está al este, unida al continente por un pedúnculo, como si colgara de los Alpes marítimos. Italia, por su parte, está ampliamente conectada con Turquía, y Grecia es una península menor, en tanto que algunas partes de Europa del este tan al norte como Rumanía yacen bajo las olas.

¿Cómo explicar tantas diferencias? El nivel del mar era 25 metros más alto en el Plioceno temprano de lo que es hoy. Y, sin embargo, muchas partes de Europa que hoy se encuentran bajo el agua eran tierra firme entonces. Esto se debe a que, en el norte, la erosión provocada por los subsecuentes glaciares y mantos congelados de la Edad de Hielo se llevó la tierra. De este modo, se generaron los canales y golfos que dan al norte de Europa su actual topografía. Pero buena parte del trabajo que dio forma al sur de Europa fue realizado por la incansable energía de las placas tectónicas empujadas por África, que se movía hacia el norte.

El promedio de la temperatura global durante el Plioceno era de dos o tres grados centígrados más alto de lo que es hoy, y hasta hace tres millones de años el casquete de hielo del norte se formaba en el mar Ártico solo durante el invierno. Pero el clima se estaba enfriando y Europa se estaba volviendo más seca y más estacional, lo que favoreció la expansión de bosques caducifolios y de coníferas en el norte. Antes de las edades de hielo —justo al final del Plioceno— los bosques de Europa eran, en términos generales, muy parecidos a los que encontramos hoy en Asia y Norteamérica. Estaban constituidos por una gran cantidad de especies, incluyendo pterocaryas (parientes del nogal), caryas, tulíperos, cicutas, tupelos, secuoyas, cipreses de los pantanos, magnolias y liquidámbares, los cuales ya no se encuentran en Europa, junto con tipos familiares europeos como robles, carpes, hayas, pinos, píceas y abetos.[2]

Los botánicos se refieren a este tipo de vegetación como geoflora arctoterciaria. Su pérdida de Europa al final del Plioceno es conocida como la divergencia de Asa Gray, en honor al gran botánico norteamericano del siglo XIX, quien tan convincentemente explicó sus causas. En la época en que Gray realizaba su trabajo, las edades de hielo eran un misterio, aunque estaba claro que en un pasado lejano la Tierra había sido mucho más fría de lo que es hoy. Gray argumentaba que la mayoría de los árboles sensibles al frío de la geoflora arctoterciaria habían sido comprimidos contra los Alpes, por las cada vez más bajas temperaturas, hasta ser exterminados. Asia y Norteamérica, por el contrario, tienen ininterrumpidas líneas costeras forestales que prácticamente van desde el ecuador hasta el polo, lo que proporcionó un corredor migratorio para las especies cuando el clima cambió.[A]

El concepto de Asa Gray tiene reverberaciones morales, filosóficas y culturales en los paisajes de Europa. Sin su trabajo, veríamos al glorioso y dorado follaje otoñal de un liquidámbar, o a una primaveral magnolia en flor, como extranjeros en Europa. Pero tales árboles son hijos pródigos, aunque pródigos a la fuerza, pues hace dos millones de años fueron obligados a abandonar su hogar y, ahora, vuelven gracias a los botánicos de la era colonial y al calentamiento del clima.

Por cierto, más allá de la geoflora arctoterciaria, Asia ha servido de refugio para mucha herencia biológica a lo largo de los milenios. Muchos de los organismos que se han extinguido en la larga historia de Europa han sobrevivido en las pluviselvas de Malasia y en las regiones que se encuentran al norte y al este. Por ejemplo, parientes muy cercanos a la palma nipa y al ciprés de agua que crecieron en Alemania hace 47 millones de años, conti-

---

[2] El liquidámbar mantiene su presencia en Europa en una pequeña área del suroeste de Turquía.

núan existiendo abundantemente en Malasia. El mangle bala de cañón, que floreció hace 18 millones de años en Baviera, puede verse todavía en el archipiélago indo-malayo. ¿Y recuerda al pez saratoga de Hainin y a las tortugas nariz de cerdo de Messel? Los europeos pueden viajar al lejano pasado de su continente si abordan un *jet* que los lleve al archipiélago malayo.

Algunas de las criaturas más interesantes que hayan habitado Europa vivieron durante el Plioceno y, las más fascinantes de todas, trágicamente, se han perdido para siempre. Los restos de un notable animal fueron recuperados durante lo que fue discutiblemente la última de las guerras europeas inspiradas por la religión —la campaña de Crimea de 1853-1856—. Durante el conflicto, mientras los asaltos navales y terrestres contra Sebastopol se prolongaban amargamente y la Brigada Ligera lanzaba su fatal ataque, el capitán Thomas Abel Brimage Spratt, comandante del HMV *Spitfire*, prestaba un distinguido servicio militar y, en reconocimiento a sus actos, fue nombrado Honorabilísimo Miembro Militar de la Orden del Baño. Spratt era uno de los míos. De algún modo, entre los proyectiles y los disparos de rifle le dio tiempo para buscar fósiles y, mientras hurgaba entre las rocas cerca de Tesalónica, descubrió algo muy especial. Regresó a Gran Bretaña con su colección y, en 1857, el gran anatomista *sir* Richard Owen se puso manos a la obra para identificar los especímenes que Spratt le había pasado.

Owen comenzó su carrera en el Royal College of Surgeons. Era un hombre horrible; su biógrafa Deborah Cadbury dice de él que «tenía una propensión al sadismo» y que se «movía por la arrogancia y la envidia».[B] Quizá era aún peor cuando trataba con su archirrival en la descripción de dinosaurios, Gideon Mantell. Mantell había descubierto el dinosaurio *Iguanodon*, un logro que Owen envidiaba a tal punto que proclamaba haber descubierto él mismo a la criatura. Conforme la rivalidad entre ellos dos crecía, Mantell llegó a decir de Owen que era «una lástima que un hombre con tanto talento sea tan ruin y envidioso». A lo largo de los años, Mantell nombró cuatro de los cinco géneros de dinosaurios conocidos en ese tiempo, lo que solo sirvió para alimentar los celos de Owen.

Mantell era doctor en medicina, pero estaba tan absorto en su investigación paleontológica que descuidó su práctica médica. Se mudó a Brighton, en la costa sur de Inglaterra, con la esperanza de encontrar mejor fortuna, pero pronto fue destituido y se vio forzado a vender su colección de fósiles al British Museum, donde Owen ya tenía cierta influencia.[3] Mantell pidió 5000 libras esterlinas, pero al final aceptó 4000 —un precio bajo sin duda para un acuerdo que ponía los frutos de toda una vida de labor paleontológica a disposición de su rival—. No obstante, las desgracias del pobre hombre no acabaron ahí. En 1841 sufrió un accidente de carruaje en el que se cayó del asiento y quedó enredado entre las riendas del caballo. Mientras era arrastrado por el suelo, su espalda resultó gravemente lastimada. Para lidiar con el dolor recurrió al opio, pero en 1852 todo se volvió insoportable y el buen doctor murió de una sobredosis. Tras su deceso en un acto viperino, Owen hizo que le retiraran la sección de espina dorsal dañada, la cual encurtió y almacenó en un frasco, y este fue a unirse a los dinosaurios de Mantell como uno más de los trofeos de Owen.

Owen rechazaba sin más trámite la teoría de la evolución de Darwin, tal vez en parte debido a que era tan artero en la política como brillante en la anatomía. Sin embargo, su reputación científica sobrevivió de algún modo a su obstinada adhesión al creacionismo. De hecho, la terrible verdad es que *sir* Richard Owen, KCB, FRMS, FRS,[4] presidente de la Asociación Británica para el Avance de la Ciencia y consentido de la nobleza, se salió con la suya en casi todo. Durante noventa años —hasta 2008— su

---

[3] Owen tomaría el control del departamento de Historia Natural del museo en 1856.

[4] *Knight Commander of the Bath, Fellow of the Royal Microscopical Society, Fellow of the Royal Society. (N. del T.)*

estatua ocupó un lugar privilegiado en la parte alta de la gran escalinata del British Museum of Natural History. Y la espina dorsal de Mantell languideció en su frasco de vidrio en el Royal College of Surgeons hasta 1969, cuando fue destruida para liberar espacio.

Owen imaginaba que conocía la estructura interna de todas y cada una de las criaturas de la Tierra, pero el fósil que Spratt había recolectado cerca de Tesalónica lo obligó a ampliar sus estudios. Los trece huesos de Spratt, concluyó Owen, no podían pertenecer a otra serpiente que no fuera una víbora. Lo que resultaba confuso, sin embargo, era su tamaño, pues los huesos debían de proceder de una criatura de al menos tres metros de largo. Para explicar esto, Owen recurrió a los clásicos:

> El mito clásico preservado en el verso de Virgilio y personificado en el mármol del *Laocoonte* indicaría una familiaridad en las mentes de los antiguos colonos de Grecia con al menos la idea de serpientes tan grandes. Pero de acuerdo con el conocimiento actual y con cualquier registro cierto de zoología, la serpiente debe considerarse como una especie extinta.[C]

Owen llamó a los restos de lo que claramente era una enorme y formidable víbora, *Laophis crotaloides*: la «serpiente tipo crótalo de la gente».[D]

Resulta difícil de creer que el British Museum haya podido extraviar un fósil tan importante como el *Laophis*, pero lo extravió y, por casi 160 años, la víbora fue olvidada. Entonces, en 2014, un grupo de investigadores anunció el descubrimiento de una vértebra incompleta de serpiente —de apenas dos centímetros— en Megalo Emvolon, cerca de Tesalónica en el norte de Grecia. Tenía unos cuatro millones de años de antigüedad y claramente coincidía con los dibujos de los huesos perdidos la casi mítica víbora de Owen.

Los sedimentos donde estaba preservado el hueso se formaron en un antiguo lago que, a juzgar por el polen fosilizado, estaba rodeado de praderas escasamente arboladas. La fauna fósil descubierta junto a los restos de la gran serpiente nos recuerda a la que se encuentra hoy en las partes estacionalmente secas del norte de la India, incluyendo extintos caballos, cerdos, tortugas gigantes, una especie de mono, conejos y un pavo real gigante.[E] A pesar de ser solo un fragmento, los investigadores concluyeron que la *Laophis* fue la víbora más grande que jamás haya existido. El monstruo parece haber estado estrechamente emparentado con el género de viperinos (*Vipĕra*) que habita Europa en la actualidad, aunque la *Vipĕra* viva más grande —la víbora cornuda del sur de Europa y de Medio Oriente— es, con su menos de un metro de largo, solamente un tercio de su longitud.

El peso de las serpientes aumenta desproporcionadamente con la longitud, y se estima que la *Laophis*, de más de tres metros de largo, pesaba 26 kilos, lo que la hace dos veces y media más pesada que la cobra real, la serpiente venenosa más grande que existe hoy. [F] ¿Con qué se alimentaba esta gran víbora? Las víboras cornudas de la actualidad se alimentan de mamíferos (principalmente roedores), aves y lagartos; posiblemente la *Laophis* se daba un festín de monos, conejos y pavos reales gigantes. Lo único que podemos afirmar con cierta seguridad es que, al comienzo del Plioceno, Europa fue hogar de la serpiente venenosa más grande que haya existido jamás.

Las tortugas gigantes que compartieron el hábitat de la *Laophis* también fueron algunas de las más grandes que han existido. La *Titanochelon* era verdaderamente estupenda: su caparazón, que podía alcanzar los dos metros de longitud, era del tamaño de un coche pequeño. Único en Europa, este desmesurado quelonio se parecía a las tortugas de las Galápagos, pero era mucho más grande. Las tortugas gigantes requieren de condiciones cálidas, pues no pueden hacer madrigueras bajo tierra, cosa que sí pueden hacer tortugas más pequeñas. Al comienzo de las edades de hielo quedaron restringidas al sur de Europa y, al igual que muchas otras especies, libraron en España su última batalla. Los huesos más recientes, hallados en un cubil de hienas en una llanura aluvial, tienen alrededor de dos millones de años de edad.[G] Y con los últimos quelonios se fueron los últimos cocodrilos y aligátores de Europa; víctimas del creciente frío, aunque parece posible que la llegada del *Homo erectus* de África haya tenido algún papel en la extinción de las tortugas. Después de todo, el registro fósil habla con elocuencia del hecho de que los simios erguidos y las grandes tortugas no se mezclan.

Con el frío y la expansión de las praderas florecieron los bóvidos. Solo dos de las nueve tribus —la Bovini y la Caprini— se diversificaron ampliamente en Europa.[H] La Bovini, que incluye a la res, al bisonte y al búfalo, apareció en el registro fósil de Europa en el Plioceno temprano y proliferó rápidamente. La Caprini, que incluye a la cabra, la oveja y el íbice, también se diversificó durante el Plioceno.

Los gigantes dentudos siguieron habitando los océanos a lo largo de este período. Quizá el más espectacular fue el tiburón megalodonte, el depredador más grande en la historia de la Tierra. Alcanzaba los 18 metros de largo y las 70 toneladas de peso. Fue nombrado en 1835 por el naturalista suizo Louis Agassiz, que había estudiado algunos de sus enormes dientes; los más grandes miden 18 centímetros de largo y pesan más de un kilo. La bestia tenía cientos de ellos en sus mandíbulas y, como le corresponde a semejante monstruo, se alimentaba de ballenas. La fuerza de mordida del megalodón era entre cinco y diez veces mayor que la de un gran tiburón blanco. Es común encontrar agujeros en aletas y huesos de la cola de ballenas fósiles, lo que sugiere que el megalodón mordía los apéndices de locomoción antes de alimentarse del animal incapacitado. El megalodón evolucionó a principios del Mioceno y a partir de ahí solo siguió creciendo. Los individuos más grandes vivieron durante el Plioceno; justo antes de la extinción de la especie, hace unos 2,6 millones de años.[I]

En tierra firme, más gigantes encontraron su camino hacia Europa. Tras una interrupción de más de diez millones de años recomenzó la migración de elefantes, trayendo nuevas especies a Europa mientras los descendientes de los anteriores migrantes declinaban hasta su extinción. Los ancestros de todos los elefantes vivos de África y Asia, al igual que los mamuts, se originaron en África hacia el final del Mioceno. Los mamuts migraron de África a Europa hace aproximadamente tres millones de años y pronto dieron origen al *Mammuthus meridionalis*, una especie que pesaba doce toneladas y estaba adaptada a la vida en los bosques europeos. [J] Un pariente del elefante de la India también llegó a Europa en el Plioceno tardío, pero pronto se extinguió, del mismo modo que los dinoterios y los gonfoterios de Europa.[K]

El Plioceno anunció la llegada de los primeros osos modernos de Europa. El oso de Auvergne (*Ursus minimus*) era similar al oso negro asiático, pero un poco más pequeño. Al parecer dio origen al oso etrusco (*Ursus etruscus*), que es tan semejante al oso negro asiático que algunos investigadores consideran que son uno mismo. En un giro digno de un cuento de hadas, el oso etrusco dio origen a los tres osos europeos de antaño: el oso pardo, el oso de las cavernas y el oso polar.

No puedo partir del Plioceno sin decir *vale*[5] a aquellos diminutos y oscuros anfibios, los pertones. Después de aguantar casi 350 millones de años, terminaron por desaparecer hace 2,8 millones de años, lo último que conocemos de ellos son algunos huesos preservados en fisuras de caliza cerca de Verona. Si hubieran sobrevivido estaríamos maravillados con ellos, pues son unas de las criaturas más venerables de la Tierra.

La composición de la fauna europea en el tiempo en que comenzaron las edades de hielo presenta algunos misterios; los registros fosilíferos son pocos y las posibilidades de migración eran muchas y muy variadas.[L] Un rico yacimiento de dos millones de años de edad en el sur de España ofrece una ventana a este «mundo perdido». Nos ha entregado los restos de 32 especies de

---

[5] En español en el original. (*N. del T.*)

mamíferos, incluyendo a un primitivo tipo de buey almizclero (claramente mejor adaptado a condiciones mucho más cálidas que el tipo que existe hoy), un lobo, una jirafa, la hiena parda y el potamóquero de río, estos dos últimos desconocidos en Europa de no ser por sus restos, pero muy abundantes en la África actual. Los análisis de fósiles han permitido al doctor Alfonso Arribas y a sus colegas desarrollar una hipótesis de migración bastante simple y, según la navaja de Occam, cuanto más simple es una explicación más probable resulta.[6]

Arribas y su equipo piensan que la fauna de la Edad de Hielo temprana de Europa es resultado de una única migración que tuvo lugar hace casi dos millones de años y que se dio a través de las islas que había en lo que ahora es el estrecho de Gibraltar. Incluso las especies asiáticas emplearon esta ruta, argumentan los investigadores, después de migrar por todo el norte de África. La teoría fue puesta a prueba apenas un año después de haber sido elaborada, cuando expertos en la evolución de la familia del perro anunciaron que habían detectado la presencia de criaturas más antiguas parecidas al lobo, *Canis etruscus*, en depósitos fósiles en Francia que datan de hace alrededor de 3,1 millones de años.[M] Aún estamos, creo, a un largo camino de entender por completo las migraciones que ocurrieron en Europa en los albores de las edades de hielo. Excavar con más ahínco es lo único que nos dará las respuestas que buscamos.

---

[6] Guillermo de Occam fue un fraile franciscano inglés que vivió en el siglo xiv. Se le recuerda por su *dictum*: «entre hipótesis que compiten, la que presenta menos conjeturas debería ser seleccionada».

LAS EDADES DE HIELO

(Hace 2,6 millones-38 000 años)

La gran extensión de hielo hace 460 000 años

400km

Hielo
Masa terrestre
Mar

N

CAPÍTULO 22

EL PLEISTOCENO: LA ENTRADA AL MUNDO MODERNO

En 2009 —el mismo año en que Arribas y sus colegas publicaron su estimulante investigación sobre la fauna del suroeste de Europa en el «Plioceno tardío» de dos millones de años de edad— los archipámpanos de la Unión Internacional de Ciencias Geológicas movieron el inicio del Pleistoceno más de medio millón de años hacia atrás: de hace 1,8 millones de años a hace 2,6 millones de años. Su razonamiento era que los ciclos glaciales (de los cuales las edades de hielo forman parte) deberían estar incluidos en su totalidad en el Pleistoceno, y el primer ciclo glacial comenzó hace 2,6 millones de años. Fue una decisión respetable y sensata, y más porque redujo otro poco al insignificante Plioceno.

Fue el veterano nombrador de períodos geológicos Charles Lyell quien acuñó el término *pleistoceno*. Significa «lo más nuevo», en reconocimiento al hecho de que alrededor de un 70 % de los moluscos fósiles de los depósitos sicilianos estudiados por el venerable profesor pertenecían a tipos que aún existen en la actualidad. Si bien el comienzo del Pleistoceno ha sido apropiadamente designado, no puedo decir lo mismo de su terminación. La Unión Internacional de Ciencias Geológicas reconoce que el Pleistoceno concluyó hace 11 764 años, que es cuando terminó el último avance del hielo; conocido como el Joven Dryas (o Dryas Reciente). Después de eso viene la más corta de todas las épocas geológicas: el Holoceno.

Detesto discutir por nimiedades, pero si los ciclos glaciales caracterizan al Pleistoceno, entonces aún estamos en él (o lo estábamos hasta hace unas pocas décadas); por la sencilla razón de que el hielo habría avanzado otra vez, de acuerdo con los ciclos de Milanković. Pero, a lo largo de los últimos veinte años, la carga de los gases invernadero ha crecido a tal punto, y el planeta se ha calentado tanto, que los científicos están seguros de que el hielo no regresará.

Una propuesta que actualmente se encuentra ante la Unión Internacional de Ciencias Geológicas propone el reconocimiento de un nuevo período geológico: el Antropoceno. Su comienzo se define por el momento en que la actividad humana empezó a dejar una huella amplia e indeleble en los sedimentos de la Tierra. Quizá el momento en que nuestros gases invernadero impidieron el regreso futuro del hielo es el marcador apropiado. Bajo esa lectura, el Pleistoceno habría durado hasta el final del siglo xx, cuando fue sucedido por el Antropoceno.

El Pleistoceno se caracteriza por un rápido cambio en el clima, incluyendo once eventos glaciales mayores —edades de hielo— junto con otros mucho menores. En cada ocasión, los glaciares y los mantos de hielo se extendieron y permanecieron durante largos períodos, antes de derretirse por breves olas de calor. A lo largo del Pleistoceno, las edades de hielo prevalecieron durante el 90 % del tiempo y, cuando alcanzaron su mayor extensión, los glaciares y los mantos de hielo llegaron a cubrir el 30 % de la superficie de la Tierra. En el hemisferio norte, el permafrost o desierto glacial se extendía por cientos de kilómetros al sur de los mantos de hielo. Con un poco más de enfriamiento, es posible que los glaciares se hubieran extendido hasta el ecuador.[1]

Estos dramáticos cambios en el clima dejaron mucha evidencia detrás, en forma de rasgos glaciales y patrones de lluvia alterados. Pero no fue sino hasta 1837 que el científico suizo Louis Agassiz

[1] Aún se debate la razón exacta por la cual el hielo no siguió creciendo hasta cubrir toda la Tierra. Un factor pudieron haber sido los desiertos polares, cuyo polvo pudo haber cubierto al hielo, atenuándolo. Los océanos jugaron un papel importante en la aceleración de la débil tendencia de calentamiento detonada por los ciclos celestes, debido a que el agua caliente retiene menos gas que el agua fría.

(aquel que nombró al tiburón megalodonte) introdujo la idea de que recientemente buena parte de la Tierra había estado en manos del hielo. Este, migró a los Estados Unidos en 1847 y asumió una posición en Harvard. En Nueva Inglaterra descubrió varias evidencias, incluyendo las rocas masivas modeladas por el hielo, que respaldaban su hipótesis. Sin embargo, la causa que provocó las edades de hielo siguió siendo un misterio hasta que Milutin Milanković, un matemático y muy exitoso ingeniero civil serbio, puso su mente a trabajar en este asunto.

Nacido en las riberas del Danubio, en lo que hoy es Croacia, Milanković comenzó a investigar las causas de las edades de hielo en 1912. Pero, ocupado como estaba construyendo puentes y experimentando con concreto, no le quedaba mucho tiempo para hacer grandes progresos en materia celeste. Cuando estalló la Primera Guerra Mundial, Milanković estaba de luna de miel en su pueblo natal, donde contravino la compleja y cambiante política de Europa del este de aquellos días. Considerado como un ciudadano extranjero hostil, fue arrestado por los austrohúngaros y llevado a la fortaleza de Esseg, donde fue encerrado como prisionero de guerra. Él escribió que:

La pesada puerta de hierro se cerró detrás de mí Me senté en mi cama, miré la habitación a mi alrededor y empecé a asimilar mi nueva circunstancia social. En mi equipaje de mano, que había traído conmigo, estaba mi trabajo ya impreso o apenas comenzado sobre el problema cósmico; había incluso algo de papel en blanco. Repasé mis palabras, cogí mi fiel pluma y me puse a escribir y calcular. Cuando pasada la medianoche miré a mi alrededor en la habitación, necesité algo de tiempo para darme cuenta de dónde me encontraba. El pequeño cuarto se me figuraba como una estancia para una noche durante mi viaje por el Universo.

La señora Milanković, al parecer, se sentía menos entusiasta con el arreglo. A través de un colega en Viena organizó que Milutin la acompañara a Budapest. Y ahí, gracias al apoyo de otros colegas, se le encargó el manejo de las bibliotecas de la Academia Húngara de Ciencias y del Instituto Meteorológico de Hungría. Milanković pasó casi toda la guerra estudiando felizmente el clima de otros planetas, así como los grandes problemas de las edades de hielo y, durante la frágil paz que siguió, se volvió profesor de matemáticas en Belgrado.

En 1930 Milanković publicó su investigación donde mostraba que la Edad de Hielo era provocada por las ligeras variaciones en la órbita terrestre alrededor del Sol y por la inclinación y el bamboleo de la Tierra sobre su eje. A mediados de 1941 terminó un libro que explicaba su teoría completa, *Canon de la insolación de la Tierra y su aplicación en el problema de las edades de hielo*, que incluía una explicación para el detonador del avance del hielo: cuando los factores celestes produjeron veranos fríos en el hemisferio norte, comenzó a quedar nieve que no se derretía; año con año las capas de hielo iban creciendo y, puesto que el hielo es muy brillante y refleja la luz del sol, se aceleraba la tendencia de enfriamiento.

El 2 de abril de 1941, Milanković entregó su manuscrito a una imprenta en Belgrado. Apenas cuatro días después, el desastre llegó cuando Alemania atacó el Reino de Yugoslavia y destruyó la imprenta durante un bombardeo aéreo. Lo que una guerra había dado, otra guerra amenazaba con quitarlo. Pero, afortunadamente, algunas hojas impresas sobrevivieron en un almacén. Un mes después, en mayo de 1941, Milanković recibió la visita de dos oficiales alemanes que traían saludos del profesor Wolfgang Soergel. Explicaron que eran estudiantes de geología, y Milanković les confió la única copia completa restante de su obra. Soergel se aseguró de que el libro fuera publicado —en alemán— pero en las décadas posteriores a la guerra, el *Canon* de Milanković fue ignorado. No obstante, cuando se realizó la primera traducción al inglés en 1969, inmediatamente revolucionó nuestro entendimiento de las edades de hielo.

Los ciclos que Milanković identificó habían existido por cientos de millones de años. ¿Entonces por qué detonaron un período glacial que comenzó hace apenas 2,6 millones de años? Parece que, en tiempos anteriores, la configuración de los continentes y el alto nivel de gases invernadero presentes en la atmósfera evitaron un enfriamiento completo, a pesar de la orientación de la Tierra con relación al sol. Pero desde hace unos 2,6 millones de años se eliminaron estos efectos amortiguadores y los ciclos de Milanković comenzaron a tocar la biota de Europa como un acordeón. Al principio la duración de cada ciclo era de alrededor de 41 000 años y los efectos eran muy suaves. Sin embargo, hace aproximadamente un millón de años las temporadas frías (conocidas como máximos glaciales) se volvieron más largas y profundas, y los ciclos se extendieron de 41 000 a 100 000 años. [A] La razón precisa de este cambio —ciclos de 41 000 a 100 000 años de duración— sigue siendo acaloradamente debatida. Pero el impacto fue claro, dos faunas comenzaron a desarrollarse por toda Eurasia: una nueva, mejor adaptada a la fase fría; y la anterior, aclimatada a la fase cálida.

Las edades de hielo no trataban bien a la fauna adaptada al calor. A medida que los ciclos se intensificaban, fueron desplazando especies enteras de la acogedora Europa templada. A cada contracción del fuelle, los frígidos vientos del norte soplaban hacia fuera del polo, forzando a la flora y fauna amante del calor a recluirse en refugios en España, el sur de Italia y Grecia, donde quedaban confinados hasta que los patrones orbitales daban lugar a un breve calentamiento. De este modo, la Edad de Hielo europea está marcada por migraciones y extinciones a gran escala. Más de la mitad de las especies mamíferas de Europa desaparecieron con el arranque de las edades de hielo; la supervivencia dependía por completo de la adaptación y la migración.

¿Cómo era vivir en la Europa de la Edad de Hielo? Durante el Último Máximo Glacial, que tuvo su punto álgido hace 20 000 años, el nivel del mar estaba entre 120 y 150 metros más abajo de lo que está hoy, gracias a toda el agua que estaba aprisionada convertida en hielo. Una ancha planicie había quedado expuesta a través del norte de Europa, conectando a Irlanda con Gran Bretaña y el continente. Hacia el norte, un gran campo de hielo y nieve se extendía sobre mar y tierra hasta el polo. En el sur, solo las partes más bajas del norte del Adriático habían quedado expuestas, aunque algunas de las islas del Mediterráneo quedaron conectadas (Cerdeña con Córcega, y Sicilia con el continente). Las temperaturas del mar eran hasta trece grados centígrados más bajas que las actuales, y el hoy extinto alca gigante se reproducía en la costa de Sicilia, mientras que gaviotas, alcas y alcatraces anidaban por millones en los acantilados de Iberia, Francia e Italia.

En tierra, las temperaturas eran probablemente de seis a ocho grados centígrados más bajas, en promedio, que las temperaturas de hoy, y los inviernos eran mucho más fríos, con un permafrost que se extendía tan al sur como la Provenza. Fuertes vientos soplaban desde las altas capas de hielo, acarreando fino polvo de los desiertos polares a través de Europa. Donde hoy se encuentran Londres, París y Berlín, un vasto desierto polar, totalmente desprovisto de vida vegetal, se extendía hasta la línea de hielo que comenzaba en el horizonte norte o más allá. Congelamiento, arena entre los dientes y pulmones llenos de polvo habrían sido las consecuencias de cualquiera que se aventurara tan al norte.

Al sur de este frígido desierto, en una franja que se extiende del norte de España al norte de Grecia, había estepas y crecía un escueto bosque de coníferas de tipo taiga, similar al que hoy cubre algunas áreas de Siberia. Más al sur, árboles caducifolios y matorrales mediterráneos (maquis) encontraron refugio. Aunque limitados en extensión, estos hábitats cálidos eran notablemente diversos. Alrededor de Gibraltar, por ejemplo, uno podía caminar en un bosque de pinos o de robles, cosechar arándanos y pasear entre los maquis hoy típicos de la región, todo en el mismo día.[B]

Los períodos fríos que caracterizaban a las edades de hielo terminaron abruptamente, proceso acelerado por el dióxido de carbono que liberaban los océanos cuando comenzaban a enfriarse. Pero el clima requiere de miles de años para alcanzar un nuevo equilibrio más cálido. Al final del Último Máximo Glacial, le llevó de 12 000 a 13 000 años al hielo para derretirse y al mar para alcanzar sus niveles actuales. Antes de eso, el mar Negro era un lago de agua dulce con gente viviendo a lo largo de sus costas, que se encontraban unos 150 metros por debajo del actual nivel del mar. Entonces, hace 8000 años, el Mediterráneo se abrió camino por los Dardanelos y el Bósforo, y al cabo de pocos años el mar Negro se llenó, desplazando a todos aquellos que vivían a lo largo de sus antiguas orillas. El derretimiento del hielo quitó peso a la tierra a lo largo de Europa. Algunas áreas, entre las que se encuentran Basilicata en el sur de Italia, el golfo de Corinto y el noroeste de Escocia, se elevaron varios cientos de metros. Hay muchas consecuencias extrañas de esta historia. Una de ellas resultará evidente para un observador de aves en un bosque maduro del Mediterráneo, pues no podrá escuchar ni una sola especie que sea única de la región mediterránea. Sin embargo, en los maquis cercanos, podrá escuchar muchas. Esto es porque, incluso si estaban tan al sur como el Mediterráneo, los bosques altos quedaron tan devastados por las edades de hielo que ninguno de los pequeños manchones sobrevivientes fue lo suficientemente grande para sustentar a las especies de aves que estaban restringidas a ellos.[C]

Hace entre 2,6 millones y 900 000 años, cuando los períodos glaciales duraban 41 000 años y eran relativamente moderados, se desarrolló una fauna muy característica. La hiena gigante, *Pachycrocuta brevirostris*, medía un metro a la altura del hombro y pesaba 190 kilos, lo que la convertía en la hiena más grande que jamás haya existido. Evolucionó en África y su primera aparición en Europa data de hace 1,9 millones de años.[D] La hiena gigante usaba las cuevas como cubil, y restos de su alimento han quedado bien preservados en algunas de ellas. Incluso los huesos de grandes criaturas como hipopótamos y rinocerontes ostentan sus características marcas de mordida, aunque no se sabe si las hienas mataban a tales bestias o simplemente rapiñaban sus cadáveres. Las hienas gigantes probablemente eran sociables, pero con toda seguridad eran lo suficientemente poderosas para matar criaturas del tamaño de un bisonte, o tal vez para hacer huir a los *Homo erectus* de sus cuevas.

La hiena gigante llegó desde África más o menos al mismo tiempo que nuestros ancestros, los *Homo erectus*, alcanzaban Europa. Las hienas se reprodujeron en abundancia, pero nuestros antepasados siguieron siendo escasos, hasta el punto casi de la invisibilidad. Entonces, hace unos 400 000 años, las grandes hienas desaparecieron y nuevos miembros de nuestro género, en la forma de los primeros neandertales, comenzaron a volverse abundantes y a utilizar cuevas.[E, F] No nos queda clara la causa por la que la hiena gigante se extinguió, pero algunos investigadores lo ligan con la decadencia de los gatos dientes de sable y dientes de cimitarra, pues las hienas gigantes se alimentaban de los restos de la caza de los grandes gatos. El gato dientes de sable europeo (pariente del *Smilodon*) se extinguió hace unos 900 000 años, en tanto que el gigantesco gato dientes de cimitarra, el *Homotherium*, comenzó su declinación en Europa hace aproximadamente medio millón de años.

El jaguar europeo habitó el continente desde hace unos 1,6 millones de años hasta hace aproximadamente 500 000 años. Más grande que el jaguar que vive actualmente en Sudamérica, a veces se le considera como una versión gigante de las especies sudamericanas que fue reemplazada en el Viejo Mundo por el leopardo. Otro espectacular gato de la Edad de Hielo temprana europea fue el guepardo gigante: tenía la altura de un león, aunque era considerablemente más ligero. Desapareció de Europa hace alrededor de un millón de años.

Este primer período glacial de Europa también fue hogar de castores gigantes del género *Trogontherium*. Con casi dos metros de largo, sus hábitos para roer eran muy similares a los de los castores de hoy, pero carecían de colas planas y, en su lugar, tenían unas colas largas y cilíndricas. Sobrevivieron en zonas de Rusia hasta hace unos 125 000 años. Los castores gigantes de Europa vivieron al mismo tiempo que el primer alce, el *Libralces gallicus*. Sus restos de dos millones de años de edad han sido encontrados en el sur de Francia, donde habitaba en cálidas praderas.

Un inesperado inmigrante africano fue un tipo de hipopótamo, el *Hippopotamus antiquus*. Llegó hace alrededor de 1,8 millones de años y se asentó felizmente en el Támesis, entre otros ríos, para cuando la fase cálida conocida como Eemiense tuvo lugar hace entre 130 000 y 115 000 años.[2] En ese tiempo, las temperaturas se elevaron brevemente hasta llegar a ser ligeramente más altas que aquellas del período preindustrial, lo que convierte al Eemiense en la época más calurosa del último millón de años.

Un pequeño y ancestral ciervo rojo había aparecido en Europa hace unos dos millones de años.[G] Los huesos de sus patas sugieren que pudo haberse adaptado a los escabrosos terrenos de la montaña. Compartía el bosque con una forma primitiva de gamo. Para hace aproximadamente un millón de años ya habían evolucionado unos gamos y unos ciervos rojos más grandes y bastante similares a los tipos que existen en la actualidad. Otro grupo que floreció durante las primeras edades de hielo fue el de los ancestrales res, bisonte y buey almizclero, y una ancestral forma del ciervo gigante *Megaloceros*.[H] Hace 900 000 años —justo cuando se establece el ciclo glacial de 100 000 años— los ancestros del león de las cavernas, los primeros leones que fueron vistos en Europa, acechaban por el continente.

Provenientes de Asia, lobos ancestrales, los *Canis etruscus*, habían llegado a Europa hace más de tres millones de años, pero no florecieron sino hasta las edades de hielo. Pueden sobrevivir en muchos hábitats, pero es en la tundra donde los lobos se sienten realmente en casa.[I] En los yacimientos fósiles europeos, sus huesos se encuentran a menudo acompañados de restos de un cánido del

---

[2] El Eemiense también es conocido como Isótopo Marino Etapa Cinco E.

tamaño de un coyote, el *Canis arnensis*. Con el paso del tiempo, ese pequeño cánido quedó restringido a las tierras adyacentes al Mediterráneo, hasta hace unos 300 000 años, cuando desapareció de Europa. Hoy los perros pueden ser nuestros mejores amigos, pero, extrañamente, en el registro fósil de Europa existe un solo sitio donde una primitiva criatura parecida a un humano aparece en compañía de un primitivo lobo: el yacimiento de Dmanisi en Georgia, de 1,8 millones de años de antigüedad.

HÍBRIDOS: EUROPA, LA MADRE DEL *MÉTISSAGE*

Avances en el análisis de ADN, particularmente en el estudio de ADN antiguo, están descubriendo algunos aspectos hasta ahora insospechados de la hibridación (o *métissage*, como diría un francés). Cada vez se demuestra más su importancia en la generación de especies y en la ayuda que proporciona a las especies para adaptarse, con numerosos ejemplos provenientes de Europa. Pero quizá lo más sorprendente es que la hibridación ha sido una influencia muy importante en la evolución humana en Europa. A menudo pensamos en los híbridos como algo inferior; un tipo de bastardo o de mestizo. Las asociaciones peyorativas de la palabra «híbrido» fueron particularmente comunes en la primera mitad del siglo XX, cuando ideas erróneas sobre la genética convirtieron a la pureza de la raza en un concepto peligrosamente atractivo. El pionero genetista R.A. Fisher —quien fue un entusiasta promotor de la eugenesia (la idea de que las sociedades podrían mejorarse si se reprodujeran selectivamente humanos «superiores»)— creía que los híbridos eran resultado del «más craso error en las preferencias sexuales que podemos concebir en cualquier animal».[A]

La idea de que las especies son entidades separadas —portadoras de una herencia genética única— está profundamente arraigada en nosotros, quizá como reflejo de cierta intuición de un mundo perfecto previo a los humanos, y por ello los híbridos amenazan nuestra sensación de orden. Lo que ciertamente hacen es complicar el trabajo de los taxónomos, pues algunos desafían la clasificación sencilla y amenazan al sistema linneano de clasificación que ha regido sobre la biología durante más de 250 años.

Y, sin embargo, sabemos desde hace mucho que la hibridación está muy extendida. Para 1972, alrededor de 600 clases de mamíferos híbridos habían sido identificadas (muchas en zoológicos u otras situaciones de cautiverio).[B] En 2005 se estimaba que el 25 % de especies vegetales y el 10 % de especies animales estaban relacionadas con la hibridación.[C] En estos últimos años, la investigación sobre el ADN antiguo ha revelado que tales cifras están totalmente por debajo de la realidad, incluso para especies salvajes que viven en la naturaleza. Dos estudios recientes, uno de los cuales involucra especies de osos y el otro de elefantes, ilustran lo que se está descubriendo.

Las seis especies de oso que viven hoy (polar, pardo, negro asiático, negro americano, bezudo y malayo) evolucionaron a partir de un ancestro común a lo largo de los últimos cinco millones de años. Si bien son muy diferentes en apariencia y ecología, los análisis de ADN revelan un asombroso grado de hibridación en su linaje. Por ejemplo, los osos polares se han hibridado con los osos pardos, de modo que el 8,8 % del genoma del oso pardo proviene del oso polar. Esto significa que los *pizzlies*[1] (como se les conoce desde hace poco a los híbridos de oso pardo y oso polar) no son un fenómeno nuevo, sino que han existido durante cientos de miles de años. Entre otras muchas cruzas señaladas en el estudio, los osos pardos se han hibridado con los osos negros americanos, y los osos negros asiáticos con los osos bezudos, y los osos bezudos con los osos malayos. Los investigadores concluyen que la hibridación entre varias especies de osos ha ocurrido durante millones de años, de manera que cuando estas cruzas se incluyen en el árbol familiar de los osos, el diagrama parece más bien algo así como una red familiar.[D]

La historia de la hibridación entre elefantes es incluso más sorprendente. Un estudio reciente de la paleogenetista de Har-

---

[1] Combinación de *polar y grizzly*, como se le llama a una subespecie del oso pardo. (*N. del T.*)

vard Eleftheria Palkopoulou y sus colegas, en el cual se incluyen las tres especies vivas de elefantes (africano, africano de bosque y asiático) y tres especies extintas (europeo de colmillos rectos, mamut lanudo y mastodonte americano), revela que los elefantes se han hibridado a lo largo de la mayor parte de su historia. De hecho, algunos elefantes ya extintos fueron el resultado de una hibridación tan profunda que no son fácilmente clasificables por el sistema linneano.

Al hacer un recuento de sus descubrimientos, el equipo de Palkopoulou dice: «La capacidad de hibridación es la norma y no la excepción en muchas especies de mamíferos en una escala temporal de millones de años».[E] También especulan que el compartir genes a través de la hibridación pudo haber ayudado a las especies a migrar y a adaptarse a amenazas y oportunidades al permitir a las especies adquirir genes de sus parientes cercanos. Visto de este modo, podemos pensar en las especies que han perdido la capacidad de hibridarse —como la nuestra, pues nuestros parientes cercanos están extintos— como aisladas y vulnerables.

Si la hibridación fuera lo suficientemente extensiva, la vida se volvería una masa indiferenciable. ¿Entonces por qué existen las especies? Resulta que hay mecanismos (conocidos como mecanismos de aislamiento de las especies) que dificultan la hibridación. Es raro que un individuo logre vencer tales barreras, pero entre los millones de individuos que integran una especie es común que se produzcan suficientes híbridos para permitir el flujo de genes entre las especies. Algunos mecanismos de aislamiento de las especies son conductuales; como el poseer un llamado particular de procreación al cual solo responderán hembras de una especie determinada, o preferir un momento específico del año para reproducirse. Otros, como el tamaño o la forma del pene, son físicos. Pero también existen barreras genéticas y epigenéticas. Algunos factores genéticos evitan que se forme un embrión viable, pero también puede resultar que la mayoría de los individuos híbridos de la primera generación sean estériles o tengan baja fertilidad. Según un fenómeno conocido como la regla de Haldane, esto es particularmente cierto para los híbridos machos entre los mamíferos. Pero si la primera generación de híbridos consigue tener descendencia, la siguiente generación a menudo verá su fertilidad incrementada. Aunque habitualmente solo con una u otra (pero no con ambas) de las especies involucradas en la cruza original. Todas estas barreras tienden a limitar, aunque no eliminan del todo, el flujo de genes de una especie a otra.

A veces la hibridación hace más que permitir el flujo de genes entre las especies y, en su lugar, crea una especie híbrida totalmente nueva. Entre las especies europeas que surgieron por hibridación se encuentra la rana comestible (*Pelophylax kl esculentus*), una criatura muy extendida y económicamente importante considerada como una exquisitez culinaria en Francia. Las especies parentales que le dieron origen —probablemente hace cientos de miles de años— son la rana europea común y la rana verde centroeuropea. Como seguramente habrá notado, el nombre científico de la criatura tiene un «kl» insertado a la mitad. Esto significa que es un «kleptón» o «ladrón de genes» —un híbrido que requiere de otra especie para poder completar su ciclo reproductivo. La mayoría de los kleptones son hembras y algunas no utilizan en absoluto los genes del macho, quien simplemente suelta su esperma para estimular el comienzo del desarrollo del huevo, pero sin fertilizarlo.[2][F]

Incluso algunas especies de mamíferos surgieron por hibridación. Recientemente se ha reconocido que el chacal dorado pertenece a dos especies diferentes: una más pequeña que se originó como una rama temprana del linaje de los lobos y una más grande que es cercana al moderno lobo euroasiático, cuyos ancestros de-

---

[2]   La genética de los kleptones puede ser extremadamente compleja, pues algunos eliminan los genes de uno de los padres durante la producción de esperma o de óvulos. Tres especies híbridas kleptones existen en Europa, todas con la rana europea común como uno de los padres, y todas con distintas rutas genéticas en su reproducción. Y en las tres, los genes de la rana europea común nunca se pierden.

ben haber migrado a África antes de mezclarse con el chacal más pequeño para crear la nueva especie híbrida.[3]

El bisonte —el mamífero europeo más grande que sobrevive— es una especie híbrida estable que surgió hace unos 150 000 años, cuando los uros y los bisontes esteparios pasaron por un extenso período de hibridación. El bisonte de la estepa (del cual desciende el búfalo americano) habitaba en las estepas del mamut y desapareció de Europa al final del último período glacial, en tanto que los uros eran criaturas de áreas boscosas más templadas. El bisonte europeo carga mayoritariamente genes de bison, con una saludable infusión (de alrededor del 10 %) de genes de uro, herencia genética mixta que aparentemente le ayudó a sobrevivir a las condiciones cambiantes del calentamiento climático y la expansión de los bosques.[G]

La hibridación en la agricultura es diferente de la hibridación en la naturaleza por dos razones: porque las condiciones creadas por la gente permiten una hibridación entre especies que nunca se mezclarían naturalmente; y porque hemos seleccionado rasgos extraños en muchas formas domesticadas. Cuando los domesticados se vuelven ferales o se cruzan con parientes no domesticados, quienes se interesan por la conservación se enfrentan a un dilema: ¿deberían procurar eliminar a los híbridos para tratar de asegurar que los tipos salvajes no se vean superados por los domesticados? Algunos ven a las criaturas domésticas altamente modificadas como una forma de contaminación —contaminación genética— pues la enorme abundancia de domesticados puede poner en peligro a sus parientes salvajes, mucho menos abundantes.

Por ejemplo, se podría argumentar con razón que los híbridos de perro y lobo deberían ser retirados de la naturaleza por miedo a que los genes de perro infesten a la población de lobos (asunto al cual habré de volver). Pero un ejemplo más complicado es el

---

[3] Ninguna de estas especies está cercanamente emparentada con los «chacales verdaderos» del género *Lupulella*.

del gato montés escocés, del cual la gran mayoría de la población son híbridos entre el tipo salvaje y el doméstico. Podría parecer deseable eliminar a los híbridos, pero hacer eso dejaría a una población tan reducida en la ruta directa a la extinción.

Los híbridos presentan un problema particular cuando de reglamentos se trata. Nuestros más grandes instrumentos legales para la protección de especies, incluyendo al Convenio de Berna y a la Ley de Especies en Peligro de Extinción de 1973 de Estados Unidos, se ocupan de especies, no de híbridos. De hecho, la Ley norteamericana ha sido descrita como «cuasi eugenésica» porque excluye a los híbridos de la protección.[H] Dado nuestro conocimiento de los alcances de la hibridación, esto es problemático. Y el asunto se vuelve más difícil porque no siempre es posible definir a un híbrido con claridad. Una cruza de primera generación puede resaltar, pero con el tiempo se vuelve cada vez más difícil detectar a los animales híbridos. De hecho, la mayoría de nuestro entendimiento reciente sobre la importancia de la hibridación en la naturaleza proviene de estudios del ADN de animales que a primera vista no parecen híbridos.

La hibridación también puede resultar en heterosis —el término científico para la producción de individuos híbridos «supervigorosos»—, de la cual encontramos numerosos ejemplos en la agricultura. La heterosis puede ser considerada como el opuesto de la depresión endogámica, el fenómeno por el cual la descendencia de individuos que son demasiado similares genéticamente —hermano y hermana, por ejemplo— puede sufrir de enfermedades debilitantes. La heterosis suele ocurrir cuando los padres son moderadamente diferentes, pues si los individuos son demasiado distintos, sus genes normalmente no podrán combinarse para formar un embrión viable. La heterosis es bien conocida por los criadores de plantas y animales, quienes la procuran: los granos que resultan de cruzar diferentes razas, por ejemplo, suelen ser más resistentes a las enfermedades y crecer con mayor velocidad.

Un instructivo ejemplo de un individuo heterótico es «el Héroe de Botswana». Se trata de una cruza entre una cabra hembra y una oveja macho. Como tal, es una bestia excesivamente rara —las cabras y las ovejas son demasiado diferentes genéticamente para crear con facilidad una descendencia viable—. El Héroe nació en el Ministerio de Agricultura de Botswana en el rebaño del señor Kedikilwe Kedikilwe, quien se dio cuenta de que la criatura crecía más rápido que los corderos y los cabritos que habían nacido al mismo tiempo. El señor Kedikilwe también quedó asombrado por el hecho de que el Héroe difícilmente enfermaba, incluso cuando el resto del rebaño se vio afectado por un brote de fiebre aftosa.

Como sugiere su nombre, durante un tiempo, el Héroe fue ejemplar en varias facetas. Pero cuando alcanzó la pubertad surgió un problema: la criatura se volvió extremadamente libidinosa y copulaba indiscriminadamente con ovejas y cabras, aunque estuvieran fuera de la temporada de reproducción. Este indecoroso comportamiento le ganó el vergonzoso apodo de Bemya, o «violador». Y, sin embargo, a pesar de sus incesantes esfuerzos, el Héroe no procreó ningún hijo. Avergonzado y molesto por su caída de gracia, el señor Kedikilwe hizo castrar al Héroe.[1]

Los híbridos suelen ser notables por sus comportamientos libidinosos; como si entendieran que la única posibilidad que tienen de pasar sus genes residiera en el desenfreno de muchas y variadas cópulas, con la esperanza de que de algún modo se pudieran evitar los mecanismos de aislamiento de las especies. Pero ya que los humanos aplicamos equivocadamente nuestros estándares morales a los animales, al menos cortamos de tajo sus esfuerzos. Si el señor Kedikilwe hubiera evitado el uso del cuchillo, podríamos haber aprendido muchísimo más sobre la heterosis y la hibridación.

La heterosis puede afectar mucho más que el crecimiento y la resistencia a las enfermedades, pues el funcionamiento del cerebro y el comportamiento también pueden resultar afectados, como lo evidencia la mula. Tal como Charles Darwin observó, la mula «siempre me ha parecido como un animal sorprendente. Que un híbrido posea más razón, memoria, tenacidad, inclinación social y resistencia muscular que cualquiera de sus padres, parece indicar que el arte ha superado a la naturaleza».[J] Consideramos algunos de los rasgos clave de la mula, según observó Darwin —razón, memoria e inclinación social— como unas de las características más distintivas y valiosas de nuestra especie: y, sin embargo, nunca consideramos que podrían ser el resultado de la heterosis.

Debido a su posición en la encrucijada del mundo, Europa ha tenido numerosas especies inmigrantes que generaron oportunidades sin precedentes para la hibridación. Pudo haber sido este hecho, tanto como cualquier otro, lo que hizo que la evolución avanzara a un paso tan acelerado en Europa, lo que dotó a muchas especies europeas de la capacidad de colonizar nuevas tierras ecológicamente diferentes. El ritmo de la hibridación en Europa aumentó substancialmente desde el inicio de la agricultura, y cada vez se crean más especies híbridas. El gorrión italiano, por ejemplo, es un híbrido entre el gorrión español y el gorrión común que se originó en Italia en algún momento de los últimos 10 000 años.[K] Únicamente en Gran Bretaña, al menos seis nuevas especies de plantas han surgido por hibridación desde 1700, en tanto que las superbabosas híbridas se están convirtiendo en una plaga en los jardines ingleses.[L] Y como el cambio climática trae cada vez más criaturas a Europa, es probable que se dispare el ritmo de la hibridación.

La idea de que la hibridación pudo haber sido «la norma» entre las especies mamíferas durante millones de años después de su surgimiento —y que pudo haberlas ayudado a adaptarse a nuevas condiciones— representa un reto para muchos, y es diametralmente opuesta a la idea de que los híbridos son resultado del «más craso error» de la naturaleza. Pero el punto de vista de Fisher sobre la hibridación ya está pasado de moda, al igual que su respaldo a la eugenesia. Ahora nos queda claro que las especies no son entidades «fijas», sino que son permeables. A todo lo largo de la prehistoria europea, la inmigración ha creado oportunidades para que la heterosis se dé en estado salvaje, y como resultado la naturaleza de Europa está mejor adaptada. Tal vez con el tiempo lleguemos a valorar muchos híbridos y a entender que no puede haber concepto más peligroso que la idea de la pureza racial o genética. Como mínimo, nuestro nuevo entendimiento sobre los híbridos nos hace ver que es necesario un replanteamiento fundamental de la clasificación, de la legislación sobre las especies en peligro de extinción y de la transferencia genética de laboratorio.

24

EL REGRESO DE LOS SIMIOS ERGUIDOS

Hace entre 5,7 millones de años (cuando un pequeño simio caminó por la costa de lo que hoy es Chipre) y 1,85 millones de años (cuando apareció el *Homo erectus*) no existe evidencia de simios en Europa. Nuestro linaje había estado evolucionando en África, y las criaturas que regresaron a Europa ya pertenecían a nuestro propio género: *Homo*. Todo lo que sabemos sobre ellos viene de un yacimiento fósil en Dmanisi, Georgia, donde una rica colección de *Homo erectus*, junto con muchas otras especies, fue encontrada en los años ochenta.[A]

Localizados en una meseta sobre un acantilado frente a la confluencia de los ríos Pinasauri y Masavera, unos 85 kilómetros al suroeste de Tiflis, la capital de Georgia, los depósitos fueron preservados debajo de las ruinas medievales de Dmanisi, las cuales fueron recuperadas de manos de los turcos y reconstruidas por el rey georgiano David el Constructor, en el siglo XII. Los huesos están conservados en zanjas abiertas en la meseta que posteriormente quedaron llenas de sedimentos. En 1984, un equipo comenzó una gran excavación que tuvo como resultado el descubrimiento de abundantes herramientas de piedra y restos de homínidos. Los trabajos en Dmanisi continúan bajo la dirección de David Lordkipanidze, director del Museo Nacional de Georgia, y aparecen nuevos descubrimientos cada pocos años.

Dmanisi nos ha obligado a repensar la prehistoria, tanto humana como europea. Los depósitos tienen entre 1,85 y 1,78 millones de años de edad, lo que convierte a los restos de *Homo erectus* encontrados ahí en los más antiguos que se conocen.[B] El cerebro del *Homo erectus* de Dmanisi tiene entre 600 y 775 centímetros cúbicos de volumen (aproximadamente la mitad del cerebro del humano anatómicamente moderno). Esto es mucho más pequeño que el cerebro de otros *Homo erectus*, y más parecido en tamaño al del *Homo habilis* (el ancestro africano del *H. erectus*). Una opinión extrema es que el *Homo erectus* evolucionó en Europa a partir de una especie anterior de *Homo*, todavía no detectada. Cualquiera que haya sido el caso, es sorprendente que, del cuello para abajo, el *Homo erectus* de Dmanisi es similar al humano moderno, aunque sus brazos conservaron algunas características primitivas típicas de ancestros más arbóreos.[C] Otro rasgo sorprendente de los restos de Dmanisi es su variabilidad. Hay individuos grandes y muy pequeños; los paleoantropólogos afirman que, si los cinco cráneos recuperados hasta ahora hubieran sido encontrados en diferentes locaciones, habrían sido clasificados como pertenecientes a varias especies distintas.

Un cráneo desdentado de un macho *Homo erectus* encontrado en 2002 coincidió a la perfección con una quijada sin dientes encontrada en 2003, y estos descubrimientos abren una ventana a la vida social de la especie. En muchos otros animales, la falta de dientes significa la muerte: el individuo perece de hambre. El desdentado *Homo erectus* de Dmanisi provee la evidencia más antigua que se haya encontrado sobre la supervivencia de un individuo discapacitado. Lordkipanidze argumenta que el hombre solamente pudo sobrevivir con ayuda; el *Homo erectus* de Dmanisi debió ser bastante social y, tal vez, vivía en pequeños grupos familiares que se preocupaban por sus individuos menos capaces.[D]

¿Podía hablar el *Homo erectus*? Las partes raramente preservadas del cráneo y de la espina dorsal desenterradas en Dmanisi (incluyendo una serie de seis vértebras) están arrojando algo de luz al respecto. El *Homo erectus* de Dmanisi contaba con un aparato respiratorio apropiado para el lenguaje; el cual, de hecho, era del rango de nuestra propia especie.[E] Y una depresión agrandada en el interior del cráneo evidencia que el área de Broca, la parte del cerebro que procesa el lenguaje articulado, estaba presente, así que es posible que el lenguaje fuera usado por los simios bípedos de Dmanisi.

Muchos paleoantropólogos rechazarían la idea de que el *Homo erectus* poseía el lenguaje, pues consideran que confiar en la evidencia paleontológica existente sería como construir un castillo sobre la arena. Pero debemos ser precavidos: desde que los caballeros victorianos imaginaron a los neandertales como humildes cavernícolas y se consideraron a sí mismos como la cumbre de la evolución, hemos subestimado las capacidades de nuestros ancestros y parientes distantes, y con cada nuevo descubrimiento científico nos damos cuenta de que eran más competentes de lo que pensábamos.

Los *Homo erectus* de Dmanisi eran depredadores capaces que repetidamente ocuparon la meseta durante al menos 80 000 años. Debió ser una valiosa posición estratégica desde la cual se podían mirar los animales migrantes. Heces fosilizadas de hiena y los huesos de otras catorce especies carnívoras revelan que el *Homo erectus* no era el único que tenía propiedad sobre el puesto de vigilancia. Podemos imaginar a un Serengueti europeo donde los depredadores descienden de su atalaya para matar y transportar la carne de vuelta hasta la cima para comerla allí. Se han encontrado restos transportados de elefantes, rinocerontes, avestruces gigantes, jirafas extintas, siete especies de antílopes, cabras, ovejas, reses, venados y caballos, estos dos últimos en especial abundancia.[F]

La manera precisa en que interactuaban los distintos depredadores solo puede ser adivinada. Parece probable, sin embargo, que la hiena gigante y el *Homo erectus*, que son las especies más grandes y sociables, hayan peleado por el control del lugar. Si bien las hienas eran significativamente más grandes que el *Homo erectus*, los homínidos tenían la ventaja de las herramientas, tales como proyectiles. Sospecho que más bien a menudo, en sitios abiertos como Dmanisi, el *Homo erectus* (un simio diurno de origen tropical) habría resultado vencedor sobre las nocturnas hienas. En la oscuridad de las cuevas, por el contrario, el resultado habría sido, casi con absoluta certeza, totalmente opuesto.

Durante aproximadamente un millón de años después de que vivieron los individuos de Dmanisi, la evidencia del *Homo erectus* es extremadamente rara en Europa. Pero sabemos, a partir de fósiles preservados en otras partes, que la especie estuvo desarrollando un cerebro más grande y adquiriendo una cantidad más diversa de herramientas. El siguiente claro atisbo que tenemos de los simios erguidos de Europa viene de la Sierra de Atapuerca, en el norte de España, donde las cuevas han arrojado huesos fragmentados y herramientas que datan de hace entre 1,2 millones y 800 000 años. El sitio más importante, en Gran Dolina, muestra grandes evidencias de canibalismo. Los restos son en su mayoría de infantes y presentan marcas de dientes y descuartizamiento.[G] En 1997 estos restos fueron nombrados *Homo antecessor*. Unos pocos dientes de adulto y unas herramientas de piedra que datan de hace unos 700 000 años, y que se descubrieron en 2005 en los acantilados en Pakefield, Suffolk, han sido atribuidos a esta especie. Si el *Homo antecessor* es en realidad solo otra forma del *Homo erectus* sigue siendo una pregunta sin contestar. Yo seré conservador y me referiré a él, así como a todos los restos europeos de la misma edad, como *Homo erectus*.

El descubrimiento de restos de *Homo erectus* en las cuevas de España y Gran Bretaña trae a cuento el tema del control del fuego. Las cuevas son lugares fríos y oscuros que los carnívoros prefieren como guaridas. La asociación de los carnívoros con las cuevas, mas no de la mayoría de los herbívoros, tiene que ver presumiblemente con la cantidad de tiempo que un individuo puede permanecer a resguardo. Los carnívoros matan con poca frecuencia y están días durmiendo la siesta después de comer, mientras que los herbívoros deben pasar la mayor parte del tiempo en busca de alimento. Por lo tanto, los herbívoros, con excepción de las especies que hibernan, como el oso de las cavernas, no pueden beneficiarse al mismo grado de las condiciones más clementes que proporcionan las cuevas.

En la Europa de la Edad de Hielo, la habilidad para controlar las cuevas fue probablemente clave en la supervivencia de los simios erguidos. De origen tropical, carecían de pelo aislante en la piel y no podían sobrevivir en condiciones gélidas sin un refugio. Pero la competencia por las cuevas debió ser feroz y el control del fuego pudo haber sido decisivo para permitir a los simios erguidos mantenerse con vida mientras Europa se enfriaba. La evidencia más antigua del uso del fuego por parte de los humanos es cuando menos ambivalente, pues proviene de sedimentos calcinados que datan de hace 1,5 millones de años. Existen grandes evidencias de que el *Homo erectus* usaba el fuego hace 800 000 años, y hace medio millón de años (como lo prueban unos huesos carbonizados) algunos simios erguidos ya cocinaban su alimento. Pero no deberíamos dar por hecho que el descubrimiento de huesos de homínidos en las cuevas confirma su ocupación. Es posible que hienas gigantes o leones de las cuevas hayan llevado los restos de los *Homo erectus* al interior de sus cubiles, o que hayan sido arrastrados dentro por las inundaciones.

El descubrimiento en 2013 de huellas en Happisburgh, Inglaterra, nos recuerda lo poco que conocemos sobre nuestro linaje humano en la Edad de Hielo temprana de Europa. Las huellas fueron hechas por un grupo de cinco individuos cuya altura variaba entre los 0,9 y los 1,7 metros; posiblemente una familia que caminaba río arriba a lo largo del estuario del Támesis, hace entre un millón y 780 000 años.[H] Quizá habían dejado la isla donde pasaron la noche en relativa seguridad y estaban en busca de comida. Poco después de que estas asombrosas huellas fueron documentadas, quedaron destruidas por una marea alta.

En la época en que estas criaturas parecidas al *Homo erectus* deambulaban a lo largo del ancestral Támesis, el clima de esa parte de Europa era fresco; similar al que actualmente podemos apreciar en el sur de Escandinavia. En Happisburgh se han descubierto restos de un mamut primitivo y de huesos de bisonte que muestran señales de haber sido destazados por humanos. Tal vez el *Homo erectus* que dejó las huellas migraba estacionalmente al norte para cazar. Cualquier que haya sido el caso, es difícil imaginar a nuestros ancestros sobreviviendo todo el año en un clima semejante sin la ayuda del fuego. Cuando las condiciones se tornaron aún más frías, el *Homo erectus* desapareció por completo de Gran Bretaña y probablemente de todo el norte de Europa, aunque pudieron haber encontrado refugio en las templadas penínsulas de Iberia, Italia y Grecia.

Cuando las huellas de Happisburgh fueron hechas, el ciclo de 100 000 años de la Edad de Hielo ya había comenzado. Cada avanzada del hielo era ligeramente diferente de las que le habían precedido. La glaciación más extrema ocurrió hace entre 478 000 y 424 000 años. Conocida en el Reino Unido como la glaciación del Anglia, del Elster en el norte de Europa continental y de Mindel en los Alpes europeos, su hielo llegó en Gran Bretaña tan al sur como las islas Sorlingas.[1] En Europa oriental, el avance de este glacial parece haber provocado la extinción de aquellos venerables miembros del grupo de la rana y el sapo, los paleobatrácidos, que encontramos por primera vez en Hateg. Su hábitat preferido eran los grandes lagos permanentes. Con la glaciación extrema sus últimos refugios, en el valle del río Don, en lo que hoy es Rusia, se volvieron demasiado secos para ellos.[2][I] Durante la glaciación del Anglia, los casquetes de hielo eran más pequeños que durante los eventos glaciales precedentes, pero las condiciones de las áreas periglaciales alrededor del hielo eran mucho más severas. Los últimos paleobatrácidos fueron comprimidos hasta la muerte por un helado norte periglaciar y un desertificado sur. Debo admitir que haber perdido por tan insignificante cantidad de tiempo la oportunidad de ver estas maravillosas y antiguas criaturas es una inmensa frustración.

---

[1] Un nombre científico universalmente reconocido para este evento es «Isótopo Marino Etapa 12».

[2] En Europa del Este, la glaciación del Anglia es conocida como la glaciación del Oka.

Sin duda, la glaciación del Anglia desplazó de gran parte de Europa al *Homo erectus*, a sus competidores como la hiena gigante y a sus presas. Después de que el hielo finalmente retrocedió, nuevos tipos de criaturas provenientes de África se movieron hacia el norte; la hiena moteada remplazó a la hiena gigante, y una nueva especie de simio erguido llegó a Europa. Los análisis genéticos indican que los neandertales evolucionaron en África de hace 800 000 a 400 000 años. Tal vez desplazaron al linaje del *Homo erectus*, o tal vez se hibridaron con él.[3] Sea lo que fuere que sucedió, ya no vemos *Homo erectus* en Europa después de unos 400 000 años atrás.

[3] Una minoría de científicos argumenta que el *Homo neanderthalensis* evolucionó en Europa a partir del *Homo antecessor*.

LOS NEANDERTALES

La «fauna del mamut», tan evocadora de la Edad de Hielo europea, evolucionó primero durante la glaciación del Anglia, más o menos por el tiempo en que los neandertales llegaron a Europa, de modo que en nuestras mentes neandertales, mamuts y demás fauna de la Edad de Hielo quedaron para siempre asociados. Hace 400 000 años, algunos neandertales ya se habían movido en dirección norte, a Europa y Asia, donde con el tiempo se extendieron tan lejos hacia el oriente como el macizo de Altái, cazando mamuts, renos, caballos y otras especies. Los primeros neandertales (que vivieron hace entre 400 000 y 200 000 años) han recibido nombres tan variados como *Homo heidelbergensis, Homo erectus y Homo neanderthalensis.* Yo los llamaré primeros neandertales. Eran ligeramente más bajos que nosotros, aunque su cerebro era aproximadamente del tamaño del nuestro. Los neandertales tardíos, en contraste, tenían un cerebro más grande que el de la gente que vive hoy (aunque su cuerpo era más grande también). Normalmente tendemos a pensar en los neandertales como seres primitivos con una cultura rudimentaria. Pero seis lanzas de madera magníficamente elaboradas, descubiertas en un depósito de turba cerca de Schöningen, Alemania, y que se cree que fueron hechas por los primeros neandertales, nos hacen ver que esa idea es falsa. Elaboradas hace entre 380 000 y 400 000 años, probablemente fueron usadas para cazar caballos. Lo que resulta notable en ellas es su grado de sofisticación. Pesan más en el frente y tienen puntas finamente talladas: las réplicas han funcionado tan bien como las mejores jabalinas modernas, alcanzando distancias de hasta 70 metros.[A]

Los neandertales también dominaron la tecnología requerida para crear brea adhesiva a partir de corteza de árboles. La evidencia más antigua fue encontrada en Italia y data de hace entre 200 000 y 300 000 años. Esto es, mucho antes de que el *Homo sapiens*, de manera independiente, inventara los adhesivos. La manufactura de la brea requiere de la previsión y de la manipulación de materiales y temperaturas (los métodos sofisticados producen mucho más que los simples).[B] Los investigadores creen que los métodos sofisticados eran aplicados en un proceso de manufactura que requería de mucha preparación. La brea era importante porque se usaba, entre otras cosas, para sujetar cabezas de pedernal en las lanzas de madera y crear armas altamente efectivas.[C]

Un botín particularmente rico de 5 500 huesos de primeros neandertales, que datan de hace 300 000 años y pertenecieron al menos a 32 individuos, ha sido recuperado del sitio de la Sima de los Huesos en las Sierra de Atapuerca, en España. Los huesos, muchos de los cuales son infantiles, fueron encontrados en el fondo de un pozo vertical donde conforman el 75 % de todos los restos encontrados ahí; los demás pertenecen a ancestrales osos de las cavernas y a carnívoros que probablemente fueron atraídos al agujero por el olor de la carne en descomposición. Una única y hermosa hacha de cuarcita roja, construida con materiales que se obtienen lejos del sitio, también fue encontrada en el pozo. Algunos investigadores piensan que los huesos están ahí como resultado de la eliminación de cadáveres —una forma de entierro— y que el hacha de cuarcita era una ofrenda ritual a los muertos. [D] Si esto es correcto, representa la evidencia más antigua que se haya encontrado sobre el hecho de preocuparse por los muertos.

Hace 200 000 años ya había surgido el «clásico» tipo neandertal —con su gran nariz, su enorme cerebro y su poderoso cuerpo—. Neandertales y *Homo sapiens* son extremadamente similares en su genética, pues comparten el 99,7 % de su ADN (a modo de comparación, humanos y chimpancés comparten el 98,8 % de su ADN). Debido a esta similitud, y a la posibilidad de humanos y neandertales de hibridarse, muchos escritores se refieren a los neandertales como humanos. Pero hacer esto no nos permite distinguir con claridad nuestro propio tipo humano característico. Así que yo reservaré el término «humano» para el *Homo sapiens*.

Los primeros restos de neandertal que recibieron atención científica fueron unos huesos desenterrados por los trabajadores de una cantera en 1856 en la cueva de Feldhof, en el Valle de Neander, cerca de Düsseldorf. Fueron entregados a los eruditos, quienes hicieron varias propuestas sobre su identidad. Uno pensaba que eran los últimos restos mortales de un soldado asiático que había perecido sirviendo al zar en las Guerras Napoleónicas, mientras que otro pensaba que habían pertenecido a un antiguo romano. Y uno más los identificó como los restos de un holandés.

En 1864, después de la publicación de *El origen* de Darwin, los huesos llamaron la atención del geólogo William King, quien entonces trabajaba en el Queen's College, Galway. Él los describió, otorgándoles el nombre de *Homo neanderthalensis*. Poco después cambió de opinión, alegando que los huesos no podían ser considerados en el género *Homo* porque provenían de una criatura que no era capaz de «concepciones morales y teístas».[E] A pesar de su equivocación, el nombre que King dio a los huesos fue publicado, lo cual fue muy bueno, pues el biólogo alemán Ernst Haeckel también estaba estudiando los huesos, y el nombre que sugería para ellos era francamente espantoso.

Haeckel era un científico extremadamente capaz que había elaborado el primer árbol de la vida completo, nombrado miles de especies y acuñado términos como «célula madre» y «Primera Guerra Mundial». Pero en 1866 publicó el nombre *Homo stupidus* para los huesos de neandertales, lo cual —no puedo evitar decirlo— revela una cierta falta de tacto.[1] El nombre de King, *Homo neanderthalensis,* tiene prioridad bajo las reglas del Código Internacional de Nomenclatura Zoológica (a pesar de sus dudas) y por eso es el que se emplea en la actualidad.

[1] Resulta extraño que Haeckel no haya reparado en el enorme cerebro de los neandertales, el cual era conocido por la calota original.

La mayor parte de las evidencias de vida neandertal proviene de zonas que datan de hasta hace 130 000 años, tiempo en el que los neandertales ya se habían adaptado exquisitamente al complicado ambiente de la Europa de la Edad de Hielo. Los machos pesaban un promedio de 78 kilos, y las hembras, 66, y los análisis de la composición química de sus huesos revelan que eran carnívoros obligados. Sus vertederos de desechos muestran que sus presas principales eran ciervos rojos, renos, jabalíes y uros, aunque ocasionalmente cazaban especies que representaban un mayor reto, como jóvenes osos de las cavernas, rinocerontes y elefantes.[F] En circunstancias extremas, sin embargo, podían comer algo de materia vegetal y hongos, al igual que unos a otros: doce esqueletos de la cueva del Sidrón, en España, que muestran señales de golpes mortales y de descarnamiento, ofrecen evidencia clara de canibalismo.

Como muchos otros carnívoros, los neandertales buscaban cuevas para establecer su hogar y eran sin duda capaces de sacar a los competidores de sus guaridas preferidas. Existe amplia evidencia de que dominaban el fuego y sus herramientas indican que preparaban toscamente las pieles, quizá para utilizarlas como mantos, aunque no confeccionaban ropa ajustada. Su costumbre de habitar en cuevas, el fuego y los mantos fueron esenciales para poder ocupar la mayor parte de Europa al sur del hielo.[G]

Estudios genéticos indican que nunca hubo más de 70 000 neandertales viviendo al mismo tiempo y que estaban muy esparcidos a lo largo de toda Europa occidental. El genoma de una hembra de Croacia reveló una baja diversidad genética, como resultado de formar parte de una pequeña y aislada subpoblación a lo largo de múltiples generaciones. Otra hembra, cuyos restos fueron encontrados en el macizo de Altái, era altamente endogámica —un par de medios hermanos eran sus padres— aunque esto no era característico de todos los grupos de neandertales.[I] Los huesos de los doce individuos canibalizados hallados en El Sidrón parecen ser los restos de una familia que fue sorprendida, quizá en su cueva, antes de ser asesinada y devorada. Análisis forenses del ADN de sus huesos revelan que los varones estaban cercanamente emparentados, no así las hembras. Esto implica que los neandertales eran semejantes a muchas sociedades humanas recientes y actuales, en las que las mujeres abandonan su grupo de familia extendida para casarse e integrarse a otros grupos.[J]

Los neandertales eran inmensamente fuertes, y muchos esqueletos muestran señales de heridas relacionadas con accidentes sufridos al cazar grandes mamíferos con armas manuales. A pesar de su gran cerebro, su frente retrocedía de forma muy pronunciada y sus ojos quedaban ensombrecidos debajo de unos prominentes arcos superciliares. Tenían el tórax en tonel, lo que pudo haberlos ayudado a retener el calor, y una gran nariz que probablemente era útil para filtrar el polvo de la Edad de Hielo, así como para calentar el aire que inhalaban. Qué tan peludos eran sigue siendo una conjetura. Análisis de ADN indican que su piel era pálida, sus ojos a menudo azules y su cabello rojo.[K]

Los ojos de los neandertales eran más grandes que los nuestros, al igual que, según algunas mediciones, lo eran sus cerebros.[2] En los humanos modernos esos rasgos se consideran como atributos positivos. La cuestión del tamaño del cerebro de los neandertales, sin embargo, ha sido motivo de discusión, pues un grupo de investigadores argumenta que una proporción más grande del cerebro de los neandertales se relacionaba con la visión y, por lo tanto, una proporción menor estaba relacionada con otras funciones. El mismo estudio afirma que los neandertales eran más grandes que los humanos modernos y, por ende, sus cerebros eran relativamente más pequeños que los nuestros.[L] Incluso si esto fuera cierto, nos quedan algunas preguntas irresistibles: ¿cómo veían el mundo esos enormes ojos azules y qué hacía con ello ese cerebro

[2] Sus grandes ojos pudieron ser el resultado de la adaptación a las bajas condiciones lumínicas del invierno europeo o a la vida en las cuevas.

indudablemente capaz? Por desgracia, la arqueología no puede llegar tan lejos como para responderlas.

¿Los neandertales enterraban a sus muertos? Sarah Schwartz, de la Universidad de Southampton, asegura que sus prácticas funerarias estaban muy extendidas. Pero la evidencia en la que se apoya, incluyendo el descarnamiento y la concentración de huesos en nichos, también podría ser el resultado del canibalismo o de otros procesos naturales.[M] Cualquiera que haya sido el caso, la ausencia de prácticas funerarias complejas no significa una falta de afecto por los fallecidos. Entre algunos pastores de África, en ocasiones, los cadáveres se depositaban fuera de la cerca de espinos que rodeaba al asentamiento. Por la mañana, el muerto se había convertido nuevamente en vida, en la forma de una hiena.

Arte neandertal de al menos 65 000 años, y posiblemente mucho más antiguo, ha sido recientemente identificado en tres zonas de España. Se han documentado huellas de manos, diseños con forma de escalera y figuras abstractas, todas en ocre rojo, pero no existen representaciones de animales.[N] La evidencia de adornos personales también es escasa, con las importantes excepciones de unos caracoles en España de 118 000 años de antigüedad, perforados y pintados, y de unas garras de águila de 130 000 años de edad descubiertas en un refugio rocoso en Croacia, las cuales fueron modificadas de tal manera que hace pensar que estaban unidas en un collar.[O] De una forma un poco más especulativa, ciertos huesos de ala de buitre encontrados en las cuevas de Gibraltar han llevado a algunos investigadores a creer que los neandertales que vivían ahí usaban plumas de buitre como ornamento.

El descubrimiento en la Cueva de Bruniquel, en el suroeste de Francia, de dos estructuras circulares (la más grande de 6,7 metros de diámetro) construidas aproximadamente con 400 estalactitas de buen tamaño, cuidadosamente cortadas y apiladas, asombró a los científicos cuando fue publicado en 2016. Ambas fueron construidas en una caverna que se encuentra, en total oscuridad, a más de 300 metros de la entrada de la cueva. El espacio debió ser alumbrado artificialmente, y hay varias evidencias del uso del fuego alrededor de los anillos de piedra.[P] Las estalactitas crecen, así que se puede datar con precisión el momento en que fueron cortadas —hace 176 000 años—, por lo que no existe la menor duda de que el trabajo fue realizado por neandertales. El propósito de las estructuras sigue siendo desconocido; algunos especulan que eran el escenario de algún tipo de ritual, mientras que otros piensan que eran meras partes de un refugio. Sea como fuere, resaltan el hecho de que los neandertales eran capaces de realizar grandes obras y de que aún nos queda mucho por descubrir sobre ellos.

Otro aspecto de la cultura neandertal es muy revelador de su vida interior. Los neandertales mataban osos de las cavernas (a menudo cachorros), tal vez emboscándolos cuando salían de hibernar. Pudieron haberlo hecho desde puntos estratégicos en los sistemas de cuevas, donde era posible desviar a los adultos con fuego o con lanzas. Cualquiera que haya sido el método de caza, los neandertales han dejado extraordinarias evidencias de lo que en Europa se ha denominado «el culto del oso cavernario».

Uno de los ejemplos más sorprendentes fue descubierto en 1984 en Rumanía, en la Cueva de la Piedra Altar de las montañas de Transilvania. Espeleólogos de la Universidad Politehnicâ Cluj exploraron la espectacular cueva cuyas vastas cámaras, con sus titánicas estalactitas y delicados ornamentos, atraviesan la montaña entera. En su recuento del descubrimiento, Cristian Lascu escribe que se arrastraron, nadaron y caminaron durante un día y una noche antes de alcanzar el sitio.

El cementerio de osos hizo su repentina aparición delante de nosotros, en un pasaje horizontal con techos en bóveda y tubulares estalactitas colgantes de impresionante tamaño. Primero vimos un pequeño cráneo cubierto por concreciones en forma de rosetas de maíz. Un poco más lejos, en una depresión del suelo, había un cráneo de oso adulto que medía casi medio metro, y en un nicho encontramos una mezcla de quijadas, cráneos y vértebras. Junto a esto, un gran número de cráneos pertenecientes a osos jóvenes y adultos eran apenas visibles bajo una gruesa capa de calcita. Cuatro de ellas llamaron nuestra atención: estaban acomodadas en una estrecha formación, con la parte occipital hacia el centro, haciendo una especie de imperfecta cruz.[Q]

El acomodo de cuatro cráneos de jóvenes osos de las cavernas en forma de cruz, así como huesos de extremidades al frente de cráneos adultos, no puede ser accidental. Descubrimientos similares han sido hechos en otras cuevas de Europa. Se cree que colocar el hueso de una extremidad frente a un cráneo joven y acomodarlo en cruz o nunca contra nuca —en ocasiones se encuentran rodeados por piezas de pedernal— era parte de una ceremonia de apaciguamiento de los neandertales.

Cazadores humanos de numerosas culturas han realizado ceremonias que involucran cráneos de diversas especies de oso. Después de una exitosa cacería de oso polar, por ejemplo, el oso muerto es tratado con el máximo respeto por los cazadores del Ártico. «No te sientas ofendido», le dice el cazador Chukchi al oso muerto, mientras que los vecinos Yupiit explican que solo están tomando los músculos y la piel del oso, pero no lo están matando, pues el alma de la bestia continúa viviendo. En otros lugares se ofrecen regalos al oso asesinado: cuchillos y cabezas de arpones para los machos, agujas y abalorios para las hembras.[R] En algunos casos se erigen «altares», donde se acomodan los regalos y los cráneos de los osos. Estos arreglos son similares a los de cráneos de osos jóvenes, con su añadido de herramientas de pedernal, dejados por los neandertales.

Existe un misterio que rodea a estas formaciones de cráneos de oso. El estado casi perfecto de conservación de muchos de los cráneos es característico de individuos que murieron durante la hibernación y se descompusieron, sin ser perturbados, dentro de la cueva. Los cráneos de los osos cazados a menudo ostentan marcas de cortes y otros daños. Así que parece probable que los huesos utilizados procedan de osos que murieron de forma natural. El apaciguamiento, por lo tanto, pudo haber involucrado a la que los neandertales veían como la familia del oso de las cavernas (incluyendo tanto a los individuos vivos como a los muertos), y no únicamente al individuo que habían cazado. Si esto es así, revela una sofisticada comprensión de parentesco.

Los neandertales presentan un profundo enigma. A pesar de tener un cerebro grande y de ser más fuertes que nosotros, su material cultural se queda en lo rudimentario. Es sorprendente que los grandes logros de los neandertales —incluyendo a la joyería (que data de hace 118 000 a 130 000 años) y a las estructuras de estalactitas (de hace 176 000 años)— sean tan antiguos. Sobre la existencia de los neandertales, no hemos descubierto nada parecido que provenga de los últimos 80 000 años; y, sin embargo, la mayor parte de estos asentamientos neandertales datan de dicho período tardío. ¿Acaso los neandertales sufrieron de una especie de simplificación cultural? Un ejemplo paralelo que puede ser informativo es el de los aborígenes de Tasmania. Como explica Jared Diamond en *Guns, Germs and Steel*, con el aislamiento de otros grupos aborígenes cuando el mar inundó el estrecho de Bass hace unos 10 000 años, la población de Tasmania, que consistía de unos cuantos miles, perdió la habilidad de hacer agujas de hueso (y, por lo tanto, la habilidad de coser alfombras) y, posiblemente, también el conocimiento necesario para hacer fuego. Si solamente uno o pocos individuos en un grupo saben cómo hacer o manufacturar ciertas cosas, la tecnología puede perderse a su muerte. Estudios genéticos han confirmado que la población neandertal era pequeña y fragmentaria. Una pérdida de tecnologías a lo largo del tiempo pudo ser el resultado del aislamiento y del reducido tamaño de la población.

Debe decirse, tanto de los neandertales como de los tasmanos, que su capacidad para innovar se mantuvo. A principios del siglo XIX, los aborígenes de Tasmania adoptaron perros y armas de fuego después del contacto con los europeos. Y hay evidencia de que una vez que los neandertales hicieron contacto con los humanos, tomaron prestadas algunas ideas y maneras de hacer las cosas, y al hacerlo crearon la cultura Châtelperroniense, la cual continuó hasta el momento en que se extinguieron los neandertales.

¿Qué pensar de estos seres tan intrigantes? Ponemos mucho énfasis en nuestro gran cerebro cuando presumimos de ser el *Homo sapiens*. ¿Es acaso irracional suponer que los neandertales pudieron habernos superado en algunas capacidades? ¿Y qué hay de sus jabalinas exquisitamente talladas, al nivel de las que pueden producir hoy nuestros mejores artesanos, y de su habilidad para sobrevivir bajo las condiciones más extremas cazando grandes y feroces presas? ¿se imagina sintiendo un mamut lanudo o expulsando a una enorme hiena de su cueva? Sospecho que en algunos aspectos los neandertales eran superiores a nosotros.

Pero la zoogeografía estaba en contra de ellos. África es más grande que Europa y su clima tropical, y las fértiles tierras del Gran Valle del Rift, hace que algunas zonas del continente sean bastante productivas. Esto significa que las poblaciones de grandes mamíferos eran usualmente más numerosas y densas en partes de África que en Europa. Además, los humanos modernos parecen haber ocupado un nicho ecológico más amplio que los hipercarnívoros neandertales, pues comían materia vegetal procesada por medio del cocimiento, lo que permitió a los humanos sostener densidades más altas de población de las que podían sostener los neandertales.

La competencia entre individuos en grandes y densas poblaciones lleva a evolucionar más rápidamente. Produce más tipos competitivos que pueden expandirse desde su punto de origen, desplazando a grupos que se dispersaron antes. Este proceso puede ser potenciado por enfermedades, las cuales evolucionan más rápidamente en poblaciones densas porque el ritmo de transmisión se incrementa. La inmunidad se construye en las poblaciones densas, pero cuando las poblaciones aisladas que no han sido expuestas previamente a estas enfermedades son alcanzadas, es probable que terminen devastadas. Este fenómeno de expansión desde el centro es conocido como «evolución centrífuga», haciendo referencia a la manera en que una centrifugadora trabaja empujando las cosas hacia fuera; esto explica en gran parte la desaparición de los neandertales.

Los últimos días de los neandertales han sido ampliamente investigados. Hasta hace poco todavía se pensaba que habían sobrevivido en Gibraltar hasta hace alrededor de 24 000 años, pero ahora se cree que tales fechas tan tardías fueron el resultado de un error. Un estudio reciente, con métodos más rigurosos, no pudo encontrar ninguna fecha válida para los neandertales más recientes que hace aproximadamente 39 000 años. Ahora se piensa que los neandertales sufrieron una rápida decadencia que comenzó en Europa oriental hace unos 41 000 años, y que para hace 39 000 años ya se habían extinguido en todos lados.[S]

Muchos creen que los neandertales y los humanos coexistieron brevemente en Europa; durante un período que pudo ir de los 2 500 a los 5 000 años. Pero yo tomo esto con precaución: las fechas más antiguas para los humanos modernos en Europa son altamente cuestionables. Los neandertales fueron la última especie del *Homo* en compartir el planeta con nosotros, los humanos modernos. Tras su extinción en Europa occidental, hace unos 39 000 años, nos quedamos solos. Nuestra familia inmediata había sido exterminada; casi con toda certeza por nuestras propias manos. Y, sin embargo, esto es como mucho una verdad a medias. Los neandertales no perecieron, ni los humanos modernos colonizaron Europa.

26

BASTARDOS

Los primeros humanos anatómicamente modernos (*Homo sapiens*) evolucionaron en África hace 300 000 años. Para entonces, olas sucesivas de simios erguidos, incluyendo al *Homo erectus* y a los ancestros de los neandertales, se habían estado abriendo camino a Europa desde África durante cerca de dos millones de años. Nuestra especie estaba destinada a seguir sus huellas. Hace uno 180 000 años, el *Homo sapiens* ya había llegado tan al norte como el actual Israel, donde pudieron haberse hibridado con los neandertales.[A] Pero por razones que aún no son claras, estos primeros expatriados africanos no llegaron a Europa. No fue sino hasta hace 60 000 años, cuando los humanos volvieron a salir de África, que nuestra especie se esparció.

Un estudio genético reciente ha establecido que los primeros colonizadores humanos de Europa fueron una sola población, derivada en parte de los migrantes africanos que llegaron hace alrededor de 37 000 años, y que caían dentro de la variabilidad genética de los africanos actuales.[B]

Datar la cronología de las extinciones e invasiones de los homínidos puede llevar a confusión. Esto sucede en parte porque los eventos fueron fechados usando distintos métodos (por ejemplo, comparaciones genéticas y fechas de radiocarbono). Las dataciones basadas en comparaciones genéticas dependen de los índices de cambio genético, los cuales están «anclados» con referencia al registro fósil, en tanto que las dataciones de radiocarbono dependen de estimaciones de la degradación del carbono-14. Todas las fechas son aproximaciones, a menudo con amplios márgenes de error, y todos los métodos de datación tienen sus propios sesgos, lo que puede conducir a errores. Deberíamos tener en mente que es totalmente posible que la extinción de los neandertales (fechada por radiocarbono hace unos 39 000 años) y la llegada de los humanos (fechada por análisis genético hace 37 000 años) en realidad hayan ocurrido en el mismo milenio.

La más antigua e indiscutida colección de huesos de Europa incluye esqueletos parciales, cráneos y quijadas encontrados en las cuevas de Peştera cu Oase, cerca de las Puertas de Hierro del Danubio, en Rumanía. La datación de los huesos ha sido establecida entre 37 000 y 42 000 años de antigüedad, con una edad probable de 37 800 años.[C] Las cuevas se localizan en una ruta de migración hacia Europa occidental conocida como el corredor del Danubio. Identificada por primera vez por el arqueólogo Vere Gordon Childe, muchas especies sin duda han seguido el corredor a lo largo de millones de años.

Los huesos encontrados en Peştera cu Oase fueron identificados al principio como pertenecientes a humanos modernos, pero después se descubrió que tienen algunos rasgos similares a los neandertales. El ADN antiguo recuperado de un esqueleto reveló que era un híbrido de humano y neandertal, en el que había largos tramos de ADN neandertal (entre ellos casi todo el cromosoma 12) estaban intercalados con ADN de humano moderno. Con cada generación, el ADN se mezcla en fragmentos cada vez más pequeños. El hecho de que el ADN neandertal se presentara en piezas tan largas en los individuos de Peştera cu Oase indica que el evento de hibridación había ocurrido apenas de cuatro a seis generaciones antes.[D] Sabemos, entonces, que hace aproximadamente 38 000 años, en algún lugar cerca de las Puertas de Hierro, un humano y un neandertal tuvieron relaciones sexuales, y que la hembra crió exitosamente a su descendencia, la cual fue capaz de reproducirse.

Estos híbridos de humano y neandertal fueron probablemente solo uno de los muchos grupos híbridos que se dieron durante la evolución de los homininos. En nuestros genes sobrevive la evidencia de al menos hubo otro evento reciente; el que ocurrió entre los denisovanos y los humanos que se extendieron hacia el este y llegaron a Asia.[1] Pero, ¿qué hay de aquella primera generación de europeos híbridos de humano y neandertal? ¿Cómo era su apariencia? En su épica obra de 1903, *The Dawn of European Civilization*, Griffith Hartwell Jones, rector de Nuffield, utiliza diversas, y antiguas, fuentes para reconstruir un pueblo que en su opinión habitaba Europa antes del surgimiento de la agricultura. Él los llama arios, y describe al macho de la siguiente manera:

> Sus ojos eran azules y feroces, tenía cejas prominentes. Era alto de estatura y estaba dotado con una poderosa complexión. Criado en un clima frío, donde la Naturaleza era dura e inhóspita, estaba acostumbrado a las dificultades desde la infancia La caza, que era su actividad natural, lo mantenía en la práctica constante del uso de las armas.[E]

Escrito mucho antes de que la ciencia moderna engrosara nuestro conocimiento de los neandertales, constituye un retrato tan completo de un neandertal como uno pudiera desear. Mezcle eso con genes africanos y la progenie será muy variada. Quizá la gran cantidad de variantes entre los europeos actuales es un eco de la diversidad observada entre los primeros híbridos de humanos y neandertales.[2]

En 2010 los investigadores anunciaron que la totalidad del genoma neandertal había sido secuenciado.[F] No se ha encontrado ADN neandertal en ningún cromosoma humano Y; el cromosoma que es transmitido únicamente por los machos.[G] A menos que

---

[1] Los denisovanos son una especie o subespecie extinta de los humanos, conocida únicamente por unos cuantos dientes y el hueso de un dedo encontrados en las cuevas de Denísova, en Siberia. Estos se hibridaron con los humanos y sus genes se han preservado en las actuales poblaciones humanas de Asia y Australasia.

[2] El descubrimiento de que el «hombre de Cheddar», de 10 000 años de edad, tenía ojos azules pero la piel oscura, es de esperarse en esta población híbrida.

sea producto de la casualidad, esta ausencia puede significar una de dos cosas. Es posible que el sexo ocurriera solo entre humanos machos y neandertales hembras; o puede ser el resultado de un curioso fenómeno genético conocido como regla de Haldane. Formulada por el gran biólogo evolucionista británico J.B.S. Haldane en 1922, dice que cuando solo un sexo es estéril en un híbrido (como es el caso de las mulas), lo más probable es que se trate del sexo con dos cromosomas sexuales diferentes. En los humanos (y en la mayoría de los mamíferos) los machos tienen un cromosoma X y un cromosoma Y, mientras que las hembras tienen dos cromosomas X, así que la regla de Haldane predice que, en los mamíferos, los híbridos machos tienen más probabilidad de ser estériles que las hembras. Un estudio apunta a la posibilidad de que la regla de Haldane haya sido la causa de la ausencia de ADN neandertal en el cromosoma Y de los híbridos, pero a fecha aún no lo sabemos con certeza.[H]

Existen dos principales restos humanos fósiles europeos que presuntamente son más antiguos que aquellos de Peştera cu Oase. Dos dientes de bebé, que según se ha reportado pertenecieron a un humano moderno y datan de hace entre 43 000 y 45 000 años de edad, fueron encontrados en una cueva al sur de Tarento, Italia, mientras que un fragmento de la quijada superior de un humano, asociada con huesos animales datados hace entre 41 500 y 44 200 años de antigüedad fue hallado en una cueva de Kent.[I] Los dientes de bebé fueron datados extrayendo material de ellos, pero no presentaban ADN, lo que significa que su identificación como humanos fue hecha basándose puramente en la forma. La mandíbula de Kent, por otro lado, es claramente humana, pero su edad fue inferida a partir de fechas tomadas de los huesos animales encontrados en el mismo depósito. No deja de ser una cuestión de fe el asumir que los huesos animales y los del humano son efectivamente de la misma edad. En ambos casos, me parece que la evidencia es demasiado endeble para establecer la presencia temprana de humanos en Europa.

Como paleontólogo estoy acostumbrado a lidiar con los fragmentos de una evidencia y a aceptar resignado, gracias a Signor-Lipps, que nunca encontraré ni al primero ni al último de ninguna especie. ¿Realmente fuimos tan afortunados en Peştera cu Oase para haber descubierto la evidencia de una de las primeras generaciones de los pioneros de Europa? No puedo probarlo, pero el sitio parece especial; lo suficientemente especial, de hecho, para ser la posible excepción a la regla de Signor-Lipps en toda esta historia ecológica.

No se encontraron huesos de neandertal en Peştera cu Oase; los huesos de los híbridos parecen haber sido arrastrados por agua al interior de las cavernas, y no se han hallado tiraderos de basura que indiquen que la gente habitaba las cuevas. Nunca sabremos con certeza lo que ocurrió en las Puertas de Hierro hace todas esas decenas de miles de años. Lo único que podemos hacer es pintar un escenario consistente con los pocos hechos que conocemos: un grupo de humanos, en su travesía hacia el nuevo territorio europeo, se encontró con un grupo de neandertales que emboscaron. De este modo, mataron a todos excepto a las mujeres, que fueron secuestradas y quedaron preñadas de los hijos de sus secuestradores.

Pero debe haber algo más en esta historia. Hay algo extraño en lo tarde que los humanos colonizaron Europa. Conforme los humanos modernos se extendían, una rama siguió la costa sur de Asia y para hace al menos 45 000 años ya había alcanzado Australia. Europa queda mucho más cerca de África que Australia, entonces: ¿por qué los humanos tardaron tanto más en colonizar Europa? Parte de la respuesta podría encontrarse en los nichos ecológicos ocupados por los migrantes humanos tempranos. Los grupos que llegaron a Australia parecen haberse vuelto diestros para pescar mariscos y peces; un nicho que había permanecido vacío hasta entonces, pero que ofrecía abundantes grasas y proteínas. Usando lanzas, redes, martillos de piedra y balsas, los humanos pudieron explotar la enorme abundancia que existía en los arrecifes costeros y en las marismas de una forma que ninguna otra especie podía.

Pero los humanos que vivían lejos de la costa tenían que competir por los recursos terrestres con otras especies emparentadas —neandertales, denisovanos u *Homo erectus*— que ya eran hábiles para recolectarlos. Además, Europa era un lugar frío y hostil hace 38 000 años, donde un homínido tropical habría batallado para sobrevivir. Los neandertales, ya adaptados por largos milenios a las rudas condiciones de Europa, pudieron ser una competencia difícil. Pero entonces un evento fortuito creó a los híbridos de humano y neandertal, quienes rápidamente se expandieron hacia el oeste, desplazando a las poblaciones de neandertales «puros». [1] Parece probable que los primeros híbridos de humano y neandertal hayan atesorado un conocimiento útil transmitido por las madres neandertales; y, en el clima de Europa, la pálida piel de los neandertales debió ser particularmente ventajosa, puesto que permitía que la luz del sol penetrara, contribuyendo así a la producción de vitamina D.

Un estudio reciente de cincuenta fósiles de toda Europa revela que la totalidad de los europeos que vivían hace entre 37 000 y 14 000 años eran descendientes de esta población fundadora de híbridos de humano y neandertal. Esto indica que los humanos no híbridos no llegaron a Europa hasta hace un máximo de 14 000 años. Si los científicos hubieran existido entonces, habrían clasificado a los europeos como una nueva especie híbrida, igual que el bisonte europeo. Pero con el paso del tiempo, la proporción de ADN neandertal en el genoma europeo disminuyó. En los europeos que vivían hace entre 37 000 y 14 000 años, la herencia genética neandertal promediaba un 6 %. Después de una migración desde el suroeste asiático, hace unos 14 000 años, esta contribución se diluyó a entre 1,5 y 2,1 % (el promedio actual). Los investigadores argumentan que muchos genes de neandertal deben haber constituido una desventaja para aquellos híbridos que los portaban. Pero qué genes eran exactamente y cómo actuaban en contra de la supervivencia es algo que todavía no nos queda claro.[K] Enigmáticamente, sin embargo, al menos un 20 % (y quizá hasta un 40 %) de todo el genoma neandertal sobrevive en los genes de las poblaciones de Asia y Europa, pues cada individuo porta diferentes segmentos del genoma neandertal.[L]

27

LA REVOLUCIÓN CULTURAL

En 1861 el escritor y artista francés Édouard Lartet publicó el dibujo de un pedazo de hueso descubierto en la cueva de Chaffaud, en el sur de Francia, sobre el que aparecía grabada la imagen de dos ciervas. Lartet aseguraba que el grabado, junto con otros artefactos, databa de la más temprana antigüedad. Al principio sus afirmaciones fueron tomadas con gran escepticismo porque los eruditos de Europa creían firmemente que los brutos cavernícolas de la Edad de Piedra eran incapaces de producir arte refinado. Pero, a medida que se descubrían más piezas junto a las herramientas de piedra, los argumentos de Lartet se volvieron irrefutables. Entonces, en 1868, unas pinturas fueron descubiertas en las paredes de una cueva cerca de Altamira, España, y los europeos comenzaron a entender el alcance del tesoro que sus ancestros más lejanos les habían dejado como legado. Cuanto más arte paleolítico se descubría, más claro parecía que los grandes artistas de Europa de la Edad de Piedra rivalizaban en visión y ejecución con los artistas más consumados de la actualidad.

El arte europeo más antiguo de la Edad de Hielo es de lo más impresionante e ingenioso. Ejemplo de ello es una magnífica escultura de 40 000 años de edad, mitad león mitad humano, hecha en marfil de mamut y hallada en 1939 en Hohlenstein-Stadel, una profunda cueva en el Jura de Suabia, Alemania. Dicho yacimiento no presenta evidencias de ocupación doméstica tales como restos de comida o herramientas; pudo haber estado reservado para actividades rituales. La persona-león fue encontrada en más de 250 fragmentos.[A] Ya reconstruida mide 30 centímetros de altura y tiene una inmensa presencia, casi magistral. El Jura de Suabia también nos ha regalado la escultura figurativa de forma humana más antigua: la Venus de Hohle Fels, que data de hace entre 35 000 y 40 000 años. Asombrosamente, el instrumento musical más antiguo del mundo —una flauta de marfil— también fue excavado del Jura. Se piensa que puede ser tan antiguo como de hasta 42 000 años de edad, pero debemos tener en mente la poca certeza que hay respecto a estas fechas: la flauta podría ser más o menos contemporánea de los huesos de Peştera cu Oase. Estas creaciones han sido atribuidas a la cultura gravetiense, y sus autores fueron algunos de los primeros híbridos de humano y neandertal.

El Jura de Suabia se localiza en el corredor del Danubio, el cual probablemente fue seguido por los híbridos que surgieron cerca de las Puertas de Hierro. Puedo imaginar a esos seres pioneros, dotados de capacidades no vistas en ninguno de sus padres, empujando hacia el oeste y desplazando a los neandertales con que se encontraban. Al asentarse en nuevas tierras, buscaban nuevos medios de expresión. El conocimiento neandertal pudo haber ayudado a los híbridos a ocupar las cuevas. En esa Europa fría, las cuevas eran hogar durante inviernos completos, con carne congelada y otros alimentos almacenados en las cercanías. Y vivir en las cuevas creó nuevas exigencias y oportunidades para el recuento de historias y la representación gráfica.

El florecimiento de la expresión artística sugerido por los descubrimientos del Jura de Suabia es único en la historia evolutiva de la humanidad. Estos artefactos son la evidencia más antigua que tenemos, de cualquier lugar en la Tierra, de tallas de humanos y de seres imaginarios, y de instrumentos musicales. Los responsables de este florecimiento artístico fueron híbridos, quienes, como las mulas, poseían al parecer gran uso de razón, memoria y afecto social, así como un espíritu creativo. Me resulta asombroso que sus noveles creaciones fueran formas de arte y no las nuevas armas o las herramientas de piedra características de los avances previos. Es como si estos seres hubieran comenzado un proceso de «autodomesticación», con el énfasis puesto en las interacciones pacíficas y no en el conflicto.

Es tentador querer ver las esculturas y las flautas como el pináculo de los logros culturales de la Edad de Hielo. Pero estos objetos tenían un propósito, y es ese arte superior al que tales objetos servían al que debemos ver como el pináculo. Existen razones para pensar que ese arte era el teatro: el teatro es el gran arte de los aborígenes de Australia y, posiblemente, fue el primer arte de todas las sociedades preletradas. El teatro es tan importante para dichas sociedades porque promueve las habilidades de imitación, retórica, expresión de las emociones a través de todo el cuerpo y narración de historias por parte de grandes cazadores y líderes. Así que Shakespeare no surgió totalmente formado de la nada —como Atenea de la cabeza de Zeus— sino que es producto de una tradición que ha existido, al menos, desde la creación de los primeros híbridos de humano y neandertal.

Puedo imaginar esas primeras representaciones, observadas con asombro por un pequeño grupo en la oscuridad de una noche de invierno. Quizá algunos vieron cómo el maestro artesano elaboraba la gran persona-león, y ahora esta cobra vida; en forma de una sombra proyectada sobre la pared de la cueva. La silueta se afina y se desvanece conforme la figura tallada se mueve frente a las llamas de la hoguera, mientras su creador gruñe en una perfecta imitación del ancestro: una leona humana en celo. La bestia híbrida está al acecho de un humano para aparearse. ¿Acaso los presentes conservan la memoria colectiva de que ellos mismos son el resultado de la mezcla de dos tipos diferentes: un humano negro y un pálido neandertal?

Del miedo, la aprensión y la maravilla, las emociones cambian cuando el sonido de la flauta recorre la caverna y suena la voz del patriarca. De su garganta surge la imitación de las voces de los que partieron, voces que hablan de los ancestros del clan del león. Encantada, la audiencia se ve transportada a otra época, a otra dimensión. Y así transcurren las largas noches en el mundo de la primera mitología europea.

Una vez que consiguieron su autodomesticación, los primeros híbridos de humano y neandertal se dispusieron a extender su logro hacia la domesticación de otra especie. Un día, hace alrededor de 26 000 años, un niño de ocho a diez años de edad y un canino caminaban juntos hacia el fondo de la cueva de Chauvet, en lo que hoy es Francia. A juzgar por sus huellas gemelas, que pueden observarse a lo largo de 45 metros por el piso de la cueva, su ruta los llevó más allá del magnífico arte por el que es famosa la cueva de Chauvet y hasta la Cámara de los Cráneos; una gruta donde se han preservado muchos cráneos de osos de las cavernas. Ellos caminaban lado a lado acompañándose deliberadamente, el chico resbaló una vez o dos, y en una ocasión se detuvo para limpiar su antorcha, dejando en el proceso una mancha de carbón en el suelo de la cueva. Es bonito pensar que la exploración de ese par, muy al estilo de Huck Finn, se volvió motivo de leyenda en su clan, pues al momento en que los recovecos de la cueva de Chauvet fueron abandonados, su arte y sus huesos de oso cavernario ya contaban con algunos miles de años de antigüedad. Y poco tiempo después, un derrumbe habría de sellar la entrada de la cueva. Sea como fuere, la aventura de ese par ciertamente se volvió famosa en 2016, cuando un importante programa de datación de fósiles y artefactos de la cueva de Chauvet, incluyendo la mancha de carbón que dejó el niño, confirmó que las huellas constituyen la evidencia inequívoca más antigua de la relación entre humanos y caninos.[1][B]

Estudios de ADN indican que los perros comenzaron a diferenciarse de los lobos en Europa hace entre 30 000 y 40 000 años.[C] La evidencia osteológica más antigua es un cráneo de cánido que data de hace 36 000 años, el cual fue encontrado en la cueva de Goyet, en Bélgica. Es de hocico corto y ancho, característica que lo distingue de los lobos; aunque el análisis genético lo coloca fuera del linaje de los perros y lobos vivos en la actualidad. El

---

[1]   Las huellas fueron fechadas indirectamente por medio de la datación por radiocarbono de un poco de carbón que se presume cayó de la antorcha del niño.

cráneo bien pudo haber pertenecido a un grupo de cánidos que tuvieron una relación con los humanos y que subsecuentemente se extinguió. Cualquiera que sea el caso, Signor-Lipps nos advierte que los niños y los perros pudieron haberse asociado mucho antes de que este niño y su cánido acompañante pasearan por la cueva de Chauvet hace 26 000 años.

Neandertales y lobos habían coexistido durante cientos de miles de años; al menos desde que los primeros lobos grises llegaron a Europa procedentes de Asia, hace entre 500 000 y 300 000 años (la evidencia más antigua proviene de los depósitos cavernarios de Lunel Viel, en Francia).[D] Los humanos modernos y los lobos habían coexistido al menos desde que el *Homo sapiens* se expandió fuera de África hace 180 000 años. Pero no fue sino hasta la creación del híbrido entre humano y neandertal hace 38 000 años que los caninos y los homínidos comenzaron su asociación. Una popular teoría de la domesticación de los cánidos dice que los lobos comenzaron a rondar por los campamentos humanos, esperando obtener restos de la caza o alimentarse con las heces, y que esto condujo a una relación. Pero es más probable que la domesticación se haya originado con la adopción de animales jóvenes, como aún ocurre hoy en muchas sociedades de cazadores-recolectores. La adopción suele ocurrir cuando un cazador mata a una hembra acompañada por jóvenes dependientes, los cuales son traídos al campamento y se convierten en juguetes para los niños. En el caso de los lobos solo funciona si los cachorros no tienen más de diez días de nacidos, edad en la cual aún siguen en la madriguera. Si son capaces de sobrevivir con restos de comida, quizá con un poco de leche donada por alguna madre en lactancia, pueden crecer y alcanzar la adultez. En la Europa de la Edad de Hielo, cachorros de león y de oso, así como de lobo, llegaron sin duda a los campamentos humanos como juguetes infantiles. Pero, al no tener las mismas normas de salud y seguridad que hoy conocemos, los desastres deben haber sucedido ocasionalmente entre las familias adoptivas. No obstante, los lobos son más adecuados para convertirse en compañía humana.

Un experimento realizado en zorros (que son miembros de la familia del perro) a lo largo de varios decenios, de los años cincuenta en adelante, bajo la supervisión del genetista ruso Dmitry Belyayev, ha arrojado información importante sobre la naturaleza de los perros ancestrales. El método de Belyayev era simple: de los miles de zorros plateados de una granja de pieles soviética, este reprodujo selectivamente a aquellos que eran más tranquilos en la presencia de humanos. Tan solo unas pocas generaciones después, algunos zorros comenzaron a buscar la compañía humana. La cruza con estos individuos producía zorros que mostraban cambios reproductivos típicos de los animales domesticados (los cuales suelen procrear más de una camada por año). Unos pocos comenzaron incluso a mover la cola y a ladrar; características de otro modo observadas únicamente en perros. Con el tiempo se produjeron zorros que tenían patrones de color variados, colas rizadas y orejas blandas. Y unos pocos hasta empezaron a vocalizar con un sonido que recuerda a la risa humana. Ninguno de ellos fue seleccionado por tales características; el único parámetro de selección era su nivel de comodidad en la cercanía de los humanos. Y, sin embargo, al cabo de unas cuantas décadas, Belyayev creó zorros que se comportaban como perros domésticos y que indudablemente eran aptos para ser adoptados como mascotas.[E]

Los lobos siempre han tenido un rango de comportamientos, de tímido a agresivo, así que no podemos basarnos únicamente en el experimento de Belyayev para explicar cómo comenzó la domesticación hace 37 000 años. Yo sospecho que ocurrió en ese momento porque los híbridos de humano y neandertal fueron los primeros homínidos que trajeron cachorros a sus campamentos, no con la intención de comerlos, sino para permitir que fueran objetos de juego.

Entre las huellas de Chauvet y la primera evidencia ampliamente aceptada de un perro doméstico —la quijada de 14 000 años enterrada en una tumba humana en Alemania— existe una gran brecha.[F] La quijada indica el comienzo de una larga tradición de entierros de perros con gente, lo que revela un profundo vínculo entre algunas personas y los cánidos. Hace 4000 años ya habían surgido las primeras razas domésticas (que eran parecidas al galgo), y los perros estaban en camino de convertirse en esas criaturas altamente modificadas con las que muchos de nosotros vivimos hoy. Es como si los híbridos de humano y neandertal de hace 38 000 a 14 000 años estuvieran felices de coexistir con perros parecidos a lobos, mientras que las personas de tiempos posteriores prefirieran tipos más modificados de compañía canina.

Recientemente ha sido propuesto que un segundo grupo de lobos fue domesticado de manera independiente en China o en el sureste asiático.[G] Varios factores hacen que esta teoría sea difícil de probar. Uno de ellos es que la genética no provee una guía clara porque en dichos términos ningún perro vivo está más emparentado que otro con los lobos de una región en particular. Quizá debido a que se han mezclado repetidamente los genes de perro y de lobo. Y en los milenios que han transcurrido desde la primera domesticación, la selección de raza ha seguido encriptando el genoma del perro, haciendo más difícil señalar los orígenes geográficos. El registro arqueológico sirve solo de modesta ayuda para clarificar las cosas: tenemos fósiles de perros que datan de hasta hace 36 000 años en Europa y 12 500 años en el este de Asia, pero únicamente 8000 años en Asia central. La diferencia de 4500 años en las fechas podría ser la evidencia de que los perros no llegaron a Asia oriental provenientes de Europa, sino que fueron domesticados ahí. Pero es posible que Signor-Lipps también tenga algo que decir al respecto.

LOS ELEFANTES SE AGRUPAN

Cuando los humanos llegaron a Europa, una Tierra ya fría se estaba volviendo todavía más helada. Los grandes casquetes de hielo habían hecho descender el nivel del mar en ochenta metros por debajo del nivel actual. En el milenio que siguió, los glaciares se hicieron tan gruesos y se extendieron tan lejos que el nivel del mar descendió cuarenta metros más. Como resultado desapareció el mar Báltico, y se podía andar a pie todo el camino desde Noruega hasta Irlanda, aunque hubiera que cruzar sobre el hielo y algunos ríos. El enfriamiento fue rápido según estándares geológicos, pero habría sido imperceptible para cualquier persona viva, pues fue al menos treinta veces más lento que el calentamiento que actualmente experimentamos gracias a la contaminación de gases invernadero. Esto, no obstante, comenzó a forzar cambios en la abundancia y distribución de la flora y la fauna a lo largo de Europa.

Después del avance glacial que ocurrió hace aproximadamente medio millón de años, muchos animales europeos llegaron a existir como dos tipos emparentados o ecológicamente similares; uno de los cuales domina durante las fases frías, y otro durante los períodos cálidos que han prevalecido solo el 10 % del tiempo a lo largo del último millón de años. El mamut lanudo y el elefante europeo de colmillos rectos forman uno de esos pares, así como el rinoceronte lanudo y el extinto rinoceronte europeo del bosque. Los carnívoros no se dividían con tanta facilidad como los herbívoros porque podían lidiar con una gran variedad de climas al ser capaces de refugiarse en cavernas. La hiena moteada, por ejemplo, alguna vez estuvo distribuida desde el borde del desierto polar europeo hasta el África ecuatorial.

Los mamíferos de Europa son descritos por los científicos como estando constituidos por agrupamientos; grupos de especies que típicamente se dan juntas. Veamos el caso de cinco grandes criaturas de un agrupamiento de fauna amante del calor de la Edad de Hielo en Europa: el elefante de colmillos rectos, dos rinocerontes, el hipopótamo y un búfalo de agua. El más grande de ellos era el elefante de colmillos rectos, que llegó por primera vez a Europa desde África hace unos 800 000 años. Podían crecer hasta llegar a ser realmente grandes; se estima que un macho pesaba quince toneladas, el doble que el elefante más grande vivo en la actualidad.

Probablemente, los elefantes de colmillos rectos de Europa tenían una estructura de manda parecida a las de otros elefantes, en la cual las hembras y los jóvenes viven en pequeños grupos mientras que los machos más grandes son solitarios o se congregan en mandas de solteros. Los elefantes de colmillos rectos podían encontrarse en bosques y hábitats más abiertos, incluyendo los cálidos bosques de robles y variados tipos de vegetación que continúan creciendo en la actualidad alrededor del Mediterráneo y en algunas partes del sur y del centro de Europa. Es razonable suponer que, si aún existieran y los cazadores los dejaran en paz, los elefantes europeos de colmillos rectos se desarrollarían en abundancia en los bosques desde Alemania hasta Sicilia, y desde Portugal hasta las orillas del mar Caspio.

El elefante europeo de colmillos rectos se clasificó durante mucho tiempo en un género extinto, el *Palaeoloxodon*, cuyas variadas especies pudieron encontrarse alguna vez desde Europa occidental hasta Japón y el este de África. Pero en septiembre de 2006, los investigadores anunciaron que habían extraído exitosamente ADN de los huesos de un elefante de colmillos rectos de 120 000 años de edad de Alemania, y que habían identificado a su pariente más cercano, el *Loxodonta cyclotis* ; el elefante africano de bosque.[A] África tiene dos especies de elefantes —el que vive en la selva y el más conocido y extendido, que vive en la sabana— que divergieron hace entre cinco y siete millones de años. Cuando en febrero de 2018 se publicaron todos los descubrimientos de este trabajo de investigación, la historia se volvió incluso más sorprendente. La parte más grande del genoma del elefante europeo de colmillos rectos está compuesta por genes de un ancestro de ambas especies africanas de elefantes; la siguiente contribución en tamaño (entre un 35 y 39 %) proviene del elefante de bosque africano, y unas contribuciones mucho más pequeñas provienen tanto del mamut lanudo como del elefante africano. Por lo tanto, el elefante europeo de colmillos rectos es un híbrido complejo.[B]

Al reunir toda la información parece probable que el elefante europeo de colmillos rectos haya surgido en África antes de que las especies africanas actualmente vivas se separaran. Entonces, en algún momento antes de hace 800 000 años, se hibridó ampliamente con el elefante de bosque africano. Finalmente, se dio un tímido cruce entre el mamut lanudo y el elefante africano. La manera en que los taxonomistas clasificarán a semejante criatura está aún por resolverse.[1]

Tanto el elefante europeo de colmillos rectos como el elefante de bosque africano tienen largos colmillos rectos; los de los más viejos elefantes africanos de bosque casi tocan el suelo. Esto contrasta con los curvados colmillos de los elefantes asiáticos y de otros elefantes africanos, así como con los de los mamuts. Los elefantes de colmillos rectos incluyen al más grande como al más pequeño de todos los elefantes. El elefante africano de bosque más grande puede alcanzar las seis toneladas de peso, mientras que el elefante «pigmeo» que vive en el Congo promediaba solo 900 kilos en la edad adulta. Los elefantes europeos de colmillos rectos podían llegar a pesar quince toneladas, pero algunas de las criaturas que vivían en islas eran del tamaño de un cerdo.

Parece casi increíble, pero, hasta 2010, los científicos no sabían que los dos elefantes africanos actuales pertenecen a es-

[1] También conocido como elefante de bosque africano.

pecies distintas. Hace 110 años, sin embargo, uno de los más excéntricos zoólogos de todos los tiempos, Paul Matschie, había identificado como diferente al elefante africano de colmillos rectos. Matschie comenzó su carrera como voluntario en el Jardín Zoológico de Berlín y, a pesar de su falta de certificaciones formales, en 1895 fue designado como su curador de mamíferos. Siempre con su hábito de portar quevedos y un espléndido bigote, para 1924 se había convertido en el director de esa prestigiosa institución.

Al cabo de años de trabajar con los animales del zoológico, Matschie desarrolló su propia y bastante inusual teoría de clasificación. Conocida como como la «teoría de los bastardos de medio lado», afirmaba que cada cuenca mayor de la Tierra alberga una especie distinta de cualquier tipo de animal. Si los animales que viven en las cuencas se encontraran en las cordilleras que las dividen, las criaturas podrían hibridarse. Tales híbridos serían reconocidos como «bastardos de medio lado» porque de un lado de la cabeza se parecerían a uno de los padres y del otro lado de la cabeza al otro.

Puedo imaginar a los subalternos de Matschies llevando al *Herr Direktor* una extraña cabra que tenía un cuerno más derecho que el otro, o un ciervo con una asta más elaborada que la otra, o un elefante con un colmillo más recto que el otro, con la esperanza de ganarse su favor. Bien pudieron tales novedades haber alentado a Matschie hasta que su rara teoría se volvió la sólida piedra angular de su pensamiento. De hecho, cada vez que se presentaba la feliz ocasión de que aparecía un inusual cráneo con cuernos o colmillos asimétricos, Matschie lo celebraba describiendo *dos* nuevas especies basadas en un solo espécimen; una para cada supuesta especie parental desconocida, las cuales, razonaba, deben seguir merodeando por sus inexploradas cuencas. Es fácil comprender por qué gran parte del trabajo de Matschie fue ignorado. Pero ¿quién habría pensado que, en lo que a los elefantes de colmillos rectos se refiere, la verdad era incluso más fantástica?

Quizá un día los europeos decidan devolver los elefantes a su continente. De ser así, harían bien en comenzar por los elefantes de bosque de África. Pero no deberían esperar demasiado, pues las bestias están cada vez en mayor peligro de extinción. Parte del problema es su lento ritmo de reproducción. A los elefantes de colmillos rectos les lleva 23 años alcanzar la madurez sexual y, a partir de ahí, solo paren una vez cada cinco o seis años. El elefante africano de la sabana, por el contrario, madura en aproximadamente doce años y puede parir cada tres o cuatro años. Cuanto más lento es el ritmo de reproducción, más impacto tiene la cacería. Entre 2002 y 2013 fue asesinado el 65 % de la población de los elefantes de bosque africanos, principalmente por cazadores furtivos en busca de marfil. A este ritmo, la extinción se dará en las próximas décadas.

Mucha gente encuentra ridícula, o incluso peligrosa, la idea de que los elefantes habiten los bosques de Europa. Pero sí aceptan que los africanos tengan que compartir su hogar con las pesadas criaturas. Yo pienso que deberíamos ver las cosas en perspectiva y compartir más equitativamente la carga de la conservación. Sin embargo, las burocracias siguen interponiéndose en el camino. La UICN (Unión Internacional para la Conservación de la Naturaleza), por ejemplo, restringe el uso de la palabra «reintroducción» en especies que se han extinguido localmente o a lo largo y ancho de Europa en no más que 200 o 300 años atrás. No puedo entender la razón, pero conmino a la UICN a integrar a más paleontólogos en sus comités.

¿Qué provocó la extinción de los elefantes europeos de colmillos rectos? Nunca podremos saberlo con certeza, pero podemos considerar los patrones de clima, depredación y distribución. Los fósiles revelan que a medida que la Edad de Hielo se apoderaba del continente, los elefantes de colmillos rectos se replegaban hacia el cálido sur de las penínsulas de España, Italia y Grecia. Esto habría limitado el tamaño de su población general y la habría dividido en subpoblaciones que no podrían mezclarse con tanta facilidad, haciéndolos más vulnerables a la extinción. Los elefantes de colmillos rectos sin duda también tenían sus depredadores, pues los leones y las hienas moteadas seguramente cazaban sus elefantitos. También existe buena evidencia de que los neandertales los cazaban. Un esqueleto de elefante de colmillos rectos de 400 000 años de antigüedad encontrado en el valle de Ebbsfleet, cerca de Swanscombe, en Kent, estaba rodeado por herramientas de piedra que indicaban que había sido destazado, mientras tanto las marcas sobre los huesos de un segundo individuo encontrado en Gran Bretaña sugerían que había sido cortado en pedazos. En ambos casos, sin embargo, es posible que los neandertales se estuvieran alimentando de un cadáver. Pero un tercer esqueleto encontrado en Lehringen, Alemania, fue hallado sobre una lanza de 125 000 años de edad, la cual, al parecer, fue utilizada para matarlo.[C] Muchos otros esqueletos de elefantes han sido encontrados junto a herramientas de piedra en España, Italia y Alemania, así que parece seguro afirmar que los neandertales podían cazar elefantes adultos de colmillos rectos.

Los fósiles sugieren que los elefantes de colmillos rectos hicieron su última aparición en la Europa continental en España, hace alrededor de 50 000 años. Esto es curioso: hace 50 000 años el hielo aún no se había extendido del todo y aún existían áreas importantes de bosque. En realidad, las condiciones no eran muy diferentes de aquellas de los avances glaciales previos que los elefantes habían soportado. ¿Es posible que los elefantes de colmillos rectos sobrevivieran más tiempo que la Europa continental? Signor-Lipps tiene una firme opinión sobre esta cuestión. Y, de hecho, una única imagen de 37 000 años de edad de un elefante sin lana en la cueva de Chauvet, Francia, podría representar a esta especie.

Los elefantes de colmillos rectos de Europa sobrevivieron en varias islas del Mediterráneo por miles de años después de desaparecer de la Europa continental. Todas las poblaciones de las islas eran enanas, algunas incluso eran mucho más pequeñas. Los elefantes de colmillos rectos de Chipre, por ejemplo, medían solo un metro a la altura del hombro y pesaban nada más que 200 kilos. Estos diminutos elefantes sobrevivieron hasta hace 11 000 años y compartían la isla con el hipopótamo más pequeño conocido, el *Phanourios minor*, que era del tamaño de una oveja. Chipre fue poblado por humanos hace al menos 10 500 años, y los asentamientos de estos primeros chipriotas han sido descubiertos en las cuevas de Aetokremnos (Peñasco del Buitre) en la península de Akrotiri.[D] Los huesos de hipopótamo se encuentran de forma inmediata en las capas de debajo de los campamentos humanos, pero no se sabe a ciencia cierta si los humanos cazaban a los hipopótamos y, de hecho, tampoco a los elefantes. La isla de Tilos en el Dodecaneso puede haber ofrecido un último refugio. Sus elefantes, que promediaban dos metros a la altura del hombro, sobrevivieron hasta hace unos 6000 años. Esta fecha, sin embargo, merece más investigación, pues Tilos mantuvo una población de humanos muchos años antes de aquello; y, al menos en las islas pequeñas, la evidencia arqueológica de otros lugares sugiere que los humanos y los elefantes no pueden coexistir.

Si el clima cambiante fue el culpable de la extinción de los elefantes de colmillos rectos, ¿por qué habrían sobrevivido en las islas tanto tiempo después de que aquellos del continente adyacente desaparecieron? Seguramente los cambios climáticos habrían afectado por igual a las islas como al continente. El hecho de que los elefantes pigmeos hayan sobrevivido en Chipre hasta más o menos el tiempo en que los humanos descubrieron la isla es, me parece, revelador. Las fases frías de la Edad de Hielo fueron sin duda malas noticias para los elefantes de colmillos rectos, pero había otra influencia más decisiva que comenzaba a ponerse en marcha: los humanos.

OTROS GIGANTES EUROPEOS

Después de los elefantes, las criaturas más grandes que encontraron los humanos en Europa fueron los rinocerontes. El rinoceronte de Merck y el rinoceronte de nariz angosta eran parientes cercanos, y surgieron de un pariente común hace más o menos un millón de años. El rinoceronte de Merck (que era más grande y podía pesar hasta tres toneladas) era un buscador especializado, muy a la manera del rinoceronte negro de África, mientras que el rinoceronte de nariz angosta se alimentaba de hierba, como hace el rinoceronte blanco de África. Aunque eran ecológicamente similares, ninguna de las especies estaba emparentada cercanamente con los rinocerontes africanos que viven en la actualidad.[1] En su lugar, sorprendentemente, los extintos rinocerontes de Europa estaban emparentados con el rinoceronte de Sumatra, que está en peligro crítico de extinción. El alcance de los rinocerontes de Europa se extendía lejos hacia el este: el rinoceronte de Merck tan lejos como Afganistán, y el rinoceronte de nariz angosta tan lejos como China oriental.[A]

A pesar de la abundancia de sus restos fosilizados, ambas especies han sido poco investigadas. Un estudio de ADN podría revelar mucho sobre sus relaciones evolutivas, y un cuidadoso programa de fechado nos diría más sobre su extinción. Al parecer sobrevivieron en España (rinoceronte de Merck) y en Italia (rinoceronte de nariz angosta) hasta hace 50 000 años. Pero algunas imágenes de 37 000 años de edad de la cueva de Chauvet, Francia, también podrían representar a una de estas especies. Los dibujos

---

[1] Los rinocerontes de África divergieron de otros rinocerontes hace alrededor de 24 millones de años.

de Chauvet muestran bestias con bandas oscuras alrededor de su cuerpo, lo que hace pensar en la intrigante posibilidad de que eran manchados, como las reses Holstein.

Los restos de hipopótamo que datan de hace aproximadamente 100 000 años fueron encontrados en sedimentos de las partes bajas del Támesis y en los ríos Rin y Danubio. A los hipopótamos no les gustan las heladas severas, así que se fueron replegando hacia el sur conforme el clima se enfriaba, antes de desaparecer por completo de Europa mucho tiempo antes de la llegada de los humanos. El último miembro de «los cinco grandes» de la Europa templada fue el búfalo de agua. Sus restos fósiles son abundantes en los valles fluviales de Europa del oeste y Europa central, en particular en los Países Bajos y en Alemania. Al parecer existían diferencias menores en la forma de los cuernos entre los fósiles europeos y el búfalo de agua asiático que vive hoy, lo que motivó a algunos a colocar los fósiles europeos en su misma especie. Cualquiera que sea el caso, la extinta población europea era muy similar a la del actual búfalo de río asiático. Su genética y la fecha de su extinción no han sido adecuadamente investigadas, aunque la especie pudo haber sobrevivido en el este de Austria hasta hace unos 10 000 años.[B]

Los búfalos de agua son unos animales tan útiles que fueron reintroducidos a Europa. El rey lombardo Agilulfo pudo haber sido el primero, trayéndolos al área de Milán en el año 600 d. C. Armenia también los recibió hace mucho, y las reintroducciones han continuado hasta ahora, con poblaciones domésticas floreciendo a todo lo largo de Europa, desde Rumanía hasta el Reino Unido. Pero quizá el mejor lugar para verlos es en las planicies alrededor de Salerno, en el sur de Italia, donde su leche es utilizada para producir la deliciosa *mozzarella* por la que es famosa la región.

Tres de los cinco grandes de la Europa templada no están extintos o tienen parientes cercanos vivos: el elefante de colmillos rectos, el hipopótamo y el búfalo de agua. Es solo que ninguno ha sobrevivido continuamente en Europa, aunque el búfalo de agua haya sido reintroducido y exista de forma doméstica. Pero otros megaherbívoros florecieron en la Europa templada antes de la llegada del *Homo sapiens*. En orden descendente de tamaño fueron: los uros, el ciervo gigante, el oso de las cavernas, el ciervo rojo, el jabalí salvaje, el gamo europeo y el corzo. De todos ellos, únicamente el oso de las cavernas y el ciervo gigante están extintos, mientras que el resto sobrevive en Europa en un sentido u otro.

El oso de las cavernas y el oso pardo europeo son parientes cercanos, pero el oso pardo existe en Europa, Asia y Norteamérica (donde se les conoce como *grizzlies*), en tanto que el oso de las cavernas estaba restringido a Europa. Ambos son descendientes del ancestral oso etrusco que existió durante algo más de un millón de años. Los osos pardos y los osos de las cavernas existieron al mismo tiempo, pero parecen haber dividido el nicho ecológico por tamaño y dieta. El oso pardo europeo actual es principalmente herbívoro, pero los análisis de huesos muestran que en el pasado comía mucha carne. El oso de las cavernas, en contraste, era exclusivamente herbívoro.[C]

Probablemente, los osos de las cavernas parecían enormes osos pardos con la frente cóncava. De una tonelada de peso, doblaban en tamaño al más grande de los osos pardos europeos, y tenían un cráneo de hasta tres cuartos de metro de largo. Las poblaciones de osos de las cavernas comenzaron a declinar hace aproximadamente 50 000 años, contrayéndose hacia el oeste hasta que las última poblaciones conocidas permanecieron en los Alpes y zona aledañas, donde se extinguieron hace unos 28 000 años.[2][D] Tanto los neandertales como los híbridos de humano y neandertal los cazaban: una vértebra de 29 000 años de edad encontrada en la cueva de Hohle Fels, en el Jura de Suabia, conserva la punta de pedernal de la lanza que mató al animal, y huesos de osos de las

---

[2] Hasta ahora, un extensivo programa de datación de los últimos osos de las cavernas ha sido conducido únicamente en los Alpes. Es posible que unos pocos hayan durado algún tiempo más en otras partes de Europa occidental.

cavernas (en su mayoría jóvenes) del mismo sitio tienen marcas de cortes y despellejamiento. La evidencia de Hohle Fels indica que los osos de las cavernas eran presas importantes para los híbridos de humano y neandertal que vivían ahí: durante al menos 5000 años consumieron su carne, usaron su piel como tapete o vestimenta, sus dientes como ornamento y quemaron sus huesos para calentarse.[E]

Incontables fósiles de ciervo gigante han sido desenterrados de las turberas de Irlanda, y parece que en el siglo xix ninguna mansión señorial estaba completa sin el cráneo de un «alce irlandés» en el vestíbulo de entrada. Sus fósiles han aparecido en una vasta extensión de Eurasia, desde Irlanda hasta China. Con sus más de 600 kilos de peso, el ciervo gigante era del tamaño de un alce. Sus enormes astas podían pesar 40 kilos y medir más de tres metros y medio de punta a punta. Las pinturas de las cuevas indican que era de color pálido, con una franja oscura sobre sus hombros. Su pariente vivo más cercano es el gamo, mucho más pequeño en tamaño, pero con unas astas de forma muy semejante.

Las explicaciones tradicionales de la extinción del ciervo gigante se enfocan en señalar que sus astas estaban de algún modo mal adaptadas a la vegetación cambiante o a las condiciones climáticas, o que tal vez disminuyó su acceso al alimento. Pero la evidencia con la que contamos no respalda ninguna de estas teorías. Los últimos registros son de Siberia, donde sobrevivió hasta hace unos 7700 años, época durante la cual el clima era bastante similar al que tenemos hoy. Además, los fósiles más recientes no presentan evidencias de una mala nutrición. Dos esqueletos encontrados en la isla de Man han sido datados con aproximadamente 9000 años de edad.[F] Para este momento, la isla de Man llevaba 3000 años separada del resto de Gran Bretaña por los mares crecientes. Ambos esqueletos pertenecieron a individuos mucho más pequeños que aquellos que vivieron en la región apenas unos pocos de miles de años atrás. Su reducido tamaño pudo ser el resultado de vivir en una isla, o tal vez del calentamiento del clima. ¿Es posible que estos «enanos» hayan sobrevivido en la isla de Man porque su hogar aún no había sido invadido por los humanos?

La rica y variada fauna de grandes carnívoros de la Edad de Hielo europea incluía osos pardos, leones, hienas moteadas, leopardos y lobos. De todos ellos, solo el oso pardo y el lobo sobreviven en la Europa de hoy. El león de las cavernas, un enorme depredador aproximadamente un 10 % más pesado que los leones de la actualidad, es solo modestamente distinto de las especies de león que sobreviven, y se separó hace unos 700 000 años. Su apariencia es bien conocida por el arte de las cuevas, por las tallas en marfil y por las figurillas de barro: carecía de melena, era del mismo color o ligeramente más claro que los leones modernos y tenía las mismas orejas y la misma cola con penacho. Pero tenía un denso sotopelo y algunos pudieron haber sido ligeramente rayados.[3][G] Tenía una de las distribuciones más amplias para cualquier mamífero, pues se encontraba desde Europa hasta Alaska, llegando muy lejos hacia el helado norte. Recientemente fueron descubiertos un par de cachorros de solo unas semanas, de al menos 10 000 años de antigüedad, preservados en el permafrost de Siberia.

Al parecer, la dieta de los leones de las cavernas variaba en función de la región. Algunos se especializaban y cazaban renos, mientras que otros preferían jóvenes osos de las cavernas.[H] Después de la llegada de los humanos a Europa, los leones de las cavernas comenzaron a disminuir en tamaño. Los individuos más recientes conocidos, del norte de España, no eran más grandes que un león africano de la actualidad. El descubrimiento de un «piso vivo» en una galería baja de la cueva de La Garma, cerca de Cantabria, España, que permaneció intacto durante 14 000 años, nos ofrece información importante sobre la interacción entre los

[3] El descubrimiento de una piel preservada en el permafrost siberiano ha revelado detalles del color y del sotopelo.

humanos y los últimos leones de las cavernas.[4] Al interior de la
cueva, cuyas paredes están decoradas, se encontraron las ruinas de
tres chozas de piedra de entre 14 300 y 14 000 años de antigüedad,
localizadas a unos 130 metros de la entrada original. Parecen ser el
resultado de una única y relativamente breve ocupación que terminó cuando un derrumbe selló la cámara. Los huesos de caballos,
uros, ciervos rojos, renos, osos pardos, zorros y hienas moteadas
son claramente restos de sus comidas. Pero alrededor de una de
las chozas yacen nueve huesos de garra de león de las cavernas.
Fueron cortados de un modo que indicaba que la criatura había
sido despellejada. Los investigadores creen que las garras, que
pertenecen a las patas delanteras, formaban parte de un tapete de
piel de león de una de las chozas.[1] Depósitos de huesos muestran
que la cacería de carnívoros por parte de los humanos se había
incrementado para la época en que estuvo ocupada la cueva de La
Garma. ¿Los carnívoros se convirtieron en el objetivo porque la
caza más grande era escasa? ¿O acaso los avances en las técnicas de
cacería hicieron más fácil matar leones y hienas? Cualquiera que
haya sido el caso, las garras de La Garma son la última evidencia
de un león de las cavernas en Europa.

Después del león de las cavernas, el siguiente depredador más
grande era la hiena de las cavernas. Con sus más de cien kilos de
peso y su tamaño un 10 % más grande que las hienas moteadas
africanas de hoy, era un depredador formidable, capaz de matar
un rinoceronte lanudo. A pesar de su gran tamaño, los estudios
genéticos muestran que pertenecía a la misma especie que la hiena
moteada africana actual.[1] La especie llegó por primera vez a Europa hace unos 300 000 años, más o menos cuando se extinguió la
hiena gigante, *Pachycrocuta*, que era del doble de tamaño. La hiena
de las cavernas estaba muy extendida y abundaba en Europa y el
norte de Asia, desde España hasta Siberia. Aunque estaba presente

---

[4] Un piso vivo es, en términos arqueológicos, el piso de una cueva
donde vivía gente y que conserva evidencia de sus actividades.

en casi todos los hábitats, prefería hacer sus madrigueras en las cuevas, así que su distribución, especialmente en las áreas frías del norte, pudo haber estado limitada a las regiones rocosas o de caliza, donde se forman las cuevas. Probablemente, los neandertales y las hienas competían por las cuevas; y, al parecer, en ocasiones las hienas robaban la caza de los neandertales, mientras que otras veces los neandertales mataban a las hienas y se las comían.

Un estudio de variabilidad climática y distribución de las hienas en Europa indica que la extinción de la especie no puede ser adjudicada al cambio climático. De hecho, el clima cambiante de África (donde sí sobrevivió) parece haber sido incluso más desafiante para las hienas.[K] Si bien resulta tentador señalar la llegada de los humanos como la causa, la evidencia es tristemente escasa. Lo único que sabemos con certeza es que hace 20 000 años la hiena de las cavernas comenzó a desaparecer de Europa.

Los leopardos, cuyos machos pesan hoy en día entre 60 y 90 kilos y las hembras entre 35 y 40, fueron los siguientes depredadores desaparecidos más grandes de Europa. Alguna vez existieron tan al norte como Inglaterra, y pudieron haber sobrevivido hasta hace 10 000 años en Europa occidental.[L] Hoy, los últimos leopardos europeos mantienen un pequeño reducto en Turquía y Armenia, donde están en peligro crítico de extinción, con quizá solo unas pocas docenas de sobrevivientes. Pero los leopardos no se dan por vencidos tan fácilmente. En la década de los setenta del siglo XIX, uno de ellos nadó un kilómetro y medio desde Turquía hasta la isla griega de Samos. La criatura fue atrapada en una cueva por un granjero local y finalmente asesinada, pero no sin antes infligirle heridas fatales a su perseguidor.

BESTIAS DE HIELO

Cuando escuchamos las palabras «Edad de Hielo» pensamos en aquellas regiones heladas y desprovistas de árboles que por momentos se expandían para convertirse en el hábitat más grande de la Tierra. El congelado norte también tenía sus cinco grandes especies, entre las que se incluyen esas dos icónicas especies, el mamut y el rinoceronte lanudos. Ambas especies fueron nombradas en 1799 por Johann Friedrich Blumenbach, quien quizá es más famoso por haber nombrado algunas razas de humanos. Este, creía que todas descendían de Adán y Eva, y que las diferencias entre razas son resultado de factores ambientales activos desde que la gente se dispersó fuera del jardín del Edén, el cual se creía que había estado en el Cáucaso. Blumenbach pensaba que, si se daban las condiciones apropiadas, la gente se revertiría hasta su forma original caucásica. Poseía el cráneo de una mujer georgiana que le parecía que era muy semejante en forma al cráneo de Eva. Probablemente pensaba que su mamut y su rinoceronte fósiles eran semejantes a los individuos creados por Dios que habitaron el Edén, pues nombró al mamut lanudo *primigenius* (que significa «primero») y al rinoceronte *antiquitatis* («de los buenos viejos días»). Esencialmente, la clasificación de Blumenbach se basaba en arquetipos; el ideal de las especies tal y como fueron durante la Creación.

La Edad de Hielo ya había durado casi dos millones de años cuando el mamut lanudo evolucionó. La glaciación del Anglia, de hace 478 000 a 424 000 años, fue particularmente fría, y marca el momento de un cambio crucial. Tal cambio, que resuena todavía a día de hoy, fue una alteración topográfica a la que recientemente se le ha dado en llamar «el *brexit* geológico». Antes de la glaciación del Anglia, una alta cordillera de creta corría desde lo que hoy son los acantilados de Dover hasta Calais. Durante las fases cálidas, cuando los mares subían, esta cordillera era el único corredor de tierra firme que unía a Europa con la Gran Bretaña peninsular, y habría funcionado como una carretera de la Edad de Hielo para todas las criaturas terrestres que migraban hacia el este o el este.

Hace unos 450 000 años, el derretimiento de los glaciares había creado un gigantesco lago al norte de la cordillera de creta que se llenaba hasta que el agua comenzaba a verterse en una serie de cascadas tan inmensas que donde caían creaban «piscinas» de hasta 140 metros de profundidad.[A] Una segunda brecha, hace alrededor de 160 000 años, completó la destrucción del antiguo puente de tierra. Durante las temporadas cálidas, Gran Bretaña se volvía una isla. La única ruta terrestre existía durante las fases frías, cuando bajaban los niveles del mar, lo que favorecía la colonización por parte de las criaturas adaptadas al frío.

La glaciación del Anglia actuó como un estímulo para el desarrollo de un agrupamiento único de mamíferos conocido como la fauna de la estepa del mamut. Esta fauna, que llegaría a dominar Europa durante las fases frías, apareció por primera vez hace aproximadamente 460 000 años.[B] Su «fauna de base» consistía en el mamut lanudo, el rinoceronte lanudo, el saiga, el buey almizclero y el zorro ártico.[1] Todos, excepto el rinoceronte lanudo, evolucionaron en el Ártico Norte, y todos estuvieron evolucionando por varios millones de años antes de que apareciera su forma moderna.

El mamut lanudo es la especie que define a la Europa de la Edad de Hielo, en el sentido en que se le atribuye haber ayudado a crear y mantener el hábitat más grande que jamás haya existido en tierra firme: la estepa del mamut. El paleontólogo alasqueño R. Dale Guthrie acuñó el término «estepa del mamut». Su interés

---

[1] Una fauna de base denota a un grupo de especies que siempre se encuentran en asociación.

por el desaparecido hábitat fue suscitado por la observación de que algunas de las regiones donde alguna vez habitaron los mamuts hoy son hábitats pobres que consisten en una delgada capa de vegetación cenagosa que yace sobre el permafrost, en el cual están encerrados todos los nutrientes. Estas regiones apenas son capaces de soportar al bisonte, mucho menos al mamut. Él teorizó que ese hábitat tan diferente que existió durante la Edad de Hielo, fue creado por la acción misma de los mamuts. Pensaba que los mamuts, cuyos colmillos funcionaban como palas para retirar la nieve (y a menudo se ha encontrado que debido a tal uso se desgastaban hasta quedar planos de la parte inferior), descubrían la hierba de la que se alimentaban numerosas bestias, de modo que para la llegada de la primavera la vegetación había sido cortada a cero, lo que permitía que el sol calentara el suelo. Esto promovía el rápido crecimiento de hierba nueva y evitaba la formación de vegetación cenagosa que pudiera congelarse y convertirse en permafrost, dejando encerrados los nutrientes. En efecto, el intenso pastoreo creaba un hábitat altamente productivo.

Si bien fue de suprema importancia para la ecología de la Edad de Hielo, el mamut lanudo ha sido de cierto modo inflado en la imaginación del público. Algunos mamuts, incluyendo al mamut colombino de América, eran realmente los elefantes más grandes que han existido, pero el mamut lanudo, en promedio, no era más grande que el elefante asiático. El elefante asiático y el mamut lanudo son parientes cercanos, sus ancestros divergieron en África hace tan solo de cuatro a seis millones de años.[C] No fue sino hasta hace unos 800 000 años que el clásico mamut lanudo apareció por primera vez en Siberia. Medio millón de años después, ya había alcanzado Europa occidental.[D]

Muy aparte de su lujosa cubierta de piel y pelo largo, el mamut lanudo era muy diferente en apariencia de los elefantes de hoy, pues tenía una cabeza en forma de huevo, una pronunciada joroba de grasa en el hombro y una espalda que descendía en pendiente hacia la parte trasera. Sus orejas eran diminutas, sus colmillos se curvaban tanto que a veces se cruzaban, sus colas eran cortas y estaban equipados con una «válvula de retención» que cubría su ano para protegerlo del frío.

El arte de las cuevas ha capturado tan exquisitamente a estas majestuosas criaturas que, al observar los dibujos, de inmediato podemos imaginar a estas grandes, peludas y jorobadas criaturas emergiendo de la pared de la cueva para viajar en fila india entre la ventisca. Los cadáveres preservados en el permafrost nos han permitido tocar su largo pelo, estudiar sus parásitos y arrancar pedazos de comida de entre sus dientes. Se cuenta incluso que los exploradores de Siberia ingirieron la carne de un mamut conservado en el permafrost.[2] Más recientemente, los avances en las técnicas forenses de ADN nos han permitido recuperar en su totalidad el genoma del mamut.

Después de su llegada al registro fósil, el mamut lanudo aparece a todo lo ancho de Europa siempre que el hielo avanza, excepto en los templados refugios del sur. Sin embargo, hace aproximadamente 20 000 años ya se encontraba en problemas. Estudios detallados de ADN de las mitocondrias muestran que, a partir de hace unos 66 000 años, los mamuts de Norteamérica colonizaron Eurasia y gradualmente reemplazaron los tipos existentes de mamut, hasta que los mamuts eurasiáticos se extinguieron hace alrededor de 34 000 años. Extrañamente, los migrantes de Norteamérica no aparecen en Europa occidental hasta hace 32 000 años, dejando un «vacío de mamuts» de 2000 años. Hace entre 21 000 y 19 000 años, los mamuts lanudos desaparecen nuevamente del centro de la Europa continental, y hace unos 20 000 años ya habían desaparecido de Iberia. Regresan brevemente a Alemania y Francia hace aproximadamente 15 000 años, y llegan

---

[2] Al parecer no existen casos auténticos de humanos modernos que hayan comido mamuts. El infame relato de unos comensales en el New York's Explorer's Club dándose un festín en 1951 con un mamut de Alaska de 250 000 años de edad, nunca ocurrió.

a recolonizar hasta tan lejos como Gran Bretaña, pero al cabo de un milenio vuelven a desaparecer. Un mamut adulto y cuatro jóvenes, atrapados hace 14 500 años en una cenagosa «marmita de gigante» dejada por un glaciar que se retiraba en Shropshire, son el registro más reciente en el Reino Unido. Con la muerte de los últimos mamuts alemanes hace 14 000 años, la bestia desapareció permanentemente de Europa occidental.[E]

Eurasia es mucho más grande que Norteamérica y siempre fue hogar de las secciones más grandes de la estepa del mamut. Según la regla de Darwin, las criaturas de regiones más grandes invaden con mayor frecuencia las regiones más pequeñas, así que parece una anomalía que los mamuts de Norteamérica reemplazaran a los tipos de Eurasia, y no lo contrario. Pero esto presupone iguales densidades de población: en Norteamérica no había simios erguidos cazadores de mamuts, así que es posible que la población de mamuts de Norteamérica fuera más densa que la de Eurasia.

Los últimos mamuts europeos sobrevivieron en las planicies rusas, incluyendo la región de lo que hoy es Estonia, hasta hace unos 10 000 años. Por cierto, los restos del último mamut conocido en Europa fueron descubiertos en circunstancias desagradables. En 1943, durante la Segunda Guerra Mundial, algunos rusos desesperadamente hambrientos y con frío cavaron en una turbera cerca de Cherepovéts, quinientos kilómetros al oeste de Leningrado, buscando combustible para mantenerse calientes. Encontraron un poco de turba, pero a una profundidad de dos metros se toparon con unos huesos enormes que resultaron ser los restos de un único mamut. Alguien se tomó el tiempo para llevar los huesos al museo local y, en 2001, algunos fragmentos de costilla fueron datados por radiocarbono, dándole al mamut entre 9760 y 9840 años de edad.[F]

El área cubierta por los mamuts se estaba contrayendo rápidamente desde hace 20 000 años y, sin embargo, el gran calentamiento y derretimiento del hielo no comenzó sino hasta unos 7000 años después de eso, así que el patrón de la decadencia del mamut no coincide a la perfección con el cambio climático. Pero los humanos ya habían comenzado a colonizar la estepa del mamut, llegando tan al norte como al océano Ártico, quizá acompañados por la versión doméstica de ese veterano de la tundra, el lobo. Parece posible que hace 15 000 años casi todo el hábitat del mamut de Eurasia continental fuera accesible para los cazadores humanos, y que únicamente la solitaria isla de Wrangel, en el mar Ártico, se encontrara fuera de su alcance. Fue ahí donde el mamut sobrevivió; durante 6000 largos años después de su extinción en el continente. Wrangel queda a 140 kilómetros al norte de Siberia y tiene una extensión de 7600 kilómetros cuadrados. Sus mamuts fueron enanos isleños. La primera presencia humana en Wrangel data de hace aproximadamente 3700 años, y el mamut más reciente encontrado data de hace unos 4000 años, por lo que (teniendo en mente a Signor-Lipps y la limitada precisión en la datación) la llegada de los humanos es, con toda probabilidad, la causa de su extinción.[3]

La extinción del mamut lanudo, de acuerdo con algunos investigadores, significó el fin de la estepa del mamut, un ecosistema dominado por nutritivos pastos, hierbas y arbustos que se daban bien en un clima frío y seco. Delimitado por grandes láminas de hielo que lo aislaban de los mares, era un lugar seco y polvoso de cielos claros en donde el calor de la primavera podía penetrar rápidamente en la tierra y detonar una estación de vigoroso crecimiento que proveyera de abundante alimento y permitiera florecer a los mamíferos gigantes. Hace alrededor de 12 000 años, la estepa del mamut se eclipsó rápidamente. La región de Altai-Sayan, en Mongolia, conserva una última reliquia. Es la única región donde el saiga y el reno —dos especies de base de la estepa del mamut— coexisten en la actualidad. En ausencia de mamut, fue quizá la estabilidad climática lo que permitió sobrevivir a estos vestigios.

[3] Los mamuts también sobrevivieron en la isla de San Pablo, Alaska, hasta hace aproximadamente 5000 años.

La estepa del mamut y otros hábitats del norte soportaban una amplia variedad de mamíferos además del mamut, incluyendo rinocerontes lanudos, bisontes, caballos, alces, bueyes almizcleros, renos, saigas y zorros árticos. Todos nos son familiares porque son criaturas vivas; excepto el rinoceronte lanudo. Este miembro de la familia del rinoceronte no se originó en Siberia, sino la meseta tibetana. Su pariente vivo más cercano es el rinoceronte de Sumatra, del cual se separó hace más o menos cuatro millones de años. Con sus mil kilos de peso, el rinoceronte de Sumatra es la especie de rinoceronte más pequeña viva y, hoy en día, sobrevive únicamente en la pluviselva tropical. Pero en Burma existe una subespecie más norteña, que es más grande y tiene las orejas peludas.[4] Tal vez hace cuatro millones de años algo parecido se desplazó hacia elevaciones más altas en el Himalaya, dando origen, hace unos 3,6 millones de años, a un ancestral rinoceronte lanudo. Cuando se establecieron las edades de hielo, el rinoceronte lanudo encontró condiciones agradables en las estepas del mamut que se habían formado a todo lo ancho de Eurasia, y se expandió desde Francia hasta Siberia.

Dos rinocerontes lanudos completos fueron hallados preservados en un rezumadero de alquitrán cerca de Starunýa, Ucrania, en 1929. Estos, junto con piezas momificadas conservadas en el permafrost, nos han permitido reconstruir mucho de la apariencia y el estilo de vida de estas criaturas desaparecidas. Al igual que el mamut lanudo, el rinoceronte lanudo no era tan grande como sugiere la leyenda. El peso ha sido estimado únicamente para las hembras; alcanzaban alrededor de los quinientos kilos. Los machos seguramente eran más grandes, pero no pesaban tanto como

---

[4] La subespecie, que tenía un segundo cuerno muy largo y era mucho más grande que los animales de Sumatra, se conoce como *Dicerorhinus sumatrensis lasiotis*. Aunque los últimos especímenes confirmados datan del siglo XIX, los rumores sugieren que aún podría existir. Sería interesante comparar su ADN con el del rinoceronte lanudo.

el rinoceronte blanco de África. El rinoceronte lanudo tenía un ancho labio superior, como el rinoceronte blanco, perfectamente adaptado para cosechar plantas de la pradera, pastos y hierbas.

La mayoría de las peculiaridades anatómicas del rinoceronte tienen que ver con la adaptación al gélido norte. Su cubierta de densa lana y largo pelo, su cola corta, sus cortas y estrechas orejas con forma de hoja (a diferencia de las orejas más redondeadas de los rinocerontes actuales) limitaban la pérdida de calor. Sus dos cuernos estaban aplanados de una forma tal que, si se le hubiera mirado de frente, habría parecido que eran muy delgados. El desgaste revela que eran usados como palas de nieve cuando la criatura movía la cabeza de lado a lado.[G] Los rinocerontes lanudos parecen haberse extinguido de Gran Bretaña hace unos 35 000 años, siendo Escocia el último lugar habitado por ellos,[H] y pudieron haber sobrevivido en Siberia occidental hasta hace 8000 años.

Para completar este bestiario de herbívoros de la Edad de Hielo falta conocer a una pareja de asombrosas criaturas con las que nuestros ancestros pueden haberse encontrado en Europa. La «bestia unicornio» (*Elasmotherium sibiricum*) era un tipo de rinoceronte de piernas largas que pesaba entre 3,5 y 4,5 toneladas, tanto como un elefante. Los individuos más grandes habitaban la región del Cáucaso, en la frontera entre Europa y Asia. La bestia unicornio era corredora y pastadora. Su popular nombre deriva del hecho de que tenía un solo cuerno, el cual, a juzgar por la marca que dejaba en el cráneo, era de un metro de circunferencia en la base por dos metros de largo. Una herida en el hueso de la rodilla sugiere que estas grandes criaturas utilizaban su cuerno para combatir —muy probablemente en altercados relacionados con hembras—. Fósiles recientemente descubiertos indican que las bestias unicornio sobrevivieron hasta hace 29 000 años en la provincia de Pavlodar, en Kazajistán.[I] Una burda silueta de una criatura con un solo cuerno y joroba a la altura de los hombros dibujada en la cueva de Rouffignac, en Francia, podría ser la evidencia de que alguna vez se extendió hasta Europa occidental.

El 16 de marzo de 2000, el arrastrero holandés *UK33* sacó la quijada de una extraña criatura de las profundidades del Mar del Norte en Brown Bank, frente a la costa de Norfolk. Tras unas seis semanas en manos de los pescadores, durante las cuales perdió solamente dos de sus dientes, el fósil fue entregado al paleontólogo holandés Klaas Post, quien lo reconoció como la mandíbula inferior de un gato dientes de cimitarra, *Homotherium*. Con sus 440 kilos de peso, el *Homotherium* era mucho más grande que un león, y su dieta estaba acorde a su tamaño. Un cubil descubierto en la cueva de Friesenhahn, Texas, estaba repleto de huesos de jóvenes mamuts. Cuando la quijada fue datada por radiocarbono, se encontró que tenía precisamente 28 000 años de edad.[J] Antes de este descubrimiento se pensaba que la especie se había extinguido en Europa hace alrededor de 300 000 años. ¡Signor-Lipps, cuán satisfecho te habrías sentido!

Podría pensarse que en una competencia entre semejante bestia y un ser humano el resultado estaría previamente decidido. Pero la historia de los gatos dientes de sable y dientes de cimitarra sugiere otra cosa. Estos gatos evolucionaron en África, pero el *Homotherium* ya se había extinguido de ese lugar hace 1,5 millones de años, y el dientes de sable hace un millón de años. El *Homo erectus* evolucionó en África hace aproximadamente dos millones de años, y hace un millón de años su cerebro ya había crecido y su tecnología había mejorado.

Tanto el gato dientes de cimitarra como el dientes de sable sobrevivieron más tiempo en Europa. Hasta hace alrededor de medio millón de años, época durante la cual los ancestros de los neandertales ya habían llegado. Cazadores altamente eficientes que utilizaban el fuego, los neandertales pueden haber superado en la competencia tanto al dientes de sable como al dientes de cimitarra. Ambos tipos, sin embargo, siguieron desarrollándose en las Américas hasta más o menos el tiempo en que los humanos llegaron hace 13 000 años.[K] Tal historia global de extinción sugiere que estos grandes gatos comenzaban a declinar siempre que los humanos o sus ancestros hacían acto de presencia.

El descubrimiento del hueso de *Homotherium* de 28 000 años de antigüedad no debería tomarse como evidencia de que los humanos y los gatos dientes de cimitarra coexistieron durante mucho tiempo en Europa. El *Homotherium* ya había desaparecido de las áreas más templadas de Europa hace alrededor de medio millón de años, y el fósil data de un período extremadamente frío. El gran gato pudo haber sobrevivido solo en el lejano norte, que hasta hace 15 000 años estuvo fuera del área donde existían asentamientos humanos.

CAPÍTULO 31

LO QUE LOS ANCESTROS DIBUJARON

Grandes tesoros escondidos del arte, preservados en cuevas selladas durante milenios a causa de los derrumbes, han sido descubiertos en Europa, lo que nos ha dado un atisbo sobre un mundo perdido de creatividad europea. Discutiblemente, lo mejor de este arte es lo más antiguo; en la cueva de Chauvet, en el sur de Francia.[1] Pero si hemos de mirar el mundo a través de los ojos de los cazadores de mamuts, debemos contemplar el arte de la Edad de Hielo como un todo. Y no hay mejor guía para esto que el cazador, artista, paleontólogo y naturalista alasqueño R. Dale Guthrie: el mismo que dio nombre a la estepa del mamut.

En su libro *La naturaleza del arte paleolítico*, Guthrie señala que el arte de la Edad de Hielo se enfoca en un particular conjunto de temas. No hay representaciones de flores botón de oro, bebés o mariposas, a pesar del hecho de que todos ellos debieron abundar durante la Edad de Hielo. De hecho, casi no hay ninguna representación de plantas. El principal interés del arte de la Edad de Hielo, en lo que respecta a la comida, está puesto en los grandes mamíferos, con un interés menor en las aves, peces e insectos comestibles; aunque casi todas las imágenes de insectos representan a las larvas del rezno, unos gusanos que viven bajo la piel del reno y que son un manjar para la gente del Ártico en la actualidad.[A]

Guthrie también observó que los artistas de la edad de hielo no representaban animales en general, sino criaturas de una edad

---

[1] Las pinturas más antiguas de esta cueva tienen alrededor de 33 000 años de edad, pero los niveles habitacionales más antiguos datan de hace 37 000 años. Se necesita más trabajo para entender con claridad toda la cronología del sitio.

y un sexo en particular que tienen conductas típicas. Por ejemplo, el reno es representado como macho o hembra (fácilmente distinguible por las astas) y en condiciones previas al celo (gordo) o posteriores al celo (flaco). Finalmente explica que la gran mayoría del arte de la Edad de Hielo es el trabajo de «aprendices», cuyos bocetos y dibujos contienen numerosos errores o son meros intentos casuales.

Las tres grandes galerías de arte paleolítico de Europa son el trabajo de maestros pintores: la cueva de Chauvet, en el sur de Francia, que data de hace 37 000 a 28 000 años; la cueva de Lascaux, también en el sur de Francia, datada en 17 000 años de antigüedad; y la cueva de Altamira, en el norte de España, que data de hace 18 500 a 14 000 años (aunque algunas de sus imágenes podrían tener 36 000 años de edad).[B] Aunque abarca un posible período de 25 000 años y, a pesar de que cada una tiene sus peculiaridades, el arte en estas galerías comparte elementos en común de estilo, propósito y temas.

Las imágenes fueron dibujadas utilizando materiales similares, el más importante de los cuales eran el ocre, la hematita y el carbón. Los temas con mayor recurrencia eran los uros, bisontes, caballos y ciervos. En las representaciones de Chauvet pueden identificarse hasta trece especies, incluyendo una variedad de carnívoros como leones, leopardos, osos y hienas de las cavernas. Un delgado elefante sin pelo (posiblemente un elefante de colmillos rectos) está representado, así como los rinocerontes. Los rinocerontes de Chauvet parecen no tener pelo y a menudo presentan un cinturón oscuro alrededor del estómago. Todas las demás representaciones de elefantes en la Edad de Hielo parecen ser mamuts lanudos, y otras representaciones de rinocerontes los muestran como bestias de un color más uniforme y cubiertas de pelo; casi con toda certeza rinocerontes lanudos.

Lascaux tiene, por mucho, la colección más abundante de arte, con un aproximado de 2000 imágenes, incluyendo a un único humano. Curiosamente el reno, el principal alimento de los habitantes de Lascaux a juzgar por los huesos preservados en la cueva, está representado en solo una imagen. Altamira, la más reciente, es donde hay menos imágenes. Contiene representaciones de lo que podría ser un jabalí (Guthrie lo identifica como un bisonte muy mal ejecutado). Es sorprendente la cantidad de especies de los bosques de Europa (incluyendo uros, ciervos y posiblemente rinocerontes lanudos) que están representadas en estos sitios.

Escenas de animales defecando son comunes en el arte de la Edad de Hielo, lo que ha llevado a algunos expertos a sospechar que existía un «culto de la defecación» entre nuestros ancestros. Guthrie, sin embargo, argumenta que muchos grandes mamíferos defecan antes de emprender una huida, así que lo que vemos son representaciones de animales al comienzo de una cacería. Otros animales muestran lanzas clavadas en sus cuerpos, o tripas colgando de una herida en el vientre, o tosen lo que parece ser sangre de los pulmones, lo que denota que el animal está muriendo. Otra característica de estos dibujos es la abundancia de manchas rojas que Guthrie interpreta como gotas de sangre; el rastro que deja tras de sí un animal herido que huye. Se puede entonces argumentar que la mayoría de las representaciones están relacionadas con criaturas en el proceso de ser cazadas.

El arte cavernario también nos da información sobre las técnicas de caza. Guthrie cree que las partidas de caza promediaban cinco personas, que los cazadores iban bien vestidos y que posiblemente usaban subterfugios (como ponerse astas de ciervo) para acercarse a la presa. Las heridas de lanza tienden a concentrarse alrededor de la región torácica y, a menudo, no hay un mango visible, lo que sugiere que se usaban lanzas con la cabeza incrustada. Además, las pocas imágenes que hay de los cazadores los muestran portando cada uno una sola lanza, por lo que es posible que hayan cargado múltiples cabezas. Las imágenes también muestran a animales heridos en solitario más que en rebaños. Existe abundante evidencia de que los europeos de la Edad de Hielo utilizaban lanzadores de lanzas, algunos de los cuales propulsaban dardos emplumados (dardos con plumas en la parte trasera del mango).[C] Los dardos emplumados tienen el poder de matar incluso cuando son lanzados desde una gran distancia, y son una tecnología sumamente sofisticada.

El hecho de que Guthrie dedique su libro a sus mentores de la infancia y a sus amigos parece sorprendente; hasta que lees que piensa que la mayoría del arte de la Edad de Hielo fue ejecutada por jóvenes ociosos e inútiles. Análisis de huellas de manos y embarradas de dedos dejadas por los artistas, casi todas en lugares alejados de las grandes galerías, sugieren que en su mayoría fueron hechas por jóvenes que literalmente fueron cogidos «con las manos rojas» en el acto de pintar sobre las paredes de las cuevas. A veces los artistas llevaban niños con ellos; la huella de la mano de un niño muy pequeño, junto con la impresión de su manga, está preservada en Gargas, en Francia. De una muestra de 210 huellas de manos, Guthrie determina que 169 fueron dejadas por hombres adolescentes y 39 por mujeres adolescentes o por hombres de una edad de entre 11 y 17 años. Un estudio exhaustivo de las mucho menos abundantes huellas de pies arroja resultados similares. Un grabado en piedra preservado en La Marche representa un grupo de cuatro adolescentes con vello facial y todo; quizá eran autorretratos.

Numerosos descubrimientos de arte de la Edad de Hielo han sido realizados por jóvenes, incluyendo las galerías de Altamira, que fueron encontradas por una niña de ocho años. Y las de Lascaux, que fueron descubiertas por Marcel Ravidat, de dieciocho años. Son los jóvenes quienes tienen el mayor espíritu de aventura; y el tamaño y la flexibilidad necesarios para explorar cuevas y grietas oscuras, así que podría no ser una coincidencia que los artistas y los descubridores caigan en el mismo saco. Con excepción de Chauvet, Lascaux y Altamira, la mayoría de los trabajos son casuales e improvisados, repletos de errores y torpes ejecuciones.

Muchos de los trabajos menos sofisticados son de naturaleza sexual. Entre las imágenes más comunes se encuentran estilizadas vulvas, y montones de ellas aparecen en las paredes de algunas cuevas. Menos común, pero también frecuentes, son los penes erectos, los desnudos femeninos más completos, copulaciones e incluso escenas de bestialidad. Podemos imaginar las circunstancias. Es invierno —afuera está helando— y en los confines de la cueva, papá y mamá se están volviendo locos por el entusiasmo de un grupo de adolescentes aburridos. Tras una regañina, un joven coge una antorcha, agarra a su hermanito favorito para que lo acompañe, y desaparece con sus amigos por una grieta al fondo de la cueva, donde existe un mundo mágico en el cual, por un corto tiempo, podrán desfogarse y dibujar.

Cierto arte de la Edad de Hielo sigue siendo un enigma, incluyendo los objetos tallados en marfil, hueso de astas y piedra que parecen penes erectos de tamaño real. Si no fueran tan antiguos, serían identificados como *dildos*. Una característica final del arte paleolítico que merece comentarse es la gran cantidad de imágenes de mujeres rollizas. Menos del 10 % de todas las representaciones femeninas son de figura esbelta, en tanto que el resto es descrito por Guthrie como de «rechonchas a corpulentas».[D] Ninguna, por cierto, tiene vello púbico. Guthrie argumenta que es probable que las mujeres europeas de la Edad de Hielo se depilaran el área púbica (una práctica común entre las sociedades tribales y los occidentales de hoy). Considera que estas imágenes (junto con las incontables vulvas desprovistas de un cuerpo, algunas de las cuales han sido descritas como patas de reno por investigadores mojigatos) son el trabajo de hombres que representaban gráficamente sus intereses sexuales. A favor de su argumento, Guthrie hace notar que no hay mujeres representadas usando más ropa que un rudimentario vestido (aunque sí se muestran los peinados) y, donde aparecen hombres dibujados (hay algunas pocas imágenes), estos están vestidos. Además, no existen representaciones de infantes, niñas prepubescentes ni mujeres por encima de la edad reproductiva.

Guthrie afirma que el arte de la Edad de Hielo da una imagen precisa de los hábitos y la apariencia de aquellos grandes mamíferos tan comunes de quienes dependían los artistas para poder subsistir. Los cazadores traían carne al hogar (a menudo una cueva) donde era compartida, lo que permitía a las mujeres que no estaban lactando acumular grasa en abundancia. La creación del arte paleolítico fue una actividad mayoritariamente masculina y, en gran medida, se originó de manera similar al moderno grafiti. Es una concepción del arte de la Edad de Hielo que es práctica y familiarmente humana, y que vuelve a las mentes y a la cultura de nuestros lejanos ancestros fácilmente accesible.

A pesar de lo consistente del arte de la Edad de Hielo a lo largo de los milenios, la relación entre los animales y los cazadores humanos fue cambiando. Podemos hacer algunas suposiciones sobre el cómo si utilizamos el fantasmal resumen de culturas desaparecidas que es el registro arqueológico. Las puntas de lanza han dejado un continuo registro del rápido desarrollo tecnológico y cultural de Europa. De hecho, las culturas se han caracterizado por sus puntas de lanza. La cultura de los pioneros humanos-neandertales, conocida como auriñaciense (nombrada así por un sitio arqueológico en Francia), fue breve, pues duró solamente unos pocos miles de años. Si bien los auriñacienses eran hábiles cazadores de grandes mamíferos, no estaban equipados con las puntas de pedernal especializadas características de las culturas europeas posteriores. En su lugar, hacían puntas de hueso finamente elaboradas para sujetar sus lanzas. El uso del pedernal lo reservaban para cuchillas y espátulas.

Las puntas de hueso funcionan de otro modo que las de pedernal. El hueso puede penetrar cuero y músculo, y un golpe bien colocado puede dejar mal herido a un animal, o incluso matarlo. Pero un golpe mal encajado permitirá escapar a la presa. Y, a menos que pueda ser rastreado o recuperado, lo más probable es que muera de septicemia un tiempo después, fuera del alcance del cazador. Hace 33 000 años ocurrió una importante innovación en la manufactura de las puntas de lanza. La cultura graveriense (una vez más nombrada así por un sitio en Francia) floreció a

lo largo de Europa durante casi 10 000 años —hasta hace unos
22 000 años— y su innovación característica fue el desarrollo de
una pequeña y puntiaguda navaja de pedernal con un dorso recto
y sin filo. Era una herramienta especializada empleada para cazar
grandes mamíferos, incluyendo caballos, bisontes y mamuts, y
era capaz de causar la muerte por pérdida de sangre, lo que es
más rápido que una muerte por septicemia. Un copioso flujo de
sangre ofrece el beneficio adicional de que la bestia herida deja un
abundante rastro tras de sí.

Pero la innovación en las puntas de lanza no terminó aquí. En
Francia, el norte de España y posiblemente en Gran Bretaña, la
cultura graveciense fue sucedida por la cultura solutrense (nombrada así por un sitio fósil en el sureste de Francia). Entre sus
muchos logros se encuentran las magníficas galerías de Lascaux
y Altamira, y el desarrollo de la aguja con ojo, lo que debe haber
revolucionado la confección de ropa y, por lo tanto, aumentado
la capacidad para cazar en un clima extremo. Pero la cultura es
mejor conocida por sus puntas de lanza, las cuales son célebres
por su notable belleza. Las puntas solutrenses estaban hechas de
pedernal y de otras piedras que seleccionaban por lo estético de
su color o diseño de su dibujo. Las puntas eran exquisitamente
talladas por medio de un sofisticado golpeteo —sin duda el trabajo
de maestros artesanos— y estaban finamente trabajadas por ambos
lados para tener dos largos y filosos bordes.

Las puntas solutrenses recuerdan a los caninos de los gatos
dientes de sable. Y, de hecho, pudieron haber matado de la misma
manera: por desangramiento. Guardan un parecido muy cercano
con las famosas puntas del clovis americano, que están asociadas
con la extinción de los grandes mamíferos a lo largo del continente de Norteamérica. Las puntas de Clovis fueron fabricadas
únicamente durante un período de 300 años, más o menos, y su
producción cesó aproximadamente al mismo tiempo que desapareció la megafauna americana: una vez que los mamuts se
hubieron extinguido, la gente dejó de elaborar las puntas que

usaba para cazarlos. La manufactura de puntas solutrenses duró alrededor de 5000 años, pero para hace 17 000 años dejaron de ser elaboradas, cuando el mamut lanudo y el rinoceronte lanudo estaban en decadencia en Europa occidental.

La diferencia entre la duración de los períodos de tiempo de la manufactura de las puntas de Clovis y de las solutrenses es intrigante. Los mamuts de Norteamérica no tenían experiencia en ser cazados por homínidos hasta antes de la llegada de humanos sumamente armados, tras lo que las grandes bestias fueron exterminadas rápidamente. Los mamuts de Europa, por el contrario, tras ser cazados durante millones de años por el *Homo erectus*, los neandertales, los humanos y los híbridos, eran cautelosos con las criaturas erectas que blandían palos.

Entonces, ¿por qué los mamuts europeos terminaron por sucumbir? Una respuesta podría ser la mayor velocidad en la evolución cultural sobre la evolución física. A los caninos de los gatos dientes de sable les llevó algunos millones de años alcanzar el largo tamaño que llegaron a tener. Pero a las puntas de lanza humanas solo le hicieron falta 20 000 años pasar de las puntas de hueso auriñacienses a las mortales puntas solutrenses. La hipótesis de la Reina Roja define la evolución como un tipo de carrera armamentista en la cual las especies deben evolucionar y adaptarse constantemente para poder sobrevivir. Si no puedes evolucionar lo suficientemente rápido, te extingues. Los mamuts y los gatos dientes de sable evolucionaron al mismo ritmo, así que la carrera armamentista evolutiva se mantuvo en equilibrio. Pero cuando los humanos modernos comenzaron su gran aceleración cultural, las grandes especies de lenta reproducción no pudieron mantener el paso.

Si bien este relato proporciona una narrativa satisfactoria, existe un problema con la idea de que las puntas solutrenses hayan significado el fin de los mamuts de Europa. Un estudio de las puntas encontradas en España muestra que muy pocas de estas presentan las fracturas típicas de las puntas de pedernal que efectivamente han sido usadas para cazar. Isabel Schmidt, de la Universidad de Colonia, cree que esto se debe a que las puntas solutrenses eran mayormente simbólicas y no se utilizaban en la cacería.[E] Hay otros ejemplos de semejante fenómeno. Las grandes y majestuosas hachas Hagen de Papúa Nueva Guinea son exquisitamente forjadas y tienen un alto valor. Pero nunca son usadas como herramientas, sino que sirven para mostrar el estatus de su propietario. Pero si no fueron las puntas solutrenses las que a menudo terminaron con la vida de los mamuts y demás megafauna, otra cosa tuvo que hacerlo. En la época en que las puntas solutrenses eran manufacturadas las criaturas estaban desapareciendo, y dados los muchos cambios climáticos a los que previamente habían sobrevivido, no podemos responsabilizar de ello únicamente a los factores climáticos.

El asombroso parecido entre las puntas de Clovis y las puntas solutrenses ha dado origen a una extraña teoría. Algunos investigadores afirman que los solutrenses se adelantaron a los vikingos, cruzando antes el Atlántico Norte y colonizando Norteamérica. Pero ninguna otra evidencia (incluyendo estudios genéticos) respalda esta teoría. Y las fechas no concuerdan. Las puntas solutrenses fueron hechas hace entre 22 000 y 17 000 años, y las puntas de Clovis de hace 300 a 13 000 años. Parece más probable que tanto los humanos de Europa como de Norteamérica hayan encontrado una solución similar al mismo problema —cómo matar rápida y eficientemente grandes bestias peligrosas y peludas— incluso si en el caso de Europa las finas herramientas adquirieron con el tiempo un alto valor simbólico.

Otro enigma está relacionado con la desaparición de los mamuts originales de Europa hace unos 34 000 años; varios miles de años antes de que los mamuts de Norteamérica hicieran su aparición en Europa. Quizá, todo consiste en que no contamos con las suficientes muestras para conocer la historia completa. Pero es intrigante que la extinción ocurriera al mismo tiempo que las puntas gravetienses estaba siendo fabricadas, hace 33 000 años.

¿Acaso los gravetienses condujeron a los últimos mamuts nativos de Europa a la extinción con sus letales puntas de pedernal solo para que los mamuts de origen americano los reemplazaran unos pocos miles de años después? ¿Y acaso los solutrenses hicieron lo mismo con los últimos mamuts del suroeste de Europa? Dada la deficiencia en el registro fósil y en la falta de estudios focalizados, no podemos saberlo con ninguna certeza. Pero los patrones resultan tentadores.

Las puntas solutrenses no fueron elaboradas a todo lo ancho de Europa, sino que estaban restringidas a una región que se extiende del sur de Inglaterra a España. Hace aproximadamente 17 000 años, la cultura solutrense fue reemplazada por la cultura magdaleniense, nombrada por un refugio rocoso en la Dordoña donde sus artefactos fueron reconocidos por primera vez. Los magdalenienses cazaban una amplia variedad de presas, incluyendo caballos, uros y peces, y son conocidos por sus artefactos de hueso enormemente sofisticados, así como por unas diminutas herramientas de pedernal conocidas como microlitos, las cuales se montaban juntas a lo largo de las lanzas para formar un borde afilado. Es durante la época magdaleniense que desaparecen los últimos mamuts de Europa occidental, y es también cuando los perros comienzan a ser enterrados junto con la gente. La cultura magdaleniense, de rápida evolución, habría de continuar, en sus múltiples manifestaciones locales, hasta el advenimiento de la agricultura.

LA EUROPA HUMANA

(Hace 38 000 años-El futuro)

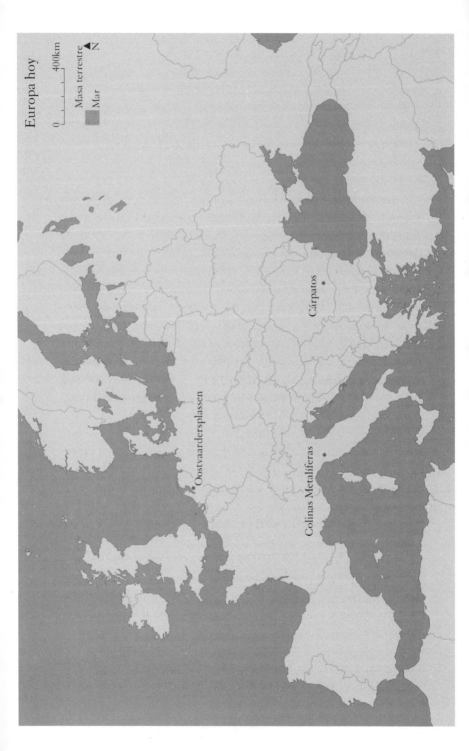

Europa hoy

0   400km

Masa terrestre

Mar

N

Oostvaardersplassen

Cárpatos

Colinas Metalíferas

32

LA BALANZA SE INCLINA

Los rinocerontes se establecieron en Europa hace más de 50 millones de años, y los elefantes llegaron hace 17,5 millones de años. Habían soportado de todo, desde la crisis del Messiniense hasta la glaciación del Anglia, pero a partir de hace 50 000 años comenzaron a desaparecer y, para hace 10 000 años, ya se habían extinguido de toda la Europa continental. Durante un siglo algunos científicos señalaron airadamente a «un cambio en el clima» como la causa. Pero las cosas no son tan sencillas. Tras décadas de investigación, los científicos han elaborado una cronología aproximada de la extinción. En la Europa continental, el elefante de colmillos rectos desapareció en algún momento posterior a hace 50 000 años, aunque algunas poblaciones isleñas sobrevivieron hasta hace al menos 10 000 años. Si bien su extinción parece ser anterior a la llegada de los humanos, Signor-Lipps nos exige ser precavidos.[1] Los dos rinocerontes de bosque de Europa —el de Merck y el de nariz angosta— también parecen haberse extinguido pronto. Otra vez contamos con muy pocos fósiles datados con precisión, pero si los dibujos en la cueva de Chauvet representan a un rinoceronte de bosque, debe haber sobrevivido al menos hasta hace 37 000 años.

Los neandertales se extinguieron hace aproximadamente 39 000 años, después de coincidir brevemente con los híbridos de humano y neandertal. El rinoceronte lanudo parece haberse extinguido hace alrededor de 34 000 años. Le siguió el oso de las cavernas, cuya bien documentada extinción, al menos en los Alpes

---

[1] Un elefante dibujado en el panel del león en la cueva de Chauvet no tiene pelo y es extrañamente delgado. Aunque las características clave son ambiguas, es posible que represente a un elefante de colmillos rectos.

europeos, ocurrió hace unos 28 000 años. Las pocas fechas que tenemos de la hiena de las cavernas indican que fue la siguiente en desaparecer, hace unos 20 000 años, y después, hace unos 14 000 años, el león de las cavernas se extinguió de Europa. Hace alrededor de 10 000 años se extinguieron los últimos mamuts lanudos y alces gigantes, mientras que el buey almizclero desapareció (en Suecia) hace 9000 años.

FECHAS DE EXTINCIÓN DE LA MEGAFAUNA EUROPEA

ANIMAL	EXTINCIÓN (AÑOS ATRÁS)
Elefante de colmillos rectos continental	50 000
Neandertale	39 000[2]
Rinoceronte de Merck	37 000
Rinoceronte de nariz angosta	37 000
Rinoceronte lanudo	34 000
Oso de las cavernas	28 000
Hiena de las cavernas (sobrevive en África)	20 000
León de las cavernas	14 000
Mamut lanudo	10 000
Ciervo gigante	10 000
Buey almizclero (sobrevive en el Nuevo Mundo)	9000

Algunas de estas fechas podrán ser corregidas cuando se realice más investigación. Pero el patrón de extinción no es lo que uno podría esperar si un cambio climático fuera el responsable. El frío

[2] Las fechas se dan sin los límites de incertidumbre, lo que puede abarcar varios miles de años. No obstante, la fecha más probable para la llegada de los humanos a Europa es hace 38 000 años y la de la extinción de los neandertales hace 39 000 años. En realidad, ambos eventos pudieron haber ocurrido hace entre 35 000 y 40 000 años.

más severo de todo el ciclo glacial tuvo lugar hace entre 30 000 y 20 000 años, antes de que el hielo comenzara a colapsar hace aproximadamente 16 000 años. Las grandes especies cálidas, incluyendo al elefante de colmillos rectos y a los rinocerontes de bosque, deberían haberse extinguido durante el período de máximo frío, pero desaparecieron antes. Y las especies frías deberían haberse extinguido cuando el calor se instaló, pero el rinoceronte lanudo pereció antes, mientras que el buey almizclero sobrevivió algún tiempo después. Un segundo rasgo curioso es que solo los grandes mamíferos se extinguieron.[3] En el clima de hoy, que sufre un rápido calentamiento, las criaturas pequeñas, como las picas y el saiga, están declinando tanto como las grandes.

Con la extinción del mamut hace unos 10 000 años, la Europa continental perdió todos los herbívoros que pesaban más de una tonelada y media, y todos los carnívoros estrictos de más de 50 kilos. A los animales de la megafauna se les llama «especies clave» porque cuando se extinguen, todo el arco del ecosistema puede colapsar. En el caso del mamut lanudo y del mamut de la estepa, el colapso concuerda con dicha expectativa y ha sido documentado. Pero en otras partes de Europa falta evidencia de un colapso del ecosistema a gran escala. África nos proporciona una idea de lo que debería haber ocurrido: donde los elefantes han sido cazados hasta la extinción, la sabana se ha transforma en bosque o incluso en densa selva, obligando a las criaturas más pequeñas de la sabana a buscar un nuevo hábitat en otro lado. En Europa, los densos bosques se reestablecieron brevemente tras la retirada final del hielo, pero al cabo de unos pocos miles de años, los humanos que utilizaban fuego y blandían hachas habían reemplazado a los elefantes como perturbadores de la vegetación.

---

[3] Las criaturas pequeñas íntimamente asociadas con ellos, como los escarabajos peloteros, también se extinguieron de Europa. Pero, en general, las especies europeas más pequeñas de vertebrados que habitaban durante el máximo glacial encontraron refugio en algún lado de Europa.

Los grandes depredadores son igualmente importantes en cuanto que especies clave; su remoción permite proliferar a los depredadores que les siguen en tamaño hacia abajo. Este fenómeno, conocido como liberación de mesodepredadores, puede tener un enorme impacto en los ecosistemas. La isla Barro Colorado, en Panamá, se convirtió gracias a la inundación del Canal de Panamá. Era muy pequeña para soportar a los más grandes depredadores de la región, los jaguares, y estos enormes gatos desaparecieron. Posteriormente, depredadores más pequeños se volvieron super-abundantes y provocaron la extinción de varias especies de aves y mamíferos que eran importantes polinizadores y dispersores de semillas. Esto, a su vez, alteró la composición de los árboles en el bosque. Pero los carnívoros de mediano tamaño de Europa siguieron siendo relativamente poco abundantes después de la extinción de los grandes depredadores. Una vez más, los humanos están implicados. En los depósitos arqueológicos observamos que los humanos se estaban volviendo expertos cazadores y tramperos de carnívoros. En efecto, ellos habían reemplazado a los leones y a las hienas como supresores de los carnívoros de tamaño mediano.

Se podía esperar otra consecuencia de las extinciones: como en edades pasadas, nuevos tipos de elefantes y rinocerontes debían migrar a Europa para reemplazar a los tipos extintos. Después de todo, cuando el calor se instaló, la tierra habitable de Europa aumentó enormemente y, con mayores lluvias y suelos revitalizados por la actividad glacial, se incrementó la productividad biológica. En las edades de hielos previas estos factores detonaron migraciones masivas de megamamíferos a Europa. Pero, al final de la última Edad de Hielo, los megaherbívoros no regresaron. La única explicación obvia es que la densidad de los hábiles cazadores humanos en Europa estaba evitando la recolonización de la megafauna.

Parece que mucho antes del surgimiento de la agricultura, los humanos ya habían reemplazado la función en el ecosistema de todas las grandes bestias de la Edad de Hielo. Hace aproximadamente 14 000 años Europa ya era un ecosistema sostenido por los humanos. En efecto, la cantidad de humanos en Europa había comenzado a incrementarse rápidamente. Un estudio reciente estima que hace 23 000 años la población humana de Europa era de unas 130 000 personas, y hace unos 13 000 años ese número ya se había más que triplicado para alcanzar las 410 000 personas.[A]

A pesar de la influencia de los humanos, hace alrededor de 10 000 años llegaron a Europa algunos invasores sorprendentes. Europa occidental, por lo menos, había estado libre de leones durante casi 5000 años tras la extinción del león de las cavernas cuando manadas de un nuevo tipo de león llegaron desde África o del occidente de Asia. Eran *Panthera leo*, la única especie de león que sobrevive hoy.[4] Hace unos 10 000 años ya había llegado tan lejos hacia el oeste como Portugal, colonizando Francia e Italia en el camino, y había sobrevivido en Iberia durante al menos 5000 años.[B] Pero a medida que las poblaciones humanas crecían, iba siendo empujado hacia el este. Para la época de Heródoto, los leones al oeste del Bósforo eran abundantes solo en las planicies de Macedonia, y para el último siglo a. C. ya habían desaparecido también de ese lugar. Sobrevivieron en Georgia más o menos hasta el año 1000 d. C., y en el este de Turquía hasta el siglo XVIII; lo que, por cierto, les permite cumplir con los requerimientos de la UICN para ser candidatos a la reintroducción en Europa.[C]

Otro invasor sorpresa fue la hiena rayada. Así como el león había usurpado hasta cierto punto el nicho del león de las cavernas, la hiena rayada usurpó parcialmente el rol de su pariente de mucho mayor tamaño, la hiena moteada. No se conocen restos de esta especie en los depósitos del Pleistoceno de Europa occidental. Pudo haber migrado de África en épocas tan recientes como el neolítico (hace 10 200-4000 años) y haberse vuelto común por un breve tiempo en Europa, particularmente en Francia y Alemania,

---

[4] Aunque pensamos que los leones son africanos, hasta hace poco estaban muy extendidos en Asia occidental, de los cuales sobrevive una población reliquia en el oeste de la India.

antes de declinar y extinguirse de todas partes con excepción del Cáucaso, donde mantiene un precario último refugio.[D]

Si bien las migraciones animales eran pocas, el ritmo de la migración humana se incrementó. Estudios genéticos, incluyendo algunos de ADN fósil, muestran que hace unos 14 000 años un grupo de humanos comenzó a expandirse hacia el oeste partiendo de lo que hoy son Grecia y Turquía (aunque pudieron haber partido de más al este). Estos, se mezclaron con el acervo genético de Europa y probablemente desplazaron a algunos de los pobladores originales. Como consecuencia, la cantidad promedio de ADN neandertal en las poblaciones europeas cayó hasta más o menos un 2 %.[E]

Hay evidencia de que estas nuevas personas se diferenciaban de forma importante de los habitantes originales, y cierta información reveladora sobre su cultura ha sido desenterrada en Göbekli Tepe, Turquía, donde el «templo» más antiguo de la Tierra ha sido descubierto. El templo de Göbekli Tepe fue construido hace unos 11 500 años, unos pocos miles de años después de la expansión inicial de estos nuevos migrantes hacia el occidente de Europa, pero antes del advenimiento de la agricultura. Es probable que los ancestros de los constructores de Göbekli Tepe compartieran una cultura común con los inmigrantes que entraron a Europa hace al menos 14 000 años.

El templo de Göbekli Tepe parece ser muy diferente de cualquier cosa que lo haya precedido, pero esto podría deberse a un prejuicio de la preservación. Los arqueólogos se refieren a la forma del templo clásico griego como «carpintería petrificada», porque los templos de piedra fueron levantados a partir de modelos previos de madera, y ciertos elementos de técnicas de carpintería fueron conservados en las formas de piedra. Existe sin duda una larga tradición, en muchas culturas, de construir con madera antes de adoptar la piedra, y es de esperarse que los constructores de Göbekli Tepe no fueran la excepción. Podemos por lo tanto anticipar que algunas de las adaptaciones vistas en la cultura que dio origen a Göbekli Tepe hayan estado presentes en sus ancestros en la época en que se expandieron hacia el occidente de Europa.

El templo de Göbekli Tepe es una inmensa forma circular construida con pilares de piedra de hasta seis metros de alto y de 20 toneladas de peso, decoradas con tallas en relieve de animales y humanos estilizados. Este estilo de tallado, en el cual la imagen sobresale de un fondo plano, es marcadamente más difícil que simplemente grabar un diseño en la piedra. Es, sin embargo, muy usado en el trabajo sobre madera, donde es más fácil de ejecutar, y parece posible que su utilización en Göbekli Tepe constituya un ejemplo de «carpintería petrificada». La función del complejo de Göbekli Tepe aún se sigue debatiendo, pero el descubrimiento de fragmentos de cráneos humanos con marcas de corte, así como los huesos de aves de presa, sugiere que pudo haber sido un lugar donde eran expuestos los cuerpos de los fallecidos para ser comidos por los buitres. Una práctica notablemente similar sobrevive hoy entre los parsis de la India, quienes dejan a sus muertos en las «torres del silencio».

La construcción de Göbekli Tepe debió requerir una considerable fuerza de trabajo. Entre las tareas mayores se encontraban preparar el terreno, extraer de la cantera y transportar las columnas unos 800 metros, esculpirlas y levantarlas.[F] No se sabe exactamente cómo se alimentaban los trabajadores, pero se debe haber necesitado comida en abundancia. Los arqueólogos que excavaron el sitio piensan que los huesos de gacela y de uro encontrados en el relleno utilizado para enterrar la estructura evidencian grandes festines de carne. Pero resulta difícil creer que se haya podido conseguir suficiente carne por medio de la caza para sostener tal fuerza de trabajo. En su lugar, parece probable que también hayan comido algún tipo de alimento vegetal almacenable en forma de semillas o nueces.

Las interpretaciones son necesariamente especulativas, pero parece posible que los constructores de Göbekli Tepe ya estuvieran embarcados en una importante fase de desarrollo que fue precursora de la domesticación, y que requería la manipulación de los recursos salvajes. Esto pudo haber incluido el sembrado selectivo en locaciones accesibles y la crianza de plantones de frutos o nueces que rendían especialmente bien. Tales árboles pueden tardar décadas en producir grandes cosechas, así que es lógico preguntarse por qué alguien habría de plantarlos si es probable que no vivan lo suficiente para recibir los beneficios. Pero una práctica similar continúa en Papúa Nueva Guinea, donde la gente planta árboles que son conocidos por atraer, cuando maduran, a los animales de caza. Yo le he preguntado a la gente de Nueva Guinea por qué hace esto, y me dicen que es para que sus nietos tengan qué comer.

Cualquier árbol que los constructores de Göbekli Tepe hayan plantado habría tenido pocas probabilidades de supervivencia si una gran cantidad de animales hubiera rondado en las cercanías, así que los herbívoros deben haber sido escasos. La estructura se localiza en una cumbre, que es un buen observatorio desde el cual se puede detectar a la caza migratoria. Parece posible que la gente haya vivido en los alrededores de Göbekli Tepe durante una parte significativa del año, y que hayan ejercido una fuerte cacería sobre las poblaciones animales locales de los alrededores. La supresión de herbívoros pudo haber abierto la puerta a un nuevo recurso; los granos. Cuando son pastados, los pastos se reproducen asexualmente por medio de rizomas subterráneos, pero cuando el pastoreo se reduce los pastos se reproducen sexualmente por medio de granos. Estos granos son un recurso clave para el humano, pues son densos en nutrientes y pueden ser almacenados o convertidos en harina y cocinados para hacer tortas almacenables, que pueden ser usadas para alimentar a los trabajadores.

Esta hipotética economía de la gente de Göbekli Tepe, sin embargo, nos deja con un problema, pues lugares como los prados de Turquía pueden volverse rápidamente bosques si los animales pastadores están ausentes. Para prevenir esto y mantener los pastizales productivos, los constructores de Göbekli Tepe pudieron haber usado el fuego, como hacen los pueblos aborígenes de Australia. El uso sensato del fuego pudo haber protegido a los valiosos árboles de nueces, promovido el crecimiento y la producción de semillas de los pastos y, si se practicaba a cierta distancia de los campos, pudo incluso haber atraído a los herbívoros con sus dulces y jóvenes retoños. Un enorme beneficio de usar el fuego de este modo es que posibilita la planeación por adelantado. Si las condiciones climáticas lo permiten, se puede anticipar que los animales de caza vendrán a alimentarse del naciente pasto algunas semanas después de la quema, y que los granos estarán disponibles tras un intervalo más largo.

Todo esto suma a una especie de etapa de «protodomesticación» en el manejo de los recursos salvajes, relacionada con una manipulación significativa del ecosistema, pero no con el sembrado ni con la selección intensiva de plantas de acuerdo al tamaño de su semilla. Esto habría hecho a la gente que avanzó hacia Europa occidental hace 14 000 años muy diferente a los cazadores de presas grandes que reemplazaron, los cuales vivían con una baja densidad poblacional. Hábiles manipuladores del entorno que cosechaban desde muy abajo en la cadena alimenticia, los grupos recién llegados pudieron construir poblaciones densas, así como aprovisionar individuos para que construyeran templos; o como salario de guerra.

33

LOS PRIMEROS ANIMALES DOMÉSTICOS

La población humana debe haberse incrementado hace entre
13 000 años (cuando había un estimado de 410 000 europeos) y
hace 9000 años, pues el clima se había calentado y estabilizado.
La retirada del hielo reveló suelos recién creados o rejuvenecidos
a todo lo largo del norte de Europa, el cual fue rápidamente colonizado. En efecto, una nueva tierra grande y fértil, que gozaba
de un clima cada vez más cálido, fue heredada por las plantas y
animales pioneros más robustos. Entre los primeros que se mu-
daron estaban las especies supervivientes de la tundra: el liquen
y el reno que se alimentaba de este, el sauce enano, la liebre de
montaña, el zorro ártico y el lemming. Luego vino el bosque
mixto caducifolio, que se expandió rápidamente, y que para hace
8000 años ya había alcanzado su extensión actual.[A] Entre los
colonizadores adaptables que se desarrollaron perfectamente en
este entorno estaban la ardilla roja, el erizo, el zorro rojo y el te-
jón; todos los cuales estaban destinados a convertirse en criaturas
familiares en la Europa moderna, y algunos de los cuales viajarían
con los europeos durante la edad de los imperios a tierras muy
lejanas, donde se arraigarían como pestes.

Desde luego, criaturas más grandes también estaban presentes,
incluyendo al oso, al lobo y al ciervo rojo. Pero fueron los humanos los que habrían de prosperar más en las tierras recientemente
habitables. Los agricultores surgieron hace unos 11 000 años, en
algún punto del área que se extiende desde la actual Turquía oriental hasta Irán. Cabras, ovejas, cerdos y reses fueron domesticados
más o menos simultáneamente, y el proceso de domesticación
debe haber sido deliberado, pues alguien —posiblemente los niños— tenía que cuidar los rebaños, llevarlos a pastar todos los

días y devolverlos al campamento por la noche.[B] ¿Cómo pudo haber comenzado esto? El experimento con los zorros de Dmitry Belyaev nos dice que los rasgos que vemos en casi todas las especies domésticas se desarrollan a través de la selección por mansedumbre. Podemos imaginar que, a lo largo de los milenios, muchos cachorros herbívoros fueron traídos a los asentamientos, y aquellos que eran más tranquilos en presencia de los humanos se habrían «autoseleccionado» para permanecer en el campamento después de alcanzada la madurez sexual. Pero, ¿por qué fue solamente a partir de hace 11 500 años que esto condujo a la domesticación?

Es ampliamente aceptada la idea de que la agricultura y la crianza de animales se desarrollaron como consecuencia de la estabilización climática hace alrededor de 11 000 años. El argumento ha sido expuesto de la mejor manera por Brian Fagan en su libro *El largo verano. De la era glacial a nuestros días.*[C] Fagan afirma que los climas de la Edad de Hielo eran hostiles, pero que un excepcional período seguido de estabilidad climática permitió que la agricultura fuera provechosa. El clima claramente tiene un impacto sobre la agricultura, pero me parece que es un error pensar en este como si fuera el único factor, o incluso como el factor decisivo. Durante las edades de hielo, el cambio climático se dio mucho más lentamente de lo que se da hoy; los cambios en el clima habrían sido imperceptibles para la gente que vivía entonces.[1] Puesto que grandes áreas en latitudes más bajas fueron aptas para la agricultura incluso durante la Edad de Hielo, debemos buscar una respuesta en otro lado. Quizá, como dice Fagan, el clima de la Edad de Hielo era más salvaje y más disruptivo que el que le siguió, pero eso aún está por ser demostrado a un grado convincente.

Cuando buscamos los orígenes de la domesticación nos resulta útil pensar en ello como una forma aplazada de gratificación, pues

---

[1] El cambio climático está progresando hoy en día al menos treinta veces más rápido que en cualquier otro momento de los últimos 2,6 millones de años.

un grano debe ser sembrado para su posterior consumo, en lugar de comerse en el momento, y un rebaño debe ser criado antes de poder ser sacrificado. Para que esto valga la pena, debe existir una razonable expectativa de ganancia. Un clima hostil puede ciertamente limitar el tamaño de la ganancia, y un clima salvaje puede destruirla del todo. Pero la ganancia también depende de factores que los humanos pueden controlar. Por ejemplo, los herbívoros pueden destruir un cultivo o los depredadores arrasar un rebaño, en tanto que vecinos hostiles pueden destruir o robar ambos.

La habilidad de la gente de Göbekli Tepe para cazar y controlar el fuego habría incrementado la expectativa de ganancia sobre la inversión requerida para la agricultura. Sin embargo, para hacer que el negocio realmente valiera la pena, habrían necesitado evitar que sus vecinos saquearan sus rebaños y sus cosechas. Sabemos poco sobre su organización política, pero no es irracional pensar que adquirir tales refinamientos pudo haberles llevado mil años o más después de la construcción de Göbekli Tepe.

Análisis de huesos animales de los primeros poblados revelan que la gente sacrificaba selectivamente jóvenes machos de sus rebaños. Este proceso de selección «no natural» permitía sobrevivir y pasar a la siguiente generación a lo que fuera que hacía que la gente salvara del cuchillo a los machos no escogidos. Al cabo de unos pocos miles de años esos rasgos seleccionados darían origen a los varios tipos domésticos que vemos en el registro arqueológico.

Cabras, ovejas y cerdos fueron muy importantes para los primeros criadores europeos. Pero, ¡cómo habría de volverse mucho más significativa la vaca! Los hindúes conservan una apropiada reverencia por esta criatura. No tanto los europeos; un pueblo mitológicamente concebido por la cópula de un toro y una diosa: Europa, la de los ojos grandes, la del rostro de vaca, fue raptada por un toro blanco —el dios Zeus disfrazado— y ella concibió tres hijos. Ecos del papel central de la res en la cultura europea pueden verse en grabados del neolítico que muestran a bueyes tirando de carros que cargan al sol. Incluso hoy en Siena, en la Toscana, durante el desfile del Palio, los bueyes tiran de carros por las calles de la ciudad; en lo que es tal vez una costumbre sobreviviente de las prácticas culturales etruscas.

Tal como sugiere su mitología, Europa le debe a la unión de la vaca y el humano más que cualquier otra región del mundo. Los europeos son de los pocos que pueden obtener grasa a partir de la leche de la vaca, pues tienen la mayor tolerancia a la lactosa sobre la Tierra; y en esto los irlandeses son los campeones de los campeones. La habilidad de los europeos para aprovechar la leche reposa, desde luego, sobre el infortunio de incontables ancestros que eran intolerantes a la lactosa en la adultez. Ellos perecieron para que los pocos afortunados pudieran construir una civilización basada en la fuerza de la vaca.

No me cabe la menor duda de que, en los albores de la domesticación, la vaca era considerada un miembro de la familia, una criatura protegida y mimada que a cambio daba alimento. Cualquiera que haya ordeñado una vaca sabrá que, durante las tres semanas posteriores al nacimiento de su becerro, su leche es especialmente rica y deliciosa. Pero ay de aquel que intente ordeñarla antes de que su becerro haya quedado saciado. Esta, se resistirá con todas sus artimañas —como es su derecho según el acuerdo de domesticación que hemos firmado con ella— antes de ceder ante el humano que desea probar el delicioso fluido. Sin embargo, una vez que su becerro ha quedado satisfecho, ofrecerá contenta su ubre e incluso tomará ella misma un sorbo si dirigimos el chorro a su boca.

Hoy la vaca ya no es vista como un miembro de la familia, sino como una unidad de producción. A menudo es miserable, perpetuamente confinada a su compartimento en una fábrica mecanizada de leche. Las ubres de sus ancestros los uros eran tan pequeñas que, incluso cuando estaban lactando, eran apenas visibles. Pero, después de miles de años de selección no natural, las ubres de la vaca lechera han crecido tan prodigiosamente que hoy no es raro que por su propio peso se lesionen las patas, y estos

bovinos son propensos a adquirir la enfermedad potencialmente
mortal de la mastitis. No me parece que valga la pena deshonrar
el trato que hicimos hace todos esos miles de años solamente por
un vaso de leche barata.

Los primeros domesticadores fueron marinos que poblaron
algunas de las islas más grandes del Mediterráneo. En los diversos yacimientos arqueológicos del continente los huesos de los
primeros animales domésticos están inevitablemente mezclados
con los de los animales salvajes. Pero en las islas no había ovejas,
cabras o reses salvajes, lo que vuelve más sencilla la interpretación.
Chipre, que se localiza a 60 kilómetros de la costa de Turquía, fue
descubierta por los primeros domesticadores hace alrededor de
10 500 años. Ellos trajeron ovejas, cabras, reses y cerdos que no
se diferenciaban físicamente de sus ancestros salvajes, pero cuyos
restos indican que los jóvenes machos eran sacrificados.

Uno de los animales domesticados que más modificaciones
ha sufrido es la oveja, cuyas variadas razas mantienen poco parecido con su ancestro salvaje, el muflón. Extraordinariamente,
los descendientes de algunas de las primeras ovejas domésticas
vagan salvajes hoy en Córcega, Cerdeña, Rodas y Chipre (donde
la población local se ha vuelto tan particular que es reconocida
como una subespecie). Sus ancestros deben haber escapado poco
tiempo después de que llegaron los primeros domesticadores con
sus rebaños, hace entre 7000 y 10 000 años.

Los primeros domesticadores también trajeron el gamo y el
zorro a Chipre. Quizá estas criaturas fueron adoptadas por niños cuando eran jóvenes y después escaparon al llegar a la isla.
Algunos investigadores, sin embargo, creen que fueron liberados
intencionalmente para poblar la isla con animales de caza. Los
colonizadores también trajeron cultivos —en forma de escanda,
espelta y lenteja— y comenzaron la labranza. Hace 7300 años,
los domesticadores y sus rebaños ya se habían extendido desde
su lugar de origen en el Levante hasta costas tan lejanas como el
oeste de Iberia.[D] Cuando las ovejas y las cabras se expandieron

hacia occidente no encontraron especies nativas similares con las que pudieran hibridarse, pero los cerdos domésticos habrían encontrado manadas de jabalíes salvajes, y las reses domésticas a los uros. Estudios genéticos revelan que los jabalíes salvajes de Europa se cruzaron con las cerdas domesticadas, introduciendo sus genes a los rebaños domésticos. Con el paso del tiempo, esta influencia genética habría de extenderse de vuelta hacia el este, mucho más allá del área geográfica ocupada por el jabalí salvaje europeo.[E]

Análisis del genoma de un uro hembra que vivió en Gran Bretaña hace 6750 años reveló que sus genes sobreviven en algunas antiguas razas británicas e irlandesas. Los pastores antiguos pudieron haber capturado uros para sumarlos a sus rebaños cuando estos se veían mermados. El estudio también reveló que los genes que regulan el cerebro y el sistema nervioso, el crecimiento, el metabolismo y el sistema inmunológico son los que más se han alterado en las razas modernas con relación a sus ancestros salvajes. [F] La domesticación también ha alterado a los humanos. La idea de que nos hemos sometido a una autodomesticación puede ser atribuida a Dmitri Belyaev. Un resultado es que hoy muchas culturas humanas valoran más la crianza que la cacería: a lo largo de 10 000 años, la evolución ha favorecido a aquellos con la habilidad de cuidar cultivos y rebaños. Y, aunque nos gusta pensar en nosotros como los amos y señores de la labranza, hemos experimentado una fuerte selección natural desde el comienzo de la agricultura, resultado de un cambio de dieta, un cambio en la exposición a enfermedades y un estilo de vida más sedentario.

DEL CABALLO AL FRACASO
DE LOS ROMANOS

Investigaciones de la genética de los últimos europeos cazadores-recolectores sobrevivientes y de los recién llegados granjeros sugieren que los granjeros reemplazaron casi completamente a los antiguos ocupantes en muchas regiones.[A] Desde el advenimiento de la escritura, la historia humana de Europa ha sido un lamentable recuento de guerra y exterminio, así que la sustitución de un pueblo por otro hace 8000 años no es para sorprenderse. Un análisis de los esqueletos de los cementerios muestra que durante aproximadamente 700 años después de que la agricultura se establecía en cualquier área, la población se incrementaba rápidamente. Esto venía seguido de un período de estabilidad que duraba unos 1000 años, después del cual la población comenzaba a colapsar y, al cabo de unas pocas centurias, la cantidad de humanos quedaba muy reducida.[B] La expansión de los agricultores no fue la última gran migración humana a Europa. Hace aproximadamente 5000 años, pastores montados a caballo provenientes de las estepas rusas llegaron a Europa, una vez más desplazando a algunos pueblos. Como resultado de esta larga historia de invasiones, que empezó desde el tiempo de los neandertales, todos los europeos de la actualidad son de una amplia herencia mixta, como lo sugiere la variedad en color y forma de ojos, piel y cabello.

Desde que los humanos llegaron a Europa, la migración había sido siempre hacia occidente y, antes del siglo XVIII, las grandes innovaciones fueron siempre orientales. A menudo penetraban en Europa con una demora considerable. Hace cien años los europeos eran absolutamente inconscientes de esto. La idea de que Europa era un apéndice de Asia, al menos en cuanto a culturas humanas se refiere, habría sido ridiculizada o considerada insultante. Uno de los que dio a conocer la noticia de que Europa no era la cuna de la civilización fue Vere Gordon Childe, el primer y discutiblemente mayor sintetizador de la arqueología. Famoso por su opinión de que la civilización europea era una «peculiar e individual manifestación del espíritu humano» mas no el apogeo de los logros de la humanidad, también fue uno de los más grandes excéntricos que jamás hayan empuñado una espátula de arqueólogo.[C]

Childe era —al igual que aquel otro original pensador, el barón Nopcsa— la quintaesencia del excluido. Nacido en 1892 en Sídney, Australia, hijo de un reverendo anglicano, Childe fue siempre muy enfermizo, tanto que recibió su educación escolar en casa, y de tan «fea apariencia» que se convertía en el objeto de crueles burlas.[D] Torpe, ordinario y sin atributos sociales, Childe nunca sostuvo, al parecer, relaciones sexuales.[E] Su único amor en la vida, además de su trabajo, fue la velocidad. Poseía varios autos, rápidos y costosos, y, tras mudarse a Inglaterra, se volvió famoso por su forma temeraria de conducir; incluyendo una carrera a toda velocidad por Piccadilly, a tempranas horas de la mañana, que atrajo la atención de la policía. Después de disfrutar de una beca en Oxford, sus oportunidades de obtener un lugar en la academia se vieron frustradas debido a sus opiniones marxistas. Así que regresó a Australia, donde trabajó para el Partido Laboral de Nueva Gales del Sur y escribió un libro titulado *Cómo gobierna el laborismo*; un muy esclarecedor, aunque desilusionado, estudio de la representación de los trabajadores en la política.

Tras regresar a Londres en 1922, Childe estuvo desempleado durante varios años, pero este fue el período más productivo de su vida. Hizo investigación en las bibliotecas del British Museum y del Royal Anthropological Institute y, en 1925, publicó *El amanecer de la civilización europea*. Junto con *Los arios: un estudio de los orígenes indoeuropeos*, que fue publicado un año después, el libro estableció concluyentemente la importancia del Este como fuente de la civilización «europea».

En cuanto que historiador marxista, Childe veía a la prehistoria en términos de revolución y economías cambiantes. Entre sus grandes excavaciones se encontraba Skara Brae, un famoso complejo neolítico en las islas Orcadas, y entre sus más profundos conceptos estaba el del «corredor del Danubio», que fue utilizado por varias especies para migrar hacia el oeste, incluyendo a los híbridos de humano y neandertal. Ferviente defensor de la Unión Soviética, en 1945 escribió a su amigo Robert Stevenson, el encargado del National Museum of Antiquities de Escocia: «el valiente Ejército Rojo liberará Escocia el próximo año, los tanques de Stalin vendrán haciendo crujir el hielo sobre el congelado Mar del Norte».[F] La brutal represión soviética de la revolución húngara en 1956 lo desilusionó y, hacia finales de ese año, se retiró prematuramente de su puesto como director del Instituto de Arqueología y regresó a Australia. En una carta fechada el 20 de octubre de 1957 y rotulada con la leyenda «no abrir hasta enero de 1968», escribió sobre sus últimos días:

> Siempre he considerado que una sociedad sana debería ofrecer la eutanasia como el honor supremo Yo mismo no creo poder hacer ninguna otra aportación de utilidad Un accidente podría ocurrirme fácil y naturalmente en un acantilado de la montaña. He vuelto a visitar mi tierra natal y descubrí que la sociedad australiana me gusta mucho menos que la europea, y no creo poder hacer nada para mejorarla, pues he perdido la fe en mis ideales.[G]

El 19 de octubre de 1957, el gran arqueólogo se tiró de un precipicio de mil metros de altura conocido como Govetts Leap, en las Montañas Azules, cerca de donde había crecido. Solo podemos esperar que haya disfrutado la aceleración de sus últimos momentos.[1]

---

[1] Inexplicablemente, el salto ocurrió el día anterior a la fecha que aparece en la carta de Childe.

Nuevas especies siguieron sumándose al séquito de los humanos. El gato parece haberse domesticado a sí mismo en el cercano oriente hace unos 9000 años. Y hace alrededor de 5500 años la especie más importante que habría de unirse a la familia —el caballo— fue domesticado en algún lugar de las estepas de Eurasia occidental. Surgió del *Equus ferus*, una especie bastante mezclada genéticamente (con poca variación geográfica) que existía a todo lo ancho de una vasta región que abarcaba desde Alaska hasta los Pirineos. A diferencia de los uros, cuyos ancestros regionales pueden ser rastreados genéticamente, la historia del caballo es «una paradoja genética», aunque queda claro que el caballo de Przewalski no es un ancestro del caballo doméstico, sino un linaje separado que se remonta a 160 000 años atrás.[H]

Hay una variación tan pequeña en el cromosoma Y de los caballos domésticos que la manda original debió tener muy pocos sementales. En contraste, el ADN mitocondrial, que se transmite solo a través de la línea femenina, es espectacularmente diverso. Esto podría deberse a que había una gran cantidad de yeguas en la manda original o, tal vez, a que se fueron agregando yeguas adicionales provenientes de manadas salvajes conforme los caballos domésticos se expandieron a lo largo de Eurasia; una idea respaldada por los últimos datos encontrados. Al parecer muchas se introdujeron durante la Edad de Hierro, hace aproximadamente entre 3000 y 2000 años.[I] En términos genéticos, ninguna raza actual de caballos es un sobreviviente representativo del *Equus ferus*.

Muy pocas especies han sido domesticadas desde el caballo. La abeja fue domesticada en Egipto hace 4500 años, y el dromedario hace unos 3000 años en la península arábica: en aquel entonces estaba al borde de la extinción, restringido únicamente a las áreas de manglares en el sureste de Arabia.[J] Hace alrededor de 3000 años el camello bactriano fue domesticado en Asia central, y el reno pudo haber sido domesticado tanto en Siberia como en Escandinavia. Los únicos ejemplos más recientes son el conejo y la carpa, que fueron domesticados por monjes en la Edad Media.

Seguramente habrá notado que falta algo en esta historia de domesticación, los romanos. Pocos pueblos han tenido el acceso a la diversidad de animales salvajes que tuvieron los romanos, o los han utilizado para una variedad tan sorprendente de propósitos. Desde leones, elefantes y osos destinados para el combate en la arena, hasta los leones que presuntamente usaba Marco Antonio para tirar de su carro, los animales salvajes eran capturados y entrenados en masa. Si por casualidad los leones de Marco Antonio no fueron una leyenda, la proeza de colocar los arreos a estos grandes gatos fue uno de los más grandes triunfos del hombre sobre la bestia.

Los romanos pensaban que los lirones eran una delicia irresistible y, para satisfacer sus apetitos, capturaban individuos salvajes y los mantenían en contenedores de terracota, conocidos como *gliraria*, mientras engordaban. Los lirones no son más que parientes muy distantes de las ratas y los ratones que infestan nuestras casas y cultivos; son miembros sobrevivientes del linaje de mamíferos más antiguo de Europa, cuya historia se remonta más de 50 millones de años. Y, sin embargo, a pesar de toda su experiencia en otras áreas, los romanos nunca domesticaron a los lirones: nunca consiguieron que se reprodujeran en cautiverio, una puerta clave para la domesticación.

Los romanos también fueron famosos por criar peces, incluyendo al salmonete, a los que capturaban jóvenes y hacían crecer hasta alcanzar un enorme tamaño en estanques. Un salmonete grande podía costar tanto como un esclavo. Y los romanos fueron los primeros en cultivar ostras. El pretor Caius Sergius Orata, que las criaba en el lago Lucrino —una laguna costera en la región de Baiae (hoy Bayas)— en el siglo I a. C., fue el primer granjero de ostras registrado.[K] Pero las ostras de Orata, al igual que los lirones y los peces, eran recolectadas en su estado salvaje, como larvas. Así que el cultivo de ostras, como la engorda de lirones, no es una forma de domesticación, sino una crianza en cautiverio.

El fracaso de los romanos para aportar al inventario de los animales domésticos es verdaderamente inexplicable. Duran-

te alrededor de 500 años gobernaron un imperio que rodeaba
al Mediterráneo y que era tan grande como el Imperio inca en
Sudamérica; aunque duró cinco veces más. Situado en una parte
del planeta biológicamente diversa, que peinaron en busca de
animales salvajes, y teniendo la ventaja de contar con las *Geór-
gicas* de Virgilio (un poema instructivo sobre las técnicas de la
agricultura) y con toda la experiencia en entrenamiento, en la
crianza en cautiverio e incluso en la cruza selectiva de criaturas
ya domesticadas, fracasaron en domesticar una sola especie. Y sin
embargo los bárbaros que vivieron justo antes que ellos, cuyas
culturas ya conocían, así como los europeos de la Edad Media
que los sucedieron, aportaron nuevas especies a los animales domésticos de Europa.

CAPÍTULO 35

LAS ISLAS VACÍAS

Las islas son fundamentales para la historia de Europa, y todavía hoy sus numerosas islas son diversas y ecológicamente importantes. Pero es mucho lo que se ha perdido: el destino de la singular fauna isleña de Europa a lo largo de los últimos 10 000 años es un ejemplo extremo de cómo la herencia natural ha sido disminuida por la implacable expansión humana. La historia comienza en Chipre, la primera gran isla del Mediterráneo en ser colonizada por humanos. Quienquiera que haya visto la isla en su estado virgen debe haber experimentado el paraíso.

Los indicios de lo que deben haber encontrado fueron desenterrados por la madre fundadora de la paleontología de las islas del Mediterráneo, Dorothea Bate. Nacida en 1878, Bate recibió poca educación formal (alguna vez bromeó diciendo que su educación fue brevemente interrumpida por la escuela). Fue «trabajadora a destajo» en el British Museum. En el escalafón más bajo de todos los empleados, los trabajadores a destajo cobraban solo por cada ave o mamífero que disecasen o cada fósil que prepararan. Bate persistió en esta precaria ocupación por más de cincuenta años, tiempo durante el cual se enseñó a sí misma a encontrar fósiles, investigar y escribir artículos científicos.

Tuvo la fortuna de conocer al paleontólogo suizo Charles Immanuel Forsyth Major, quién la animó a visitar las islas del Mediterráneo en busca de fósiles. Su primera aventura fue en Chipre, a donde llegó atraída por antiguas historias de huesos encontrados en cuevas que, según se decía, habían pertenecido a los siete mártires de la tradición de la isla, o los siete durmientes, que entraron a una cueva y durmieron durante un año. En 1901 ella partió hacia la isla en una expedición autofinanciada y permaneció ahí durante dieciocho meses. Así localizó varias de las cuevas mencionadas en textos más antiguos, incluyendo la «Cueva de los Cuarenta Santos» en cabo Pyla, que contenía ricos depósitos de huesos fósiles.

Los fósiles que Bate excavó se conservan ahora en las colecciones del Museo de Historia Natural de Londres, donde los restos más interesantes yacen sin ser estudiados desde hace mucho. Pero en 1972 los paleontólogos holandeses Bert Boekschoten y Paul Sondaar anunciaron que los huesos provenían de un inusual hipopótamo diminuto, al que llamaron *Phanourios minor*; «pequeño santo manifiesto», la cueva había sido visitada durante siglos por pobladores que buscaban los huesos fosilizados de su «santo», del cual creían que podía curar varias enfermedades.[A] El santo hipopótamo era, con su menos de un metro de altura y su peso de solo 200 kilos, un enano isleño que presumiblemente descendía de ancestros anfibios de tamaño normal que habían nadado a Chipre desde el Nilo. El hipopótamo estaba ampliamente extendido por toda la isla y parece haberse vuelto totalmente terrestre en sus hábitos. En ausencia de depredadores, pudo haber sido de lento crecimiento y fatalmente inocente en lo que respecta a los carnívoros.

El hipopótamo compartía Chipre con un elefante de colmillos rectos miniatura. La presencia del pequeño elefante en varias islas del Mediterráneo pudo haber influenciado en la mitología clásica. En 1941 el paleontólogo fascista vienés Othenio Abel (aquel que denigró la teoría isleña de Nopcsa sobre la evolución de los dinosaurios) propuso que los cráneos fosilizados de elefantes enanos pudieron haber sido el origen de la historia de los cíclopes; los gigantes de un solo ojo de la mitología griega, que aparecen con diferente aspecto en numerosos relatos. En la *Odisea*, el cíclope cavernario Polifemo, del que se dice que vive en un «país lejano», el cual se suele considerar que es una isla, captura a Odiseo y a su tripulación. Destinados a convertirse en alimento, escapan cegando al gigante. Los cráneos de los elefantes enanos, observó

Abel, son de aproximadamente el doble de tamaño de un cráneo humano, así que se pudo haber pensado que pertenecían a gigantes. Además, tienen una abertura nasal en el centro que podría confundirse con una cuenca ocular. El descubrimiento de semejante cráneo en una cueva, pensaba Abel, pudo haber generado el cuento de los cíclopes que habitan en las cavernas.

Malta y Sicilia estuvieron unidas alguna vez, por lo que comparten una herencia biológica en común. Pero para la época en que los humanos llegaron ya habían estado separadas por cientos de miles de años. Sicilia queda cerca del continente y el estrecho de Mesina difícilmente representa una barrera para muchos grandes mamíferos que nadaron hasta la isla, incluyendo uros, bisontes, ciervos rojos, asnos, caballos y elefantes de colmillos rectos. Por cierto, los elefantes de colmillos rectos de Sicilia sobrevivieron ahí hasta hace unos 32 000 años, en tanto que el resto de los grandes mamíferos perecieron después de la invasión de la isla por parte de los domesticadores y su ganado.

La fauna de Malta posee una rica y variada historia, incluyendo elefantes e hipopótamos enanos y un cisne gigante no volador que era más alto que los paquidermos de la isla. Pero para cuando los humanos la descubrieron ya tenía una fauna más limitada, quizá porque varias especies se habían perdido a causa del reducido tamaño de la isla durante las épocas en que subía el nivel del mar. Los sobrevivientes incluían varios tipos de lirón y un ciervo, ambos únicos de Malta, y ninguno sobrevivió al impacto humano.

Cerdeña y Córcega son grandes islas que se conectaban en los períodos en que descendía el nivel del mar. Para cuando los humanos llegaron, hace unos 11 000 años, la fauna de las islas incluía a un mamut enano, un ciervo, una nutria gigante de anchos dientes trituradores que probablemente se alimentaba de crustáceos, otras tres especies de nutria, una pika, algunos roedores, musarañas y un topo. También estaban habitadas por un cánido pequeño, parecido al perro, conocido como *Cynotherium*, el cual pudo haberse alimentado exclusivamente de las pikas de las islas.[B]

Hace aproximadamente un millón de años, Cerdeña y Córcega fueron pobladas por una especie similar al *Homo erectus* que dejó abundantes herramientas de piedra. Pero se extinguió y en adelante las islas carecieron de simios erguidos hasta que fueron redescubiertas por los domesticadores. El mamut y otros grandes mamíferos parecen haberse extinguido poco tiempo después, pero el ciervo sobrevivió hasta hace uno 7000 años, y la pika hasta entrado el siglo XVIII (donde persistió en algunos islotes cercanos a la costa). Hoy, tristemente, toda la fauna endémica se ha extinguido.

Las islas de Menorca y Mallorca no fueron descubiertas por los humanos sino hasta hace entre 4350 y 4150 años —por la época del Imperio Antiguo de Egipto— y así lograron conservar su singular fauna por seis milenios más que las islas más orientales del Mediterráneo. Tres criaturas muy inusuales habitaban estas islas: la musaraña gigante *Asoriculus*, el lirón gigante *Hypnomys,* y un enigmático miembro de la familia de las cabras, el *Myotragus*. La musaraña es poco conocida, pero se sabe que el lirón pesaba hasta 300 gramos y es probable que fuera parcialmente terrestre (más que arbóreo) y omnívoro.[C] El *Myotragus*, que significa «cabra-ratón», pesaba entre 50 y 60 kilos y se alimentaba de arbustos. Los restos de estas tres extrañas criaturas fueron descubiertos y nombrados, después de muchas búsquedas infructuosas y callejones sin salida, por Dorothea Bate, quien también publicó una breve descripción de la cabra-ratón en 1909.

El trabajo de Bate tuvo sus riesgos: contrajo malaria en Chipre y casi murió de hambre en Creta. En Mallorca fue acosada sexualmente por el vicecónsul británico, experiencia sobre la cual escribió: «Odio a los hombres viejos que tratan de hacerle el amor a una y que no deberían hacerlo en su posición oficial».[D] Bate tenía una fuerte personalidad, y sospecho que su irónico sentido del humor fue el responsable de su idiosincrática manera de expresarse. Bate, por cierto, no se limitó a los fósiles: el moderno ratón espinoso de Chipre es uno de sus descubrimientos. Y una vez cumplidos ya los setenta descubrió los restos de una tortuga gigante, nada menos que en Belén.

Los ancestros del *Myotragus* parecen haber caminado hasta las Baleares hace cerca de seis millones de años, durante la crisis del Messiniense, cuando el mar Mediterráneo se secó. Aislados por millones de años, desarrollaron algunas características bastante inusuales. Sus ojos se movieron hacia el frente, como los de los monos y los gatos, en lugar de los usuales ojos orientados hacia los lados de los herbívoros. Y, como los roedores, las cabras-ratón tenían un solo y robusto incisivo al frente de la mandíbula inferior (de ahí el nombre de cabra-ratón). Sus huesos parecen haber crecido de forma diferente a la de cualquier otro mamífero. Al igual que los huesos de los reptiles, muestran líneas que indican largos períodos durante los cuales no hubo crecimiento y el animal parece detener gran parte de la actividad metabólica. Esto ha llevado a los científicos a pensar que la cabra-ratón entraba en una especie de estado de hibernación, o de estivación, tal vez como respuesta ante la falta de comida o agua. En algún momento, después de hace 4800 años, más o menos cuando los primeros humanos llegaron a las islas, murió la última cabra-ratón. Alguna vez se creyó que los primeros humanos de las Baleares habían domesticado a la cabra-ratón, pues en algunas cuevas se encontraron lo que parecían ser corrales llenos de estiércol. Estudios posteriores, sin embargo, revelaron que se trataba de formaciones naturales.[E]

Y así, comenzando con los elefantes e hipopótamos enanos de Chipre, desaparecieron las especies únicas de las islas europeas, hasta que incluso la pika de Cerdeña, que era grande como una rata y que había sobrevivido hasta tiempos de los romanos y probablemente un poco más, fue llevada a la extinción por la cacería o por la competencia con las especies que los humanos traían a las islas.[1] Hoy, de entre todos los mamíferos únicos del Medi-

[1] La pika de Cerdeña (*Prolagus sardus*) pesaba alrededor de medio kilo. Animal excavador, era muy abundante al momento en que los humanos se

terráneo, existe un solo sobreviviente: el ratón de Chipre (*Mus cypriacus*), una especie tan oscura y pequeña que ni siquiera fue reconocida como una especie distinta al ratón casero sino hasta 2006.[2] ¿Existió alguna vez una historia de la ignorancia humana y de la sobreexplotación más lamentable que esta? Que todas y cada una de las islas de la costa de Turquía a los pilares de Hércules hayan sido vaciadas de sus tesoros naturales, uno por uno, hasta que solo quedara un ratón.

---

asentaron. Pudo haber sobrevivido en la isla de Tavolara, frente a la costa noreste de Cerdeña, hasta 1780, cuando la isla fue finalmente colonizada.

[2] El ratón espinoso de Chipre también podría sobrevivir, aunque parece estar al borde de la extinción, y dos musarañas endémicas también sobreviven en las islas Canarias del Atlántico. Otras poblaciones isleñas de musarañas y ratones, que en ocasiones se afirma son especies únicas de las islas, pueden ser de hecho descendientes de inmigrantes recientes.

36
LA CALMA Y LA TORMENTA

Después de que los últimos bueyes almizcleros de Europa murieron en lo que hoy es Suecia, hace unos 9000 años, la Europa continental no perdió otra especie sino hasta el siglo XVII. A la luz de los cambios que estaban ocurriendo en las sociedades humanas, esta pausa en la extinción es totalmente extraordinaria, pues la población humana se incrementó cien veces, los europeos se transformaron de cazadores-recolectores a productores, se inventaron las herramientas de bronce y de hierro, y la organización social subió del nivel del clan al del Imperio romano.

La extinción es simplemente el acto final de lo que suele ser un proceso interminable. Durante la pausa en la extinción, los mamíferos más grandes de Europa continuaron bajo la implacable y creciente presión de los cazadores y de la competencia con el ganado doméstico. A cada milenio que pasaba, su distribución se veía más restringida; sus últimos refugios fueron las áreas poco favorables para la ocupación humana, o quizá las zonas fronterizas entre las tribus. Una vez que se desató la ola de extinción, a mediados del siglo XVII, cobró fuerza rápidamente, arrasando con los últimos sobrevivientes de un grupo tras otro.

Al igual que con las anteriores olas de extinción, esta afectó desproporcionadamente a las especies más grandes, pero fue tan severa que incluso el castor europeo, que alguna vez fue muy abundante en los ríos y lagos desde Gran Bretaña hasta China, fue totalmente exterminado; solamente sobrevivían 1200 en todo el mundo a principios del siglo XX. Los registros históricos dejan claro que la causa fue una población humana cada vez más densa y mortal.

Para el año 200 d. C. la población del Imperio romano (que entonces incluía gran parte de Europa, junto con algunas partes del norte de África) era de alrededor de 50 millones de personas; eso es cien veces más que toda la población de Europa 11 000 años antes. En tiempos de los romanos, entre el 85 y el 90 % de la gente vivía fuera de las ciudades, sobreviviendo de lo que ellos y sus comunidades pudieran cultivar o atrapar.[A] Para 1700 la población de Europa casi se había duplicado respecto a la de 1500 años antes, es decir, había alcanzado alrededor de cien millones; y el porcentaje de gente que vivía fuera de las ciudades prácticamente no había cambiado.

Durante los siguientes dos siglos, entre 1700 y 1900, la población de Europa se cuadruplicó hasta alcanzar los 400 millones. Y, no obstante, con excepción de la industrializada Gran Bretaña (donde la proporción de gente que vivía fuera de las ciudades había caído hasta alrededor del 75 %), el 90 % de los europeos todavía vivía fuera de las ciudades. Para la primera mitad del siglo XX, casi cualquier pedazo disponible de tierra, exceptuando los cotos reales de caza, estaba siendo exprimido para sacarle hasta la última onza de productividad. En la Europa mediterránea, cientos de millones de ovejas y cabras vagaban por las montañas consumiendo todo tipo de vegetación y, dondequiera que fuera posible, colinas y montañas eran convertidas en terrazas de cultivo.

Un importante factor evitó que esta gran expansión humana destruyera aún más especies de las que destruyó. Surgió de una peculiar actitud europea con respecto a la cacería. En tiempos de los romanos, la cacería era realizada por sirvientes y esclavos. Pero para la Edad Media había cansado un significado simbólico y era parte de un complejo sistema social. La *caccia medievale* restringía la cacería de ciertas criaturas a algunos grupos sociales en particular. Rápidamente se expandió por la mayor parte de Europa y en esencia permaneció inalterada hasta la Revolución Francesa. La *caccia medievale* reservaba a los terratenientes y sus familias la cacería del ciervo rojo, el jabalí salvaje, el lobo y el oso; la caza de los nobles. La caza más pequeña, como liebres y faisanes, solía dejarse a los sirvientes y a los granjeros comunes.

Fue de la *caccia medievale* de donde surgieron las grandes reservas de caza de la mayor parte de Europa, y en algunos lugares
siguieron existiendo hasta el final de la Segunda Guerra Mundial.
Uno de sus más ardientes defensores fue el español Alfonso XI
(1311-1350). Reputado por ser un hábil cazador, escribió el popular *Libro de la montería*, en el que se indica dónde viven los osos y
jabalíes más fieros en las muchas reservas (montes)[1] de su reino,
así como la manera de cazarlos y matarlos. Los europeos no fueron
los únicos que desarrollaron costumbres para proteger grandes y
prestigiosas especies de caza. Muchas culturas, incluyendo a los
aborígenes de Australia, protegen los hábitats donde abunda la
caza y restringen el consumo de los platillos más exquisitos a los
hombres mayores. El coto real de caza estaba lejos de ser perfecto como mecanismo de protección de los grandes mamíferos de
Europa, pero sí prolongó la existencia de los últimos vestigios del
esplendor natural de Europa.

La primera extinción que dañó a la Europa continental de occidente desde la desaparición del buey almizclero 9000 años antes
ocurrió en 1627, en el bosque Jaktorów de Polonia. El uro era la
criatura europea más grandiosa que había sobrevivido. Los toros,
que eran negruzcos y mucho más grandes que las vacas, pesaban
hasta una tonelada y media, lo que lo convertía, junto con el gaur,
en el bóvido más grande que haya existido. Las vacas eran de un
marrón rojizo y más pequeñas. Ambos sexos tenían un atractivo
hocico blanco y un cuerpo atlético de pecho profundo, fuerte
cuello y unas largas piernas que los hacían tan altos de hombros
como largo era su cuerpo. Sus enormes cuernos, de hasta 80 centímetros de largo y 20 centímetros de diámetro, se curvaban en
tres orientaciones: hacia fuera y hacia arriba en la base; luego hacia
el frente y hacia dentro; y hacia dentro y hacia arriba en la punta.
La forma de la bestia, y en especial de sus cuernos, es evidente en
muchas pinturas de la Edad de Hielo europea.

[1] En español en el original. (*N. del T.*)

En tiempos de los romanos el uro estaba todavía ampliamente distribuido, pero para el año 1000 d. C. había quedado restringido a unas pocas regiones del centro y este de Europa. Para el siglo XIII probablemente solo sobrevivía una única población, en los alrededores de Jaktorów, en la provincia polaca de Masovia. Hoy, Masovia es la provincia más poblada de Polonia, pero hace 700 años era remota y muy boscosa. Mientras que otros grandes mamíferos eran a menudo cazados por los nobles y los monarcas locales, los Piastas, eran muy conscientes del valor de los uros y reservaban su cacería para ellos. La pena por incumplimiento era la muerte.

Mieczysław Rokosz, ese Boswell de los uros polacos, cuenta que:

Los príncipes locales de la dinastía Piasta, y posteriormente los reyes de Polonia, no hacían concesiones sobre su exclusivo derecho a cazar ese animal, ni siquiera ante los más grandes magnates, tanto eclesiásticos como seculares. Ellos mismos nunca violaron la ley de cacería en cuanto a los uros se refiere. Considerando la situación de los uros a la luz del festín que representaban y de la ley de cacería, la conclusión que se ofrece es que el hecho de excluir a los uros de la ley de cacería y extender sobre ellos «un sagrado privilegio de inmunidad», el cual, de acuerdo con una antigua costumbre, únicamente el rey no estaba obligado a obedecer, fue el principal factor que contribuyó a la supervivencia por un período tan largo de esa especie. Este excepcional y casi personal cuidado de los soberanos polacos para con estos animales y su voluntad intencional de salvarlos para la posteridad fueron la causa de la prolongación del período de supervivencia de esta magnífica especie.[B]

A pesar de esta excepcional protección, para finales del siglo XVI los uros sobrevivían únicamente en una pequeña región cercana al río Pisa. Un informe de los inspectores de las manadas de uros, elaborado en 1564, nos da una pista de por qué la protección real no fue suficiente:

En los prístinos bosques de Jaktorówski y Wislicki encontramos una manada de unos 30 uros. Entre ellos había 22 vacas maduras, tres jóvenes uros y cinco becerros. No pudimos ver ningún macho adulto porque habían desaparecido hacia el interior del bosque, pero los viejos guardabosques nos dijeron que había ocho de ellos. De las vacas, una es vieja y flaca y no sobrevivirá al invierno. Cuando preguntamos a los guardabosques por qué están flacos y por qué no se incrementa su número, nos dijeron que los otros animales que pertenecen a la gente de las aldeas, caballos, vacas y demás, se alimentan en las zonas de los uros y los perturban.[C]

El ser la bestia del rey era al mismo tiempo una bendición y una maldición. Una bendición porque nadie podía matarte, pero una maldición cuando se trataba de quién obtendría los pastos, si tú o las vacas de los aldeanos. Cuando el alimento escaseaba, los intereses de los aldeanos se imponían, y para 1602 solo quedaban tres uros macho y una hembra. En 1620 solo quedaba una hembra, y cuando el inspector del rey volvió a ver a los uros en 1630, descubrió que esta había muerto tres años atrás.

El proceso de extinción de los caballos salvajes de Europa está menos documentado. Durante el paleolítico los caballos salvajes fueron muy abundantes y, sin embargo, unos pocos miles de años después habían desaparecido totalmente de las tierras bajas centrales de Europa. En Gran Bretaña se extinguieron hace 9000 años, y no regresaron en los siguientes 5000 años. Una situación similar prevaleció en Suiza, donde los caballos se extinguieron totalmente hace 9000 años y permanecieron ausentes hasta hace unos 5000 años, cuando se dio la llegada del caballo doméstico.[D] En algunas partes de Francia y Alemania los caballos salvajes volvieron del borde de la extinción hace entre 7500 y 5750 años, quizá como resultado del despeje de bosques por los humanos, lo que abrió más el hábitat.[E] Se observa un patrón distinto en Siberia, donde los hábitats abiertos persistieron naturalmente, lo que permitió a los caballos reproducirse en abundancia hasta hace

3500 años, durante la Edad de Bronce temprana, tiempo durante el cual el caballo doméstico se hizo presente.

Heródoto registra haber visto caballos salvajes en lo que hoy es Ucrania, y reportes de caballos salvajes continuaron hasta el siglo XVI en lo que hoy es Alemania y Dinamarca. Los caballos salvajes pudieron haber sobrevivido hasta el siglo XVII en una parte del este de Prusia conocida como «la gran tierra salvaje» (hoy Masuria, en Polonia). Al cabo de un siglo, sin embargo, la gran tierra salvaje había sido vaciada de sus caballos y solo unos pocos cautivos sobrevivían en un zoológico montado por el conde Zamoyski en el sureste de Polonia, donde persistieron hasta finales del siglo XVIII.[F] Es posible que los caballos salvajes, conocidos como tarpanes, sobrevivieran en el sur de Rusia hasta el siglo XIX, pero es posible que estos fueran híbridos con genes de caballo doméstico. El último tarpán, que mostraba cierto parecido con el caballo doméstico, murió en un zoológico ruso en 1909.

Tras la trágica pérdida del uro (y dejando de lado al caballo salvaje), Europa logró evitar otra extinción durante exactamente 300 años. El mamífero salvaje más grande de Europa era el bisonte europeo; los toros ocasionalmente excedían una tonelada y las hembras solían pesar la mitad. Híbrido del uro y del bisonte de la estepa (del cual desciende el búfalo americano), el bisonte europeo siempre fue más abundante y estuvo más extendido que el uro, lo que sin duda favoreció su supervivencia durante siglos después de la desaparición de aquel.

Nadie que haya pasado un momento estudiando el arte de la Edad de Hielo podría confundir a un bisonte europeo con ninguna otra criatura; excepto, quizá, el extinto bisonte de la estepa europeo. Su característica figura dominada por unos masivos cuartos delanteros, una barba enmarañada y un flequillo de piel en la parte baja del cuello, personifica, a mi modo de ver, la Edad de Hielo misma. Encontrarse cara a cara con un bisonte europeo y asimilar su singular olor, su increíble corpulencia, lo cálido y grave de su respiración, conjura una presencia por demás prehistórica.

En promedio, el bisonte europeo es un poco más ligero que el bisonte americano, aunque es más alto al hombro y uniformemente marrón, con cuernos y cola más largos. Algunas de estas características podían verse en los uros; uno de sus ancestros. Una decreciente diversidad genética, resultado de las pequeñas poblaciones y de las distribuciones separadas, revela que tanto el bisonte europeo como el uro ya se encaminaban lentamente hacia la extinción desde hace unos 20 000 años.[G] Pequeñas poblaciones aisladas de bisontes europeos sobrevivieron en las montañas de las Árdenas y los Vosgos, en Francia, hasta el siglo XV, y en Transilvania hasta 1790. Los últimos bisontes europeos existieron en dos pequeñas poblaciones aisladas: una en el Cáucaso y la otra en el bosque de Białowieża, en Polonia.

La extinción finalmente cayó sobre el bisonte europeo cuando la población humana de Europa se lanzó a un período de carnicería sin precedentes. Los años entre 1914 y 1945 fueron la hora más oscura de Europa. Tras mil años de guerras tribales, los europeos, equipados con armas de inimaginable poder de destrucción, se lanzaron unos contra otros con espantosa ferocidad. Toda ley fue dejada de lado y olvidado quedó todo cuidado por la naturaleza.

Los bisontes de Białowieża eran propiedad legal de los reyes de Polonia y estaban estrictamente protegidos, pero en la confusión de la Primera Guerra Mundial los soldados alemanes cazaron 600 por deporte, por carne o como trofeo, y para el final de la guerra quedaban solo nueve. Polonia fue atacada por la hambruna en 1920, y el último bisonte europeo salvaje de ese país fue asesinado en 1921 por Bartholomeus Szpakowicz, un cazador furtivo.[H] Mientras tanto, la población de bisontes del Cáucaso se mantenía con dificultad. Se estima que había unos quinientos bisontes caucásicos en 1917, pero para 1921 solo sobrevivían 50, y en 1927 los últimos tres fueron asesinados por cazadores furtivos.[I]

El bisonte europeo, sin embargo, no estaba del todo perdido. Un solo toro caucásico había sido puesto en cautiverio, al igual que menos de 50 individuos de Białowieża, y la pequeña manada cautiva fue dispersada entre varios zoológicos europeos. Fue únicamente el profundo sentimiento de pérdida de los polacos lo que salvó al bisonte europeo. En 1929 se estableció en Białowieża un Centro de Restitución del Bisonte y los animales cautivos fueron reunidos y divididos en dos grupos de reproducción, uno de los cuales era descendiente de solo siete vacas, mientras que el otro provenía de doce ancestros, incluyendo al toro caucásico.

A pesar del cuidado puesto en el manejo de la manada, la diversidad genética del bisonte ha seguido disminuyendo. Todos los machos que viven hoy descienden de solo dos de los cinco toros que sobrevivieron en 1929. Por fortuna, el cuello de botella genético parece tener solamente un efecto nocivo menor sobre su salud. Más de 5000 bisontes sanos viven en la actualidad esparcidos por los Países Bajos, Alemania y varios países de Europa del este. Después de haber estado a un pelo de la extinción, y suponiendo que no volverá el caos humano, el futuro del bisonte europeo parece asegurado.

SUPERVIVIENTES

El siguiente mamífero europeo en tamaño, después del bisonte, es el alce, que en Europa puede pesar hasta 475 kilos. Al igual que el bisonte, tuvo graves problemas hace un siglo. Extinto desde hace mucho tiempo en Francia, Alemania y los Alpes, donde había florecido mil años antes, su último bastión fue en Feno Escandinavia donde, rodeado por los remotos pantanos del norte, había sobrevivido a la carnicería que arrasó con el sur. Hoy una población segura, aunque limitada, sigue viviendo en el lejano norte. Después del alce viene el ciervo rojo, un superviviente de gran resistencia con requerimientos flexibles de alimento y hábitat. Los machos pesan alrededor de 300 kilos y las hembras la mitad, maduran a los dos años de edad y son capaces de engendrar un cervatillo cada año. Este rápido ritmo de reproducción ha ayudado a hacer frente a la intensa presión de la cacería. No obstante, conforme la población humana de Europa se expandía, incluso esta especie tan resiliente fue doblegada. Para el siglo XIX, el ciervo rojo estaba extinto en la mayor parte de Gran Bretaña, excepto Escocia, y donde aún sobrevivía en el occidente de Europa dependía de un cierto grado de protección. Cuando la ley y el orden se quebrantaban y las leyes de cacería dejaban de respetarse, como durante la Primera Guerra Mundial, su población lo padeció. Un ejemplo ocurrió en Alemania durante los años revolucionarios de 1848-1849. ADN recuperado de astas coleccionadas como trofeos de caza por los príncipes de Neuwied a lo largo de un período de 200 años revela un descenso en la diversidad genética de la manada de ciervos rojos, con una gran caída durante la revolución de 1848.[A]

Los italianos se han destacado en la preservación de los grandes mamíferos vulnerables en sus cotos reales. El íbice, aunque más pequeño que las otras especies amenazadas de las que tratamos aquí, es un elemento vulnerable y muy peculiar entre la fauna de grandes mamíferos de Europa.[1] Si bien alguna vez estuvieron ampliamente distribuidos en los hábitats alpinos de todo Europa, alcanzaron su punto más bajo a principios del siglo xx, cuando solamente unos cuantos cientos sobrevivían en lo que hoy es el Parque Nacional Gran Paradiso, en Italia, y el adyacente valle de Maurienne, en Francia. El Gran Paradiso había sido originalmente la Riserva Reale del rey Vittorio Emanuele, establecida en 1821. Esa es la única razón de que aún tengamos íbices hoy.

Durante su batalla por la supervivencia, el íbice tuvo que lidiar no solamente con cazadores furtivos y soldados fuera de control, sino también con la piratería internacional de —quién lo iba a decir— los suizos. El íbice había sido exterminado en Suiza desde hacía mucho tiempo cuando, en 1906, los suizos decidieron que querían reabastecer sus Alpes. Solicitaron permiso a las autoridades italianas para capturar algunos íbices, pero no les fue concedido. Decididos, unos pocos suizos acaudalados financiaron un grupo clandestino que logró sobornar a los guardias de la Riserva Reale y robaron casi cien animales. Estos fueron transportados al diminuto parque Peter und Paul, en el cantón de San Galo, donde sucumbieron ante una epidemia de tuberculosis.

Cien años después, en 2006, en un tardío acto de reparación, los suizos donaron 50 íbices (cuyos ancestros fueron adquiridos legalmente) a tres áreas protegidas de Italia donde se están realizando grandes esfuerzos para elevar la cantidad de íbices. A pesar de todo el drama, los ladrones suizos fueron poca cosa comparados con los estragos causados por los soldados alemanes y los cazadores furtivos italianos durante y después de la Segunda Guerra Mundial. Fue tal la devastación que para 1945 los guardias de la reserva pudieron encontrar solamente 416 íbices. Con la cacería furtiva fuera de control, los últimos íbices salva-

---

[1] Las hembras pesan de 17 a 34 kilos, y los machos de 67 a 117 kilos.

jes parecían condenados a seguir a los uros y los bisontes en su camino a la extinción.

El íbice se salvó de la extinción gracias a los esfuerzos casi sobrehumanos de Renzo Videsott. Él trabajó en la Riserva Reale durante la Segunda Guerra Mundial, tratando de proteger a los últimos íbices, pero también llevaba una doble vida como miembro del movimiento de resistencia antifascista clandestino Giustizia e Libertà. Mientras luchaba para evitar que las tropas alemanas disparan a los últimos íbices por deporte y para obtener trofeos, a menudo su propia vida pendió de un hilo.

Entre el final de la guerra y 1969, Videsott fue *Commissario Straordinario* del Gran Paradiso, que aún era oficialmente un coto de caza. Se opuso a todas las solicitudes para cazar íbices y organizó un eficiente sistema de guardas, algunos de ellos antiguos cazadores furtivos. En efecto, fue comandante en una guerra contra la caza clandestina, supervisando batallas en las que con frecuencia la gente terminaba muerta o herida. Con el valor suficiente para hacer frente a los soldados alemanes, lo políticos corruptos italianos y los cazadores furtivos armados, Videsott soportó una enorme presión política y una considerable intimidación personal en su trabajo y fue obligado a vivir bajo el cuidado continuo de una guardia armada. Tanto los guardas como los cazadores furtivos provenían de los poblados del parque, y era común que los guardas y los cazadores fueran parientes en un mismo pueblo, lo que volvía muy difícil que un guarda actuara contra un cazador de su propia aldea. Pero existía una feroz competencia entre las aldeas y Videsott utilizó esto a su favor, colocando a sus guardas en poblaciones donde no tenían alianzas.[2]

Para evitar ser detectados, los guardas viajan a pie por el campo (cosa nada fácil en el invierno de los Alpes) y emboscaban a los cazadores furtivos que volvían de matar algún animal. Pero a

---

[2] Ya en edad avanzada los guardas contaron a Luigi Boitani sus aventuras al servicio de Videsott.

menudo los cazadores enterraban el íbice en la nieve, sabiendo que los guardas habrían sido alertados por el disparo. Así que los guardas a veces esperaban durante días o semanas en pleno frío invernal hasta que los cazadores volvían por su presa. Gracias a tales acciones los íbices sobreviven y hoy son el orgullo de los Alpes europeos, con más de 20000 individuos distribuidos desde Francia hasta Austria, y con nuevas poblaciones introducidas en Bulgaria y Eslovenia.

Con frecuencia nos horrorizamos ante la trágica prevalencia de la caza furtiva de la vida salvaje en África, donde solo una banda de resueltos, aunque mal financiados guardas, trabajan para evitar la total eliminación del rinoceronte y el elefante.[3] Pero hace setenta años la cosa era todavía más grave en Europa, pues Europa había perdido su megafauna y hasta el bisonte había sido arrastrado a la extinción en estado salvaje. Sus criaturas sobrevivientes más grandes eran del tamaño del antílope, e incluso algunas de ellas estaban siendo exterminadas por los cazadores más decididos. Las lecciones que nos deja la historia deberían hacer que el mundo ayudara más a las docenas de anónimos Renzos Videsott que trabajan hoy. Con un poco de apoyo es posible que logren conservar algo de la fauna de África.

Si bien los grandes herbívoros de Europa sobrevivieron por la buena gracia de los reyes, y a menudo sufrieron durante los períodos de turbulencia humana, es verdad que lo contrario ocurrió con los carnívoros. Estos eran perseguidos sin misericordia casi en todas partes, pero cuando los humanos sufrían, o reinaba el caos, ellos florecían. Sin duda el más odiado y temido de todos los carnívoros de Europa era el lobo. Conforme las poblaciones humanas crecían, y con ellas la cantidad de ovejas, cabras y reses domésticas, el lobo era perseguido con la mayor determinación,

---

[3] Organizaciones como Parks Africa y The Thin Green Line dan asistencia a estos guardas forestales.

y en su historia particular puede ser leída la suerte de todos los carnívoros de Europa en conjunto.

Carlomagno fue un gran odiador de los lobos. Entre el 800 y 813 d. C. creó un cuerpo especial de cazadores de lobos conocido como *la louveterie*, cuya única tarea era perseguir a los lobos por medio de la cacería, las trampas o el envenenamiento. *La louveterie* estaba organizada como un cuerpo militar y sus salarios eran pagados por el estado. Funcionó casi ininterrumpidamente durante más de mil años, excepto por una breve interrupción durante la Revolución Francesa; más tiempo que el que cualquier institución, fuera de la Iglesia católica, haya operado en Europa. Y era altamente eficiente, pues tan solo en 1883 el recuento de lobos muertos suma al menos 1386.[B] Después de mil años de esfuerzos, los *louvetiers* finalmente cesaron labores cuando asesinaron al último lobo francés, en los Alpes, a finales del siglo XIX.

Italia tuvo sus propios cazadores tradicionales de lobos, los *lupari*. Se trataba de granjeros locales que no percibían una compensación preestablecida por su trabajo. En una costumbre llamada *la questua*, cuando mataban un lobo colgaban el cuerpo de un burro y hacían el *tour* por las aldeas vecinas, pidiendo una recompensa por el servicio que habían prestado a la comunidad. *La questua* es probablemente la razón de que los lobos nunca hayan sido exterminados de los Apeninos, pues los *lupari* siempre dejaban algunos para asegurar futuros ingresos.

Para la Edad Media la persecución de lobos se había vuelto sistémica en toda Europa. Las partidas de caza fueron responsables de la extinción de varias poblaciones, mientras que la cacería excesiva de las presas de los lobos por parte de los humanos, junto con la eliminación de la vegetación, volvían la vida difícil para los sobrevivientes. Los ingleses se deshicieron de los lobos en el siglo XV al talar la mayoría de sus bosques. Siguió Escocia con una completa erradicación por medio de la cacería en 1743, lo mismo que hizo Irlanda en 1770. La persecución continuó hasta el siglo XX. Yugoslavia fundó un comité de exterminio en

1923 que casi logró su objetivo; solo unos pocos individuos sobrevivieron en los Alpes Dináricos. Los últimos lobos de Suecia
fueron perseguidos por motonieves y sistemáticamente cazados
hasta que el último pereció en 1966. En Noruega el último lobo
murió —también a manos de un humano— en 1973. De no ser
por su larga frontera con Rusia, la cual los lobos no respetaban,
esos expertos cazadores que son los finlandeses también habrían
conseguido eliminar a sus lobos.

A pesar de la persecución, el lobo también ha tenido sus buenos tiempos. Cuando la peste negra arrasó Europa entre 1347 y
1353, y mató en torno al 30-60 % de la población humana de
Europa, el lobo pudo vivir cómodamente. En Suecia, por ejemplo,
muchas granjas en áreas marginales fueron abandonadas ante la
invasión del bosque y la caza del lobo cesó. Como consecuencia,
la depredación que llevó a cabo el lobo fue tan grande que en
1376 el rey mandó una carta a sus súbditos explicando que los
osos y los lobos estaban dañando al ganado, y pidiendo que los
ciudadanos le trajeran sus pieles.[C]

Los osos de Europa sufrieron tanto como los lobos, aunque
su persecución no fue sistemática. Previo a hace unos 7000 años,
el oso pardo estaba ampliamente distribuido en Europa, pues
sus restos están presentes en el 27 % de los más de 4000 yacimientos arqueológicos examinados. Pero con el crecimiento de la
agricultura y el calentamiento climático, la población humana se
incrementó y la de los osos declinó. El calentamiento fue nocivo
porque las temperaturas invernales se elevan más rápido que las
del verano, y las altas temperaturas durante el invierno vuelven
más difícil la hibernación. Comenzando por el suroeste, los osos
de Europa comenzaron a desaparecer.[D]

La verdadera crisis, sin embargo, no se dio sino hasta en
tiempos de los romanos. Tal vez los romanos cazaban osos para
proteger a su ganado, o los capturaban y los mataban para el
entretenimiento del público; cualquiera que haya sido el caso,
la población de osos de Europa se fragmentó. El oso pardo de

Escocia era muy apreciado por los romanos debido a su belicosidad, pero para hace mil años ya se había extinguido. A lo largo de Europa central y occidental el oso pardo fue desterrado a remotos refugios, con mínimas poblaciones resistiendo en las agrestes áreas montañosas de Italia y España y un pequeño número en el lejano norte; en Suecia y Finlandia. Su decadencia continuó hasta finales del siglo XX.

La persecución humana del oso pardo pudo haber alterado su ecología. Análisis elementales de sus huesos han mostrado que en tiempos pasados el oso pardo de Europa era mucho más carnívoro de lo que es hoy. Los osos que atacan el ganado son perseguidos y asesinados, y es razonable pensar que esto ha ocurrido desde los albores de la agricultura. Puesto que la preferencia alimentaria es al menos parcialmente determinada por la genética, es fácil ver cómo la fuerte presión selectiva pudo haber sido la causa de que la población actual sea principalmente vegetariana.

Cualquiera que se haya topado con un oso pardo europeo en libertad habrá notado que esa enorme y peluda bestia que podría matarlo con un simple manotazo muestra un abyecto terror ante la presencia del ser humano y huye a la primera oportunidad. Qué diferente es este comportamiento al del oso polar, que en la lejanía del norte ha tenido muy limitado contacto con la gente y que, de acuerdo con el explorador del siglo XIX Adolf Nordenskiöld, se acerca al hombre «en busca de presa, con movimientos ágiles y en cien zigzagueos para ocultar la dirección que planea tomar, y así mantener a su presa libre de miedo».[E] Tal vez, antes de aprender lo peligrosos que son los humanos, el oso pardo de Europa se comportaba así.

Existen paralelismos, me parece, entre el impacto de los europeos sobre el oso pardo y los efectos de la domesticación, particularmente en el perro. Ambos conjuntos de presión selectiva han alterado el comportamiento y la dieta de las bestias en cuestión. Es cierto que los osos europeos aún viven en estado salvaje, pero se puede argumentar que los europeos han domesticado a la Europa salvaje en sí. Valdría la pena evaluar el comportamiento, la dieta y los patrones reproductivos de los animales salvajes de Europa para determinar hasta qué punto la cacería y la alteración del hábitat por parte de los humanos los ha modificado.

La catastrófica decadencia de los grandes mamíferos de Europa a lo largo de los últimos 40 000 años ha ocurrido más o menos en orden de tamaño. Una potente explicación para esto es que «los cazadores se enfocan en los grandes animales adultos (particularmente machos) para maximizar la ganancia».[F] Esto lleva a la extinción, en primer lugar, a las especies que tienen la mayor masa corporal, y así a las demás en una cuesta descendente según el tamaño. Y al interior de una especie, este mismo fenómeno puede resultar en la selección de enanos de temprana maduración. «El Emperador de Exmoor» era un enorme ciervo rojo con un magnífico juego de astas que acabó siendo irresistible para los cazadores. Su muerte, en 2010, nos dice mucho sobre la presión evolutiva bajo la que los grandes mamíferos han estado desde que los simios erguidos poblaron Europa hace más de 1,8 millones de años. Con sus 2,75 metros de alto y sus 135 kilos de peso, el ciervo rojo macho de doce años de edad era el animal salvaje más grande del Reino Unido. Aun así, era un chiquitín en comparación con sus ancestros de hace 12 000 años, que alcanzaban más del doble de su peso. El hecho de que Gran Bretaña se haya vuelto una isla debe haber contribuido al encogimiento del ciervo rojo que vivía ahí, pero el impacto de la cacería humana no puede ser descontado como una poderosa influencia. Un estudio muestra que, a lo largo de solamente diez generaciones, la caza de los grandes machos de ciervo rojo puede provocar la disminución en su tamaño promedio.[G]

El Emperador fue asesinado en su período de celo y probablemente no alcanzó a pasar sus genes antes de morir (el ciervo rojo macho se reproduce principalmente durante los pocos años que dura su apogeo). Algunos meses después de su deceso, la cabeza del Emperador con su magnífica cornamenta apareció misteriosamente, colgando en la pared de un pub local. Como todo pescador sabe, matar un individuo de enorme tamaño puede traer prestigio además de carne o ganancia monetaria. Sospecho que así ha sido siempre desde la Edad de Piedra, y que de hecho algunas de las figuras del arte de la Edad de Hielo están haciendo la misma declaración que la cabeza enmarcada del Emperador.

LA EXPANSIÓN GLOBAL DE EUROPA

Después de que Colón descubrió una ruta marítima hacia América en 1492, nuestro globo fue transformado, tanto biológica como políticamente, por la gran expansión europea. Para el siglo XV había dos principales contendientes —Europa y China— con posibilidades de establecer un imperio mundial, y el favorito era China. Una entidad política unificada con una población de 125 millones, era el cuerpo social más grande sobre la Tierra. Europa, en contraste, tenía una población de menos de la mitad de la de China, y sus estados, a pesar de estar unificados por la religión, se encontraban en perpetua guerra unos con otros.

Tanto China como el estado europeo de Portugal tenían líderes interesados en empujar los límites de la exploración. A principios del siglo XV, el emperador Yongle ordenó a su almirante eunuco Zheng He emprender una serie de épicas exploraciones tan lejos como Java, Ceilán, Arabia y el este de África, a bordo de las naves transoceánicas más grandes y avanzadas jamás construidas. Los juncos chinos tenían nueve velas, cubierta escalonada de cuatro niveles, se conducían por medio de un timón montado en la popa y poseían mamparos herméticos internos.[A] Guiados por la brújula magnética navegaron hasta el este de África en la década de los veinte del siglo XV llevando cientos de personas, además de esos grandes inventos chinos que eran el papel moneda y la pólvora.

El príncipe portugués Enrique el Navegante también dedicó su vida a la exploración; patrocinó una serie de viajes por la costa oeste de África. Su mayor logro llegó con la invención de la carabela; una nave pequeña y manejable que volvió posible navegar con independencia de los vientos dominantes. Para 1848 los portugueses habían descubierto y poblado Madeira, y para 1427 habían descubierto las Azores. Justo después de la muerte de Enrique en 1460, los portugueses llegaron más lejos en la costa oeste de África, tan lejos como hasta Sierra Leona. Aunque las historias europeas celebran los esfuerzos de Enrique, para los estándares de China estos fueron insignificantes.

La regla de Darwin sobre la migración favorece a las entidades más grandes en la carrera evolutiva y, dados sus avances tecnológicos, China era el favorito. Pero otros factores estaban en su contra. Los chinos no eran, y nunca lo han sido, una potencia marítima colonizadora. Sus batallas por la expansión y el control se pelearon siempre en tierra. Por ello, los logros de Zheng He fueron una anomalía y pronto cayeron en el olvido. Los europeos, en contraste, habían estado practicando la colonización marítima durante al menos 10 000 años. Y ellos vivían alrededor un área natural de entrenamiento: el *Mare Nostrum*, «nuestro mar», como los romanos llamaban al Mediterráneo. Empezando con el descubrimiento y la ocupación de Creta hace 10 500 años, los primeros granjeros europeos usaron barcos para llegar a una isla tras otra, en una traición que siguió desarrollándose hasta la época de los cartagineses, cuando los europeos por un breve período de tiempo se quedaron sin nuevas islas, habitables y accesibles, para colonizar. Pero para el siglo IX el proceso comenzó de nuevo con el descubrimiento y la colonización, por parte de los vikingos, de Islandia, Groenlandia y, finalmente, Norteamérica. Durante el siglo XV los pescadores vascos redescubrieron Terranova, Colón llegó a América y los portugueses navegaron a la India.

En tiempos del príncipe Enrique los europeos tenían una importante nueva herramienta para la exploración: los mundos clásicos de Grecia y Roma. Enrique podía leer a Homero y a Platón, a Plutarco y a Estrabón, y quince años después de su muerte sus sucesores podían leer a Heródoto. Durante los años oscuros estos textos estuvieron extraviado para la imaginación de los europeos occidentales, pero ahora ellos aprendían nuevamente que el mundo es redondo y que es un lugar muy grande, emocionante y extraño.

Cuando su expansión marítima comenzó en serio, los europeos rápidamente se adaptaron a las oportunidades que encontraban en las tierras recién descubiertas en formas que extendían su nicho ecológico tradicional. Donde ya existían sociedades estratificadas, la colonización europea consistía en una especie de decapitación social en la cual la clase gobernante era reemplazada con señores europeos. La conquista de los imperios azteca e inca y de varios reinos de la India siguió este patrón. Donde las poblaciones eran menos densas y la ecología era adecuada para los europeos, como en las templadas Norteamérica, Sudáfrica y Australia, seguían la larga tradición de poblar las nuevas tierras con granjeros. Había, sin embargo, algunas regiones tan inhospitalarias para los europeos —como gran parte de África ecuatorial— o tan remotas —como Nueva Guinea— que su presencia, si acaso llegaba, era efímera.

En el mundo animal hay muy pocas especies que, a la manera de la expansión europea, hayan comenzado con pequeñas masas terrestres para después colonizar con éxito grandes áreas, pero los ejemplos existen. El más sorprendente es el de la rata del Pacífico (*Rattus exulans*), un roedor enano similar a la rata negra, pero con la mitad de su peso, cuando mucho. Es originaria de la isla tropical de Flores (que tiene una superficie de solamente 13 500 kilómetros cuadrados) en el archipiélago de Indonesia, y ahí permanecía hasta hace unos 4000 años.[B] Cuando los ancestrales viajeros polinesios tocaron tierra en ese lugar, la rata abordó sus canoas. Hoy la rata del Pacífico se ha propagado desde Myanmar hasta Nueva Zelanda, y desde la isla de Pascua hasta Hawái, lo que la convierte en uno de los pequeños mamíferos más extendidos sobre la Tierra. ¿Cómo y por qué este animal en particular fue tan exitoso en su expansión desde su lugar de origen? Después de todo, en el archipiélago de Indonesia (y de hecho en el mundo) abundan las ratas. No es casualidad que Flores haya sido también el hogar del humanoide enano conocido como el hobbit (*Homo floresiensis*). Con un peso de un tercio del de un adulto humano, alcanzaba tan solo la altura de un niño de tres años. Los ancestros del hobbit pudieron haber llegado a Flores hace dos millones de años, así que hubo tiempo suficiente para que la diminuta rata del Pacífico formara una relación ecológica con él.[1] El hobbit se extinguió hace 50 000 años, más o menos por la época en que los humanos llegaron a Flores, pero la rata del Pacífico siguió viviendo. Quizá el pequeño roedor había descubierto que los campamentos de simios erguidos eran lugares agradables para vivir. Para ponerlo en términos ecológicos, la rata del Pacífico pudo haber estado preadaptada para extenderse hacia los hábitats modificados por el ser humano gracias a su larga asociación con el hobbit. De este modo, la rata del Pacífico y los europeos parecen romper la regla de la migración de Darwin por razones muy distintas: la rata del Pacífico estaba preadaptada a los hábitats creados por los humanos, mientras que los europeos estaban preadaptados al estilo de vida colonial porque son un pueblo marítimo que se originó en la encrucijada del mundo.

[1] Ciertamente ya estaban presentes hace 800 000 años.

MIGRACIONES EN EUROPA

Hace 38 000 años	Europa es colonizada por humanos provenientes de África, formando una población híbrida entre humano y neandertal.
Hace 14 000 años	Europa occidental es colonizada por gente proveniente del este.
Hace 10 500 años	Europa es colonizada por agricultores de Asia occidental.
Hace 5 500 años	Europa es colonizada por pueblos de Asia central que montaban a caballo.
Hace 2 300 años	El oeste de Asia, partes de India y del norte de África son colonizadas por Alejandro Magno.
De hace 2200 años al siglo xvII d. C.	Nómadas de la estepa y pueblos árabes y turcos invaden Europa.
1000 d. C	Los vikingos colonizan Terranova.
1500 d. C	Inicio de la colonización europea de la mayor parte del globo.
Mediados del siglo xx	Descolonización europea de la mayor parte del globo.

NUEVOS EUROPEOS

Innumerables criaturas salvajes han hecho de Europa su hogar después de que los humanos las importaran, pero ni una sola especie importada por los romanos logró establecerse. Con toda certeza nadie más importó una diversidad tan grande de criaturas a Europa, así que el hecho resulta tan asombroso como descubrir que los romanos no agregaron ni una sola especie a la colección de animales domésticos. Los romanos, sin embargo, sí esparcieron especies por Europa; ellos trajeron al gamo y la liebre comunes a Gran Bretaña. La rata negra se expandía dondequiera que se asentaban, y tan ligada estaba a los hábitats romanos que se extinguió en Gran Bretaña una vez que los romanos se hubieron retirado, solo para reaparecer en tiempos de los normandos.[1] A partir de ahí la rata negra prosperó; hasta la llegada de la rata parda (también conocida como rata de alcantarilla o rata noruega) que era más grande, la cual llegó a Gran Bretaña más o menos durante la época de la sucesión hannoveriana en el siglo XVIII. El reconocido naturalista «Squire» Charles Waterton la llamaba la «rata hannoveriana»: católico devoto y amante de la vida salvaje británica, consideraba igualmente perniciosos los estragos de la rata y la influencia de los monarcas germanófonos.[2]

---

[1] La rata negra es originaria del sureste de Asia. Hay evidencias de ratas negras en Europa y el Levante previo a la época de los romanos, pero no se expandió sino hasta que los romanos llegaron. El gamo introducido a Gran Bretaña por los romanos parece haberse extinguido. La especie fue reintroducida durante la época de los normandos.

[2] Waterton fue un genuino excéntrico al que le encantaba disfrazarse de espantapájaros y sentarse en los árboles, simular ser un perro y morder las piernas de sus invitados, o hacerles cosquillas con una escobilla de carbón. Era

Los romanos también pudieron haber contribuido con la expansión de esa nobilísima ave de caza, el faisán común. Originalmente asiático, el faisán se había esparcido tan al occidente como Grecia para el siglo v a. C., tal vez antes, y Plinio menciona su presencia en Italia en el siglo i d. C. Pero su introducción en Gran Bretaña sí puede ser atribuida a los romanos: huesos de faisanes han sido recuperados de al menos ocho sitios arqueológicos romanos en Gran Bretaña. Existe la posibilidad, sin embargo, de que estas aves no fueran criadas en Gran Bretaña, sino traídas de otro lado.[A]

Al igual que la rata negra, el faisán parece haber desaparecido por un tiempo después de que los romanos dejaron Gran Bretaña. El primer registro escrito en Gran Bretaña data del siglo XI, cuando el rey Harold ofreció a los canónigos de la abadía de Waltham un faisán «ordinario». Las primeras poblaciones claramente salvajes (que estaban protegidas por un decreto real) datan del siglo XV.
[B] La actual población británica es un híbrido: como lo expresó un criador británico de animales de caza, «ya prácticamente todas las especies y subespecies han sido cruzadas».[C]

Alrededor de 8000 años después de que los últimos miembros de la familia de los elefantes desaparecieron de Europa, los paquidermos realizaron un inesperado y terrorífico regreso. Durante la Segunda Guerra Púnica, 218-201 a. C., Aníbal hizo una travesía con 37 elefantes de guerra por los Alpes, desde lo que hoy es España, hasta Italia. Aún se debate acaloradamente a qué especie pertenecían. Una moneda acuñada en aquel tiempo muestra claramente un elefante africano, pero la única criatura que sobrevivió a la guerra —la montura del propio Aníbal— se llamaba Surus, que significa «el sirio», lo que sugiere un origen asiático.

---

muy temido en su hacienda debido a su entusiasmo por tratar las enfermedades que aparecían entre sus habitantes. El sangrado, invariablemente, formaba parte de la cura.

Los elefantes de Aníbal no eran, casi con toda certeza, del tipo colmillos rectos, pues la moneda muestra una criatura con colmillos curvos. Además, en tiempos de los romanos los elefantes de colmillos rectos estaban restringidos al África ecuatorial, que está muy lejos de Cartago. Los elefantes de Aníbal probablemente habían salido de una población hoy extinta de elefantes africanos de la cordillera del Atlas, que estaba formada por individuos más bien pequeños. Pero si al menos algunos eran asiáticos, pudieron provenir de los elefantes de guerra de la India capturados por los ptolemaicos de Egipto durante su campaña en Siria. De dondequiera que hayan provenido, es claro que sobrevivieron en Europa a las nieves alpinas y que se adaptaron lo suficiente para causar terror entre las legiones romanas.

Algún tiempo después de que Roma fue saqueada por los visigodos en el 410 a. C., la ruta a África se abrió nuevamente. Esta vez, sin embargo, en lugar de ser un puente terrestre, consistía de embarcaciones moras. Los moros, que se habían asentado en varias partes del sur de Europa en el siglo XVIII, demostraron ser unos entusiastas de la naturaleza. Se sospecha fuertemente, o más bien fueron claramente responsables de haber introducido al menos cuatro importantes especies de mamíferos a Europa: el macaco de Berbería, el puercoespín, la gineta y la mangosta. La gineta y la mangosta llegaron en algún momento después del 500 d. C. La gineta es un miembro preciosamente moteado de la familia del hurón que fue traído en cautiverio por los moros (aún se tiene ocasionalmente como mascota en el norte de África), pero algunos escaparon y ahora las criaturas abundan en el suroeste de Iberia, donde también la mangosta egipcia (o meloncillo) ha encontrado un hogar.

El macaco de Berbería había sido un residente de Europa durante millones de años, expandiéndose tan al norte como Alemania durante los períodos cálidos, pero hace 30 000 años se extinguió de sus últimos refugios europeos en Iberia. Sobrevivió, no obstante, en África del norte, y desde ahí fue reintroducido a

Gibraltar más o menos al mismo tiempo que llegaron la gineta y la mangosta, aunque el primer registro escrito de la especie data de 1600. El macaco de Berbería se habría extinguido de Gibraltar de no ser por la peculiar creencia de los británicos de que mantendrían el control del peñón durante tanto tiempo como existiera el macaco. Los británicos han ocupado Gibraltar desde 1713, pero para 1913 solo diez macacos sobrevivían. Algunos años después, para evitar la total extinción, el gobernador de Gibraltar, *sir* Alexander Godley, trajo ocho jóvenes hembras desde África del norte, y el ejército británico asumió la responsabilidad de su cuidado. Cuando estalló la Segunda Guerra Mundial solo siete monos quedaban en «la roca», y Churchill ordenó que cinco hembras fueran traídas desde Marruecos, con la directiva de que la población fuera mantenida en 24 individuos. Para 1967, cuando España parecía lista a reclamar de vuelta a Gibraltar, los macacos estaban nuevamente en decadencia. Preocupado por el serio desequilibrio en las proporciones sexuales de algunos grupos, el subsecretario permanente de la Oficina de Relaciones del Commonwealth envió un telegrama, que parecía salido de una película de la serie de *Carry On*, al gobernador de Gibraltar:

Estamos un poco perturbados por los simios A nuestro modo de ver, parece existir al menos un cierto riesgo de lesbianismo, o sodomía, o violaciones Los chicos de la Puerta de la Reina, me temo, podrían convertirse en un montón de maricas Así que, ¿podría planear la migración?[D]

Hoy, los aproximadamente 230 macacos de Berbería de Gibraltar son responsabilidad de la Sociedad Ornitológica y de Historia Natural de Gibraltar. Ellos son los únicos monos que aún viven en estado salvaje en Europa.

El puercoespín crestado también parece haber llegado a Europa en algún momento posterior al saqueo de Roma en el 410 d. C.[E] Con un peso de hasta 27 kilos, es un roedor muy grande. Los fósiles indican que los puercoespines alguna vez habitaron en Italia y otras partes de Europa, posiblemente hasta hace unos 10 000 años, pero esos pudieron haber sido de una especie distinta. En la actualidad el puercoespín está restringido en Europa a la Italia peninsular, aunque constantemente se está expandiendo hacia el norte.

¿Acaso los moros intentaron «africanizar» Europa con la introducción de esos mamíferos? La cuna de los moros estaba fuera de Europa, y algunos de ellos se sentían desesperadamente nostálgicos. La oda de Abderramán I a una palmera, que decía «como yo, vives en el rincón más apartado de la Tierra», detonó un tema mayor en la poesía andaluza.[F] Con la caída de Granada en 1492 y la expulsión de los moros de Europa, hubo un momento de calma en la introducción de animales, que, con algunas excepciones, duró hasta la última era de los imperios de Europa.

Una importante excepción es la carpa común (*Cyprinus carpio*), un ciprínido de gran tamaño que originalmente se encontraba en el bajo Danubio y otros ríos que fluían hacia el mar Negro. Llegó a Europa occidental alrededor del año 1000 d. C., cortesía de los monjes que criaban el pez en estanques para ayudar a la gente a respetar el ayuno religioso en los días en que se podía comer pescado mas no carne roja. Al cabo de unos pocos cientos de años, su cultivo se había vuelto un gran negocio y la carpa se había transformado en un habitante en estado salvaje de muchos ríos europeos.[G]

ANIMALES DEL IMPERIO

La siguiente gran ola de migrantes llegó a través del Atlántico. Desde que los vikingos habían establecido asentamientos en la costa de Labrador en siglo x, los europeos habían estado abriendo una conexión creciente con el Nuevo Mundo, la cual había existido por última vez antes de *la Grande Coupure*, hace 34 millones de años. El establecimiento en 1492 de la nueva ruta marítima de Colón significó que Europa nuevamente se convertía en la encrucijada del mundo, pues quedaba en la confluencia de una red mundial de comercio que abarcaba a Asia, África y ahora el Nuevo Mundo. En el siglo xvi, Montaigne describió la catástrofe que llegó con la expansión europea:

> Tantas ciudades importantes arrasadas y saqueadas; tantas naciones destruidas y llevadas a la desolación; tantos millones de personas inofensivas de cualquier sexo, edad y condición, masacradas, devastadas y pasadas por la espada; y los más ricos, los más justos, la mejor parte de este mundo que está patas arriba, arruinada e inservible por el tráfico de perlas y de pimienta.[A]

Pero el impacto también se sintió en el interior de Europa, pues fue tal la inundación de plantas y animales que llegaron a Europa que sus ecosistemas se trastornaron completamente. Y algunas especies europeas fueron arrastradas al borde de la extinción.

Uno de los productos más extendidos de la ruta de Colón fue otro influyente híbrido europeo: el plátano de sombra.[1] Los

---

[1] No confundir a los árboles del género *Platanus* con las plantas del género *Musa*, que son las que dan el fruto conocido como banano. (*N. del T.*)

ancestrales plátanos, como podrá recordar, florecieron en Europa hace 85 millones de años, durante la era de los dinosaurios, lo que los convierte en uno de los fósiles vivientes de Europa. Familia de un solo género y una docena de especies, sus parientes vivos más cercanos son las proteas y las banksias. El híbrido plátano de sombra, que flanquea las calles de ciudades por todo el mundo, es por mucho la especie más común. Descrito como «el misterioso bastardo» por el escritor de botánica Thomas Pakenham, su origen preciso sigue siendo desconocido. Pero entre sus especies parentales están el plátano oriental (*Platanus orientalis*) y el plátano occidental o sicomoro americano (*Platanus occidentalis*).[B]

El plátano oriental tiene una historia por demás extraña. Es nativo del sureste de Europa y del Medio Oriente; se expandió hacia Europa occidental más o menos al mismo tiempo que la vid, el olivo, el castaño y el nogal fueron llevados al oeste por los primeros granjeros. Pero mientras que estas especies son importantes plantas alimenticias, los plátanos no producen nada utilizable, ni siquiera madera. Quizá la gente del neolítico disfrutaba de su belleza y de la sombra que da en el verano.

Las especies parentales (plátano oriental y plátano occidental) crecen naturalmente en el este de Europa y el este de Norteamérica, respectivamente, y es probable que se hayan separado al menos desde que la geoflora arctoterciaria fue alterada por el comienzo de las edades de hielo hace 2,6 millones de años.[C] El plátano de sombra apareció inicialmente por hibridación en el siglo XVII y pronto se volvió muy apreciado en las ciudades altamente contaminadas de la temprana Europa industrial, debido a su tolerancia a la polución del aire y al hecho de que su corteza se desprendía en pedacitos, limpiando el tronco en ese aire lleno de hollín.

Los romanos apreciaban al castaño por su brillante fruto marrón, y por ello lo esparcieron por toda Europa. Y, desde la edad de los imperios, prófugos de los jardines han enriquecido los bosques de Europa. Entre los más hábiles colonizadores se encuentran aquellos cuyas semillas son esparcidas por las aves: esta es la razón de que la palmera excelsa de Asia y el alcanforero crezcan en las faldas de los Alpes europeos. Incluso el eucalipto australiano se las está arreglando para establecer bosques en las tierras que rodean al Mediterráneo. De hecho, el eucalipto más extendido de Australia, el eucalipto rojo, fue nombra a partir de especímenes que crecían en los terrenos del monasterio de Camaldoli, al oeste de Florencia, en algún tiempo previo a 1832.

Por siglos, el tráfico transatlántico de animales había sido en una sola dirección, desde Europa hacia América. Fue solo durante los últimos 200 años que las criaturas americanas comenzaron a establecerse en Europa. El comercio de pieles tuvo mucho que ver en esto. En la década de los veinte, el visón americano escapó de las granjas de pieles y se adaptó a vivir en estado salvaje. Más recientemente se les han unido otros individuos de visón americano liberados por activistas de los derechos animales. La especie se ha establecido en gran parte de Europa y ha desplazado al visón europeo, el cual, ahora, está en grave peligro de extinción.

Castores americanos fueron liberados en Finlandia en 1937. En aquel tiempo se pensaba erróneamente que el castor americano y el castor europeo eran de la misma especie, y los castores americanos fueron traídos a Finlandia como parte de un programa de reintroducción y como una fuente para obtener piel. Pero demostraron ser competitivamente superiores a los nativos, y para 1999 se estimaba que el 90 % de todos los castores de Finlandia pertenecían a la especie americana. Actualmente se están llevando a cabo esfuerzos de erradicación para preservar la especie nativa.

La rata almizclera es un roedor acuático de mediano tamaño originario de Norteamérica que ahora se puede encontrar por gran parte de la Eurasia templada. Esta también fue introducida hace un siglo como una fuente de piel, y rápidamente escapó. La rata almizclera dañó presas, diques y cultivos, pero casi todos los esfuerzos de erradicación, o incluso de control, han sido abandonados por inútiles. Yo vi nadar una en la nueva Europa «salvaje» en Oostvaardersplassen, en los Países Bajos, feliz de que no existiera una versión europea de la rata almizclera que le hiciera la competencia.

El coipo es un gran roedor de Sudamérica con los hábitos y la apariencia de una enorme rata almizclera. Los coipos fueron traídos por primera vez a Europa en la década de los ochenta del siglo XIX por su piel y, al igual que el visón y la rata almizclera, pronto escapó. Debido al daño que causan en la vegetación semiacuática, se instauraron programas de erradicación en muchos países, incluyendo al Reino Unido donde, gracias a una ardua y costosa campaña, la erradicación finalmente se logró en 1989. Sin embargo, los coipos siguen estando ampliamente distribuidos por toda Europa continental, y es probable que aumenten en número y distribución por el calentamiento climático.

La victoria de los Aliados en 1945 en Europa, en la cual los americanos desempeñaron un papel central, dio paso a su propio influjo de invasores americanos. Quizá ocurrió esto porque, durante unas pocas décadas tras el final de la Segunda Guerra Mundial, parecía que América no podía hacer ningún mal. Con decenas de miles de tropas americanas estacionadas a lo largo del continente, una variopinta diversidad de mascotas militares americanas estaba lista para encontrar un nuevo hogar en Europa. La ardilla gris de Norteamérica ya había sido introducida en Gran Bretaña en 1876 y hoy domina muchas áreas de Inglaterra, donde ha desplazado a la nativa ardilla roja. En Irlanda, la ardilla gris expulsó por décadas a la ardilla roja después de su introducción en 1911. Pero en cuanto la marta nativa se recuperó de la persecución humana, la ardilla gris comenzó a desaparecer.[D] Puede ser que la ardilla gris no posea defensas contra la marta, mientras que la ardilla roja —que ha evolucionado junto al depredador— está mejor capacitada para evadirla. Quizá en el futuro se alcanzará un equilibrio en el cual la marta, la ardilla roja y una población muy reducida de ardilla gris puedan coexistir.

La ardilla gris no llegó a Europa continental sino hasta 1948, cuando dos parejas fueron liberadas en Stupinigi, cerca de Turín.

En 1966 cinco más fueron importadas y liberadas en la Villa Gropallo, cerca de Génova. Finalmente, en 1994 una tercera introducción fue realizada en Trecante, otra vez en Italia. La población de Stupinigi floreció, y para 1997 se había extendido sobre un área de 380 kilómetros cuadrados. Hoy, por varias razones (incluyendo una regla establecida por el Convenio de Berna, que es el tratado más importante para la conservación de las especies salvajes de Europa), los italianos están tratando de erradicar a este intruso norteamericano.[E]

En la década de los cincuenta, el conejo cola de algodón de Norteamérica (*Sylvilagus floridanus*) también fue introducido y se ha reproducido en abundancia, particularmente en partes de Italia.[F] No se sabe cómo interactúa con los conejos y liebres nativos. Ahora hay nuevas poblaciones de venado cola blanca —otro americano— en varios países, incluyendo a la República Checa. Y en el período posterior a la Segunda Guerra Mundial, el mapache boreal (o racuna) quedó firmemente establecido. A pesar de su anterior enemistad, americanos, rusos y alemanes (quienes lo conocen como *Waschbär*) han hecho cada quien su parte para ayudar a que el mapache colonice Europa.

El ascenso del mapache comenzó en abril de 1943, cuando un bondadoso granjero de pollos alemán le suplicó a un guardabosque del norte de Hesse que liberara en un bosque cercano a los mapaches que mantenía como mascotas. A pesar de carecer de un permiso oficial, el guardabosques cedió y hoy el área que rodea a Kassel en Hesse tiene una de las poblaciones de mapache más densas sobre la Tierra, con entre 50 y 150 individuos por kilómetro cuadrado. Una segunda liberación, esta vez de 25 mapaches, ocurrió en 1945, cuando un ataque aéreo dañó una granja de pieles en Wolfshagen, al este de Berlín. Para 1912 se estimaba que más de un millón de mapaches vivían en Alemania.[G]

En 1958 los rusos liberaron 1240 mapaches a lo largo de la Unión Soviética para cazarlos por su piel. Como resultado, hoy el Cáucaso está plagado por las bestias enmascaradas. En 1966 personal de la fuerza aérea americana estacionado en el norte de Francia liberó algunos mapaches mascota, creando una nueva plaga. Al finalizar el siglo americano, los europeos están viendo a muchos animales inmigrantes con preocupación y algunas pestes están siendo exterminadas, pero otras parecen listas para convertirse en miembros permanentes de una nueva fauna europea.

Unas pocas especies asiáticas han encontrado su camino hacia Europa, incluyendo al sika de Asia oriental, un pariente cercano del ciervo rojo. Ya ha poblado buena parte de Europa y comenzado a hibridarse con el ciervo rojo, por lo que algunos lo consideran un peligro para las especies nativas; sin embargo, la rica historia europea de hibridación tendría que prevenirnos contra el pensamiento simplista. Unos pocos muntjacs (o ciervos ladradores) escaparon en 1925 de la abadía de Woburn en Inglaterra, y sus descendientes florecen hoy en Inglaterra y Gales. Ciervos diminutos con cuernos simples, y de largos caninos los machos, nos recuerdan a los ciervos que abundaban en Europa hace más de diez millones de años.

El perro mapache (o mapache japonés) es otra especie asiática que ha encontrado un hogar en Europa.[2] Más de 10 000 perros mapache fueron liberados en varias locaciones de la Unión Soviética entre 1928 y 1958 como una fuente para obtener piel. Primero fueron vistos en Polonia en 1955 y en Alemania Oriental en 1961. Ahora han alcanzado el centro de Noruega y se están expandiendo hacia Europa central. Entre las muchas criaturas de las que se alimentan están las ranas y los sapos, lo que me hace preocuparme por el destino de los sobrevivientes más antiguos de Europa, la familia de los sapos parteros. Los daneses, cuando menos, ya están hartos del perro mapache y lo están exterminando.

Los marsupiales no parecerían ser potenciales invasores. Los últimos marsupiales nativos de Europa eran más bien como la

---

[2] Aunque superficialmente es similar al mapache boreal, el perro mapache es un cánido.

zarigüeya americana y su linaje pereció hace alrededor de 40 millones de años, pero los descendientes de los ualabís que escaparon de un zoológico alrededor del año 2000 se reproducen en abundancia en los bosques al oeste de París. A los franceses parecen gustarles, tanto que el alcalde de Emance dijo que estos animales «han sido parte de nuestra vida diaria por veinte años».[H] La especie ha tenido aún mayor éxito en Gran Bretaña. En la década de los setenta, algunos ualabís de cuello rojo escaparon de varios parques de la vida salvaje, y poblaciones ahora vagan libres en la isla de Inchconnachan, en el lago Lomond, y en Buckinghamshire y Bedfordshire. Un exitoso grupo en estado salvaje puede encontrarse en los Curraghs, un humedal en una reserva natural de la isla de Man.

Solamente un anfibio —la rana de uñas africana— se ha convertido en especie invasora de Europa. Esta criatura africana sin lengua, sin dientes y totalmente acuática se cuenta entre los más extraños de los anfibios, y es famosa por su fealdad y glotonería. Seguramente nunca habría dejado las cosas africanas, pero el hecho es que resulta muy fácil mantenerlas con vida en el laboratorio, lo que las convierte en el perfecto sujeto experimental. Esta fue la primera criatura que haber sido clonada, y también la primera rana en el espacio (en 1992 algunos ejemplares fueron llevados en el transbordador espacial *Endeavour*).

Pero más que nada, la especie debe su expansión a un extraño fenómeno descubierto en 1930 por el biólogo Lancelot Hogben. Sabrá Dios lo que motivó a Hogben a hacerlo, el caso es que descubrió que, si se le inyecta orina de una mujer embarazada a una rana de uñas africana, a las pocas horas esta pone huevos. Antes de que las pruebas químicas de embarazo estuvieran disponibles en la década de los sesenta, se tenían ranas de uñas africanas en los hospitales y laboratorios de todo el mundo para confirmar embarazos. Muchas escaparon o fueron liberadas, incluyendo a las fundadoras de una población que se estableció en Gales del Sur.

Es curioso reflexionar en el hecho de que se cree que los Pipidae (la familia a la cual pertenecen la rana de uñas africana) están cercanamente emparentados con aquella antigua y extinta familia de anfibios europeos, los paleobatrácidos. Ciertamente son parecidos en su ecología. Tal vez deberíamos pasar por alto su apariencia grotesca y considerar a la rana de uñas de Gales como un reemplazo ecológico, en cierta medida, de los venerables paleobatrácidos europeos.

Durante el siglo pasado, las aguas dulces de Europa fueron colonizadas por una gran cantidad de especies invasoras, incluyendo a la tortuga de orejas rojas, cinco clases de cangrejos de río, la perca sol, la trucha arcoíris, el pez gato y la lobina negra. Todas ellas son de Norteamérica, aunque debe decirse que el camarón asesino (originario de la región del mar Negro), también ha colonizado Europa occidental.[3] Entre 2000 y 2012, California y Luisiana exportaron a todo el mundo más de 48 millones de tortugas de orejas rojas.[1] No es de sorprender que ahora esta criatura aparezca en la lista de las peores especies más invasivas del mundo.

Después de una pausa de muchos millones de años, los loros nuevamente están volando por los cielos de Europa. Desde 1960 la cotorra de Kramer, cuya distribución original cubre grandes áreas de África y del sur de Asia tan lejanas como el Himalaya (que la ha habituado al frío), ha sido vista en el centro de Roma y en los suburbios de Londres, algunas veces cómodamente posada en un eucalipto. La cotorra monje, nativa de Argentina y países vecinos, es tolerante al frío. Fue vista por primera vez en Europa en libertad alrededor de 1985, y se ha establecido sobre un área muy amplia. Recientemente autoridades del Reino Unido han quedado alarmadas por su éxito y podrían actuar en su contra. Pero nuevas aves invasores continúan llegando, incluyendo al cuervo indio, que fue visto en 1998 en Hoek van Holland, en Holanda, después

[3] Norteamérica tiene hábitats de agua dulce mucho más grandes que Europa.

de viajar como polizón en un barco.[4] También me han contado que una pequeña población de cacatúas blancas se ha establecido en la Costa Azul. Adoro a las cacatúas a pesar de su propensión a destruir las casas destrozando las ventanas de madera, las puertas y las membranas impermeabilizantes de plomo. Si yo fuera europeo, actuaría en contra de ellas —más con tristeza que con enojo— antes de que sea demasiado tarde.

[4] Cuatro clases de ganso se han vuelto invasoras en Europa: el ganso egipcio, el ánsar indio, la barnacla canadiense y el ganso cisne.

EL REPOBLAMIENTO DE LOBOS EN EUROPA

La naturaleza aborrece el vacío, y si tiene la más mínima oportunidad luchará contra cualquier extinción. Casi 10 000 años después de que el león y la hiena moteada llegaran a Europa, otro carnívoro está encontrando su camino hacia el oeste, por sí mismo y sin ningún apoyo de conservación. Hasta hace medio siglo, el chacal dorado (o chacal común) existía únicamente al este del Bósforo, en Turquía. De algún modo unos pocos lograron entrar a Grecia y los bajos Balcanes. Los avistamientos (y cacerías) más recientes han ocurrido en Estonia, Francia y los Países Bajos. Parece que pronto los chacales estarán paseando por la costa del Atlántico en Europa.

¿Es acaso esta expansión al estilo *Blitzkrieg* el resultado de la baja densidad de lobos en Europa? El aumento del chacal dorado y el eclipse del lobo pueden no ser más que una coincidencia. Durante la mayor parte del Pleistoceno, Europa fue hogar tanto de un cánido del tamaño del lobo como de un cánido del tamaño del chacal, quedando esta última criatura restringida a la región mediterránea antes de extinguirse hace unos 300 000 años. El chacal dorado podría estar jugando el rol ecológico de su pariente extinto. En cualquier caso, el chacal dorado es un importante nuevo mesocarnívoro en Europa y ha llegado para quedarse.

El arribo del chacal se da en un momento único en la historia europea. Tras milenios de guerra, hambruna y de una incesante expansión de la población humana, una nueva prosperidad inició en las décadas de paz posteriores a la Segunda Guerra Mundial. La población humana de Europa empezó a estabilizarse y a concentrarse en las ciudades y en las planicies costeras. Poblados de las regiones más remotas y estériles, incluyendo algunas áreas montañosas, están siendo abandonadas, y la naturaleza ha comenzado a recuperar esos lugares. Pero esta vez no hay decretos reales que exijan renovados esfuerzos para perseguir a los lobos y demás criaturas salvajes. Estos animales ahora son vistos como curiosidades que deben ser toleradas, o incluso bienvenidas con la debida precaución. Las focas juguetean en Canary Wharf en Londres, los lobos son avistados en los Países Bajos y los jabalíes salvajes deambulan por las calles de Roma. En solo un par de generaciones la ecología de Europa cambió tan dramáticamente que dio lugar a un repoblamiento de lobos en el continente.

Para la década de los sesenta, el lobo estaba al borde de la extinción en Europa. Solo en Rumanía estaba presente en una cantidad significativa. Pero para 1978 estaban nuevamente en Suecia, resultado de una pareja que viajó desde Finlandia. La población sueca realmente despegó cuando llegó otro migrante con una carga de genes nuevos. En 2017 había más de 430 lobos en Suecia y Noruega. Noruega busca mantener un objetivo nacional de población de cuatro a seis camadas por año y está intentando restringir a los lobos a una pequeña área a lo largo de la frontera con Suecia.

Al sur de Escandinavia los lobos se están incrementando en número casi por todos lados. Algunas de las poblaciones crecientes, como la de Francia, enfrenta una intensa oposición de parte de los granjeros. Pero en general la expansión, por lo menos hasta ahora, no ha generado conflictos. En Alemania en el año 2000 había solamente una manada de lobos; hoy hay más de 50 y a nadie parece importarle. La misma actitud prevalece en Dinamarca, donde la primera camada de lobos en varios siglos nació en 2017.

A principios de 2018 un lobo fue avistado en la región de Flandes en Bélgica, el primero en más de un siglo. Bélgica es el último país de Europa continental en ser recolonizado por lobos salvaje, así que, en cuanto a nivel de naciones, el repoblamiento de lobos en Europa está completo. Las disposiciones ambientales, la protección legal que otorgan a la vida silvestre las leyes europeas, la creciente densidad de ciervos y jabalíes salvajes cerca de las ciudades y el repentino despoblamiento de las áreas montañosas han contribuido a la expansión del lobo. ¡Ahora hay más lobos en Europa que en los Estados Unidos, incluyendo Alaska!

El repoblamiento de lobos en Europa está acercando a lobos y humanos hasta una proximidad que no se veía desde la Edad de Piedra, y una escalada en el conflicto lobo-humano parece inevitable. Con los movimientos de liberación animal al alza, algunos harán un llamado para salvar la vida de todos y cada uno de los lobos. Otros buscarán un equilibrio entre las necesidades del lobo y las humanas. Conforme se expanden, los lobos en estado salvaje se encuentran con los descendientes de los lobos que se unieron a nosotros hace 30 000 años. Desde entonces, los descendientes de aquellos lobos humanófilos han sido convertidos en perros por una intensa presión evolutiva. Y hoy los perros ferales superan en número a los lobos. Rumanía, por ejemplo, tiene 150 000 perros ferales y solo 2500 lobos, mientras que Italia tiene unos 800 000 perros libres y alrededor de 1500 lobos.

Las ecologías de lobos y perros han divergido en formas interesantes. Los lobos comen ciervos y otras presas grandes, pero los perros, tras milenios de buscar comida alrededor de nuestros campamentos, han aprendido a comer casi lo que sea y matarán cualquier cosa, desde un ratón hasta un bisonte, formando manadas para cazar mamíferos grandes. Pero mientras que los perros hambrientos reciben nuestra simpatía, los lobos hambrientos muy probablemente recibirán un disparo.

Lobos y perros pueden aparearse y producir una descendencia fértil. Y de hecho se han estado hibridando por un largo tiempo, como lo evidencia el laika, un perro que parece lobo y que todavía hoy acompaña a varios pueblos de Siberia.[A] Los administradores de la vida salvaje a menudo tratan de eliminar a los híbridos de perro y lobo, pues temen que los híbridos, con el tiempo, terminen por reemplazar a los lobos. No obstante, este asunto requiere una mayor reflexión. Los híbridos son una parte tan importante de la evolución europea que se podría argumentar que una especie híbrida es más apropiada para un continente tan profundamente modificado por la gente. Tales híbridos serían, en todo caso, un resultado evolutivo natural de la cercanía con que los lobos viven de los humanos. ¿Deberíamos aceptarlos en tanto que cumplan con las mismas funciones ecológicas de los verdaderos lobos salvajes? La cuestión moral de si nosotros, los híbridos de *Homo sapiens* con *Homo stupidus*, deberíamos permitir al feral *Canis lupus familiaris* y al *Canis lupus lupus* hibridarse es compleja, por decir lo menos. Al tratar de controlar la evolución impidiendo la hibridación, podríamos estar actuando de una manera potencialmente peligrosa y desestabilizadora.

*   *   *

En 2004, un oso pardo italiano llegó caminando hasta Alemania. JJ1, o Bruno, como se le llamó, era el primer oso en ser visto en Alemania desde 1838. Podría pensarse que, en un país cuya capital muestra un oso en el escudo de la ciudad, el retorno de esta criatura sería motivo de celebración. Pero en junio de 2006, solamente dos años después de su llegada, Bruno fue acechado y abatido a tiros en el pico Rotwand de Baviera. Muchos alemanes, de hecho, estaban encantados con el retorno del oso pardo, pero Bruno provenía de una familia con problemas. Su triste historia comenzó años atrás, cuando diez osos eslovenos fueron liberados en los Alpes italianos. Entre ellos estaban los padres de JJ1, Jurka y Joze.

Al parecer Jurka, la madre de Bruno, era como sus ancestros carnívoros de hace miles de años, y su pasión por la carne fue heredada por su descendencia. Para cuando Bruno murió ya tenía en su haber 33 ovejas, cuatro conejos domésticos, un cuyo, algunas gallinas y un par de caras. Como dijo Edmund Stoiber, presidente de Bavaria, Bruno era un *Problembär*. Por ello, en un proceso iniciado por nuestros ancestros hace miles de años, Bruno y sus hermanos fueron retirados del acervo genético, en un esfuerzo por asegurarse de que las futuras generaciones de osos pardos sean más sedentarias y vegetarianas.

Mucha gente se preocupa por el hecho de que se dome a los osos para las representaciones callejeras o en los circos, pero pocos se dan cuenta de lo profundo que hemos alterado la ecología de los osos salvajes. A lo largo de miles de años hemos creado una especie más temerosa y tratable; que es, desde una perspectiva ecológica, una versión en miniatura del vegano oso de las cavernas, más apta para sobrevivir en la densamente poblada Europa de hoy.

A la gente del norte de Italia le gustan sus osos salvajes, pero en 1999 la población local de osos de la provincia de Trento se redujo a solo dos animales que no tenían la posibilidad de reproducirse. Entonces los trentinos importaron diez osos de Eslovenia. El programa fue un gran éxito y hoy existen unos 60 osos en la región. Sin embargo, no todo ha sido fácil. Recientemente un oso hembra fue abatido por las autoridades después de que atacara a un excursionista. Más o menos la mitad de los problemas con los osos de Trento, por cierto, involucran a miembros de la familia de Jurka y Joze, por lo que Jurka, la madre, fue puesta en cautiverio. No hay duda de que el conflicto crecerá conforme aumente el número de osos, pero hasta ahora, por lo menos en Italia, el comportamiento tanto de osos como de humanos está llevando a una coexistencia mayoritariamente pacífica.

En otras partes de Europa la población de osos también se está recuperando. Debido a una cuidadosa conservación, los pocos osos que sobrevivían en Suecia se han incrementado durante los últimos 50 años hasta alcanzar una saludable población de 3000 o más, y dos pequeñísimas poblaciones del norte de España están aumentando después de muchos años de resistir en números críticamente bajos. Pero la población de la región de los Abruzos, a solo dos horas de Roma por carretera, no logra expandirse. Por falta de hábitat ha permanecido congelada en una cantidad de 50 a 60 individuos, lo que la vuelve vulnerable a la endogamia y la extinción.

En Europa del Este el oso pardo aún está presente en grandes cantidades en muchos países, como Croacia, Eslovenia, Bulgaria y Grecia. Pero para ver una población realmente floreciente hay que ir a Rumanía, donde más de 3000 osos aún merodean; gracias al déspota amante de los osos Nicolae Ceauşescu quien, resucitando la *caccia medievale*, se reservó para sí mismo el derecho de cazar osos. Son tan abundantes que algunos han adquirido la costumbre de hurgar entre los cubos de basura en las afueras de Braşov, una de las ciudades más grandes del país. Actualmente la población de osos de Europa, en general, está en buenas condiciones, y son más numerosos que en los 48 estados contiguos de los Estados Unidos (donde se les conoce como *grizzlies*).

El lince ibérico es el más grande carnívoro único de Europa. En la Edad de Piedra se expandió ampliamente por el sur de Europa, y en tiempos históricos merodeaba por la península ibérica y el sur de Francia. Pero hace medio siglo comenzó una acelerada declinación provocada por la reducción de sus presas (el conejo), los accidentes con autos, la pérdida de hábitat y la caza ilegal. Para el inicio del siglo XXI había quedado reducido a únicamente cien individuos —de los cuales solo 25 eran hembras reproducibles— que sobrevivían en dos poblaciones de los Montes de Toledo y la Sierra Morena. Un masivo programa de captura y reproducción, apoyado por la Unión Europea y con un costo de cien millones de Euros, ha rescatado al lince ibérico del borde de la extinción, y hoy se cuentan más de quinientos. Su recuperación es uno de los más grandes éxitos conservacionistas que se hayan visto en Europa.

El lince eurasiático (o lince común) es un felino más grande que alguna vez coexistió con el lince ibérico. Su distribución, sin embargo, era mucho más extensiva, pues cubría la mayor parte de Europa. A principios del siglo XX, sus últimos refugios estaban en Escandinavia, los Estados Bálticos, los Cárpatos en Rumanía (que son un verdadero paraíso para los grandes carnívoros) y los Alpes Dináricos en Bosnia y Herzegovina. Entre 1972 y 1975 ocho linces salvajes de los Cárpatos fueron liberados en el macizo del Jura en Suiza, donde ahora hay más de cien, y algunos han sido reubicados al cantón oriental de San Galo. La reintroducción continuó en otros lados de Europa, y ahora incluso hay pláticas sobre reintroducir al lince en Escocia.

Durante siglos la cacería de focas en Europa fue imparable y muchas poblaciones quedaron confinadas a reproducirse en cuevas. Pero la gente siguió persiguiéndolas y masacrándolas incluso ahí. El irlandés Thomas Ó'Crohan dejó una narración de una de aquellas cacerías, que tuvo lugar en la isla de Great Blasket en el siglo XIX:

> La cueva era un lugar muy peligroso, pues siempre había un fuerte oleaje a su alrededor, y había que nadar un largo trecho para llegar a su interior, y tenías que nadar a lo largo de la orilla. Había una fuerte corriente que te succionaba. Una y otra vez la boca del agujero se llenaba completamente, de modo que temías no volver a ver a nadie que estuviera en el interior.
>
> El capitán del bote dijo: «Bueno, ¿para qué estamos aquí? ¿Nadie está dispuesto a entrar en ese agujero?». Fue mi tío quien le contestó: «Yo entraré si alguien más viene conmigo». Otro hombre del bote le respondió: «Yo entraré contigo». Era un hombre que siempre necesitaba un bocado de carne de foca, pues pasaba la mayor parte de su vida con falta de alimento.

El tío de Ó'Crohan no sabía nadar, pero él y el otro hombre entraron sosteniendo una cuerda con sus dientes, y con velas y cerillas debajo de sus sombreros. Tras una tremenda lucha consiguieron matar a las ocho focas que se refugiaban en la cueva. «Es extraña la manera en que cambia el mundo», escribiría Ó'Crohan mucho después, en la década de los veinte. «Hoy nadie comería un pedazo de carne de foca pero en aquellos días era un gran recurso para la gente».[B] Cuando la cacería cesó, la foca gris y la foca de puerto se recuperaron. Hoy la isla Great Blasket está abandonada y centenares de focas grises se reproducen sobre sus playas.

Pero no a todas las focas de Europa les ha ido tan bien. De la foca monje del Mediterráneo solo sobreviven 700 individuos repartidos en cuatro poblaciones. En un linaje antiguo, fósiles que datan de hace aproximadamente seis millones de años han sido encontrados en Australia. Hasta el siglo xviii se reproducía en las playas, pero ahora utiliza únicamente cuevas inaccesibles. El acoso constante, el tamaño de la población extremadamente reducido y la contaminación del océano siguen poniendo en peligro su destino.

Mucho se ha hecho para restaurar las aves de rapiña de Europa. Después de su reintroducción, el milano real vuelve a volar por los cielos ingleses, el pigargo se eleva por los cielos de Escocia y el quebrantahuesos puede ser visto en el Parque Nacional de Mercantour en los Alpes Marítimos. Algunas aves rapaces están extendiendo su rango de distribución sin ayuda, incluyendo a los pigargos de Oostvaardersplassen, donde una pareja se estableció por sí sola en 2006 y se ha reproducido anualmente desde entonces.

Los buitres también se están recuperando, aunque no sin considerable asistencia. Un programa en las montañas Ródope, entre Bulgaria y Grecia, busca proteger al buitre negro americano y al buitre leonado. Estas magníficas aves, que se cuentan entre las más grandes de todas las criaturas que vuelan, están amenazadas por los granjeros que dejan cadáveres envenenados para matar a los depredadores. Equipos con perros especialmente entrenados rastrean los cadáveres y tratan de quitarlos antes de que los buitres los consuman. También hay muchos buitres leonados en los Balcanes, y una nueva colonia en los Abruzos de Italia. Hoy algunos buitres marcados en los Balcanes pueden verse en Gargano y hasta en los Abruzos, así que ambas poblaciones se están conectando. Pero si Europa ha de recuperar toda su variedad y su densidad de población de grandes aves de rapiña y carroñeras, se tendrán que tomar algunas provisiones para dejar cadáveres de bestias domesticadas en el campo, una práctica en la actualidad estrictamente prohibida por la Unión Europea, incluso en las reservas naturales.

La población europea de carnívoros, de grandes herbívoros y de carroñeros se encuentra hoy con mejor salud de lo que ha estado por al menos en los últimos 500 años. A pesar de su población humana de 741 millones, Europa se está convirtiendo nuevamente en un lugar silvestre y ambientalmente emocionante. Pero, así como algunas de las antiguas bestias salvajes de Europa están resucitando, la familiar Europa «salvaje» de setos y praderas, celebrada en los trabajos de Beatrix Potter, se está eclipsando.

42

LA SILENCIOSA PRIMAVERA DE EUROPA

Europa fue la primera región del mundo en industrializarse, y la primera en tiempos modernos en experimentar un crecimiento masivo de su población. También fue la primera en entrar a la transición demográfica (las tasas de nacimiento y muerte se desplomaron, lo que permitió a la población estabilizarse y, en algunos casos, reducirse). En gran parte de Europa la población se mantiene ahora por migración o está cayendo. Estos profundos cambios han sido acompañados por el desarrollo de una nueva economía agrícola que ha desplazado la labor humana con máquinas y ha visto una intensificación de la agricultura en los mejores suelos, como ha ocurrido en casi todos los demás continentes.

Los paisajes agrícolas de la Europa del siglo xix fueron el resultado de la influencia humana a lo largo de miles de años, y es de esta ecología que salen las imágenes de la Europa natural de los libros infantiles —un paisaje de setos, bosquecillos y riberas silvestres— diminutas áreas seminaturales que lograron sobrevivir a la intensa aplicación de la labor humana. Es una Europa de pequeñas criaturas —de ratones, topillos, gorriones y sapos— que se adaptaron con el paso de los años a vivir en un paisaje manipulado por el humano. Y los elementos de ese paisaje no se han alterado demasiado a lo largo de los milenios; hasta el pasado siglo xx. La pérdida de setos y bosquecillos es un gran golpe para muchos europeos, pues representa la pérdida de un sueño ligado a los potentes temas de los idilios y la libertad de la infancia. Pero si deseamos mantenerlos, alguien debe estar dispuesto a trabajar los pequeños campos y los setos de un mundo a lo Beatrix Potter con la habilidad y el deseo para vivir como personajes de una novela de Thomas Hardy.

Los grandes cambios que hicieron desaparecer a los setos surgieron de las nuevas tecnologías y de la determinación de Europa
de alimentarse a sí misma, lo que inició un proceso que podríamos
llamar de decadencia provocada por la industria. La agricultura
industrial requiere amplitud, así que los setos fueron arrancados en
pos de crear campos más grandes rodeados por alambradas. Y las
eficientes prácticas agrícolas comenzaron por utilizar los pequeños
rincones silvestres de las granjas que alguna vez fueron refugio de
la vida salvaje. Después empezó la inundación total del paisaje con
químicos agrícolas —fertilizantes, herbicidas y pesticidas— que
demostraron ser fatales para muchas pequeñas bestias.

Mariposas e incluso hormigas se cuentan entre las víctimas,
aunque en ningún lado es más evidente la decadencia que entre las
aves de Europa. Un grupo de investigadores ha rastreado la suerte
de 144 especies de aves europeas durante treinta años. Utilizando
información de Birdlife International estimaron que había 421
millones menos de aves en Europa en 2009 de las que había en
1980.[A] Como podía preverse, las más grandes pérdidas se dieron
entre las especies de las tierras de cultivo. El estudio, sin embargo,
revela grandes incrementos en las poblaciones de algunas especies
raras, probablemente como resultado del crecimiento de las zonas
salvajes en áreas remotas, y a los altos niveles de los esfuerzos de
conservación. Pérdidas extremadamente grandes ocurrieron en las
zonas agrícolas de Alemania, donde se estima que 300 millones
de parejas reproductoras de pequeñas aves desaparecieron entre
1980 y 2010; una disminución del 57 %. Entre las más golpeadas
se encuentra la alondra común, cuyo canto, antes ubicuo, ahora
raramente se escucha. Pero incluso las más abundantes de las aves,
como las alondras, el gorrión común (autointroducido en Europa hace 10 000 años) y los estorninos, están siendo severamente
afectadas.[B]

Desde la hermosa papilio de Córcega —una de las mariposas
más adorables de Europa— hasta las oscuras hormigas parásitas,
muchos insectos están ahora en peligro de extinción. La hormiga

de prado de dorso negro (*Formica pratensis*) probablemente ya está extinta en el Reino Unido, mientras que la hormiga de púas rojas (*Formica rufibarbis*), la hormiga de cabeza estrecha (*Formica exsecta*) y la hormiga del pantano negro (*Formica picea*) están todas en peligro de extinción debido a la agricultura industrial. Más preocupante aún, grandes reducciones en los volúmenes de insectos han sido registrados, incluso en las reservas naturales. El uso de pesticidas y herbicidas tiene un impacto masivo, aunque oculto, que está golpeando en la base de las cadenas alimenticias.[C]

Las normas agrícolas de la Unión Europea han sido incapaces de combatir las amenazas. Como dijo un biólogo español:

A pesar de las reformas previas, la Common Agricultural Policy (CAP) sigue apoyando ampliamente un modelo agrícola de producción intensiva y alto impacto que no es adecuado para los retos sociales y ambientales de hoy.[D]

Una evaluación calificó favorablemente solo el 16 % de los hábitats y el 23 % de las especies.[E] Si hay algo en lo que los europeos pueden estar de acuerdo es, con toda certeza, la necesidad de preservar su legado natural. A lo largo de los últimos cuarenta años las políticas agrícolas de la Unión Europea han cambiado dramáticamente en el sentido de apoyar más prácticas amigables para el medio ambiente y un uso menos intensivo de suelos y tierras, pero algunos aspectos de dichas políticas agrícolas siguen contribuyendo a destruir los ecosistemas.

El problema es claro, pero el tamaño del cambio que se requiere para enfrentarlo es enorme y los esfuerzos hasta ahora han sido simbólicos. No será fácil formular ni aplicar las reformas necesarias. Y como desafío mayor, aún nos falta descubrir cómo alimentarnos y mantenernos sosteniblemente a la escala requerida. Todos admiramos la eficiencia, pero la eficiencia agrícola está matando de hambre a muchas especies hasta hacerlas desaparecer. Como hizo notar Franz August Emde, vocero de la BfN (la

Agencia Federal Alemana para la Conservación de la Naturaleza): «Los granjeros solían dejar algunos tallos de pie. Eso daba a los hámsteres algo para mordisquear y las aves se beneficiaban también».[F] En muchos lugares los granjeros están otra vez siendo incentivados a dejar rincones de sus campos sin cultivar o sin cosechar, y con asistencia financiera algunas áreas mayores de tierra cultivable están siendo retiradas de la producción y devueltas a la naturaleza, como la finca de Knepp, de 1400 hectáreas, en Weald en Inglaterra.[G]

La naturaleza tiene una notable capacidad para recuperarse del daño causado por los humanos. Mark-Oliver Rodel, del museo de historia natural de Berlín, ha estudiado el comportamiento reproductivo de los anfibios que viven en lugares altamente perturbados por los humanos. Estos, poseen una asombrosa habilidad para variar sus patrones reproductivos y Rodel piensa que, tras 2000 años de perturbaciones, se han adaptado genéticamente. No me sorprende: 90 millones de años de evolución deben haberles enseñado algo sobre cómo sobrevivir en Europa.

La globalización representa otro tipo de amenaza para la biodiversidad de Europa. El escarabajo longicornio de Asia, detectado por primera vez en Italia en el 2000, probablemente llegó a Europa en la madera de empaquetado. Amenaza a una variedad de árboles caducifolios, incluyendo al arce, al abedul y al sauce, ninguno de los cuales tiene defensas naturales adecuadas contra él.[H] Las larvas matan a los árboles perforando a través de la madera viva; cada una puede consumir hasta un metro cúbico de madera antes de convertirse en pupa.

El barrenador esmeralda es otro invasor asiático cuyas larvas destruyen a los fresnos. Estos grandes y hermosos escarabajos son solo dos de las innumerables especies de bacterias, hongos e invertebrados infestadores de árboles que han llegado a Europa en décadas recientes desde aquel gran motor de la evolución que es el continente asiático. Como resultado, casi cualquier tipo común de árbol europeo está afectado por una enfermedad o parásito u alguna otra cosa proveniente de Asia. El proceso comenzó hace cincuenta años, cuando los olmos de Europa fueron arrasados por la enfermedad fúngica que transmiten los escarabajos y que es erróneamente llamada «enfermedad holandesa del olmo» (la cual, de hecho, es asiática). Más recientemente la muerte repentina del roble, la disminución de roble, el marchitamiento de la haya, la plaga del castaño y el cancro del castaño de Indias han infestado los bosques de Europa.

En el pasado geológico, cuando el puente terrestre con el Asia templada estaba muy abierto y el clima favorecía la migración de árboles, estos llegaron junto con sus patógenos. Pero como ahora el puente con Asia es un puente humano que involucra el transporte de madera, plántulas y esquejes, las enfermedades están llegando antes que los árboles que pueden soportarlas. Según la escritora botánica Fiona Stafford, la única manera de salir adelante es imitar lo que sucedió en el pasado y plantar en los bosques de Europa las variedades asiáticas de las especies en riesgo, pues coevolucionaron con las enfermedades y son resistentes a ellas.[1]

Todos estos cambios están ocurriendo durante la más rápida transformación climática en la historia de la geología. La tendencia actual de calentamiento es al menos treinta veces más rápida que el calentamiento que derritió los grandes mantos de hielo al final del último glacial máximo, y el calentamiento está aumentando las temperaturas a partir de uno de los puntos más cálidos en los últimos tres millones de años de la historia de la Tierra. El ciclo de las edades de hielo ya ha sido quebrantado. Los grandes mantos de hielo no volverán a avanzar en el Norte: el Pleistoceno —una de las eras más tumultuosas en la turbulenta historia geológica de Europa— ha llegado a su fin.

La temperatura global ya es un grado centígrado más caliente de lo que era hace 200 años, y Europa se está calentando más rápido que el promedio global. En los bosques y praderas de Europa comienza más pronto la primavera y las aves migran antes. Insectos como las mariposas no solo aparecen antes, sino que están llegando mucho más al norte de lo que solían hacerlo. El cambio climático es un proceso, no un destino, y los cambios futuros tendrán un impacto mucho mayor. La tundra ártica —un terreno de apareamiento vital para numerosas especies, incluyendo a los gansos migratorios— y las praderas alpinas están en peligro de ser asfixiadas por los bosques. Y eso significará decir adiós a la flor de las nieves, *adieu* al eider común.

Incluso si las aspiraciones del Acuerdo de París sobre el cambio climático de 2015 se llevan a cabo, la línea costera de Europa se verá alterada y algunas ciudades se perderán por los crecientes mares. Si las naciones del mundo no cumplen con los compromisos que hicieron en París, el clima de la Tierra podría regresar a las condiciones del Plioceno, cuando las criaturas similares al okapi y las víboras gigantes abundaban en Europa. Es probable que entonces la productividad agrícola y la estabilidad de Europa se verían amenazadas. El nombre que Ernst Haeckel puso a nuestros ancestros neandertales, *Homo stupidus*, podría seguir teniendo cierta validez: en nosotros.

43

LA RESILVESTRACIÓN

¿Qué podría ser Europa? Un nuevo concepto en el manejo humano de los sistemas naturales está emergiendo. La resilvestración —la restauración de criaturas salvajes y de procesos ecológicos perdidos— se está popularizando a nivel global pero sus orígenes son europeos, y es ahí donde se están haciendo los esfuerzos más sustanciales para su realización. La organización independiente Rewilding Europe está llevando a cabo programas extensivos. Su objetivo es restaurar el proceso natural a los ecosistemas, crear áreas silvestres donde la presencia humana sea mínima e introducir grandes herbívoros y superpredadores en las regiones donde han sido extirpados. El programa intenta focalizarse en diez áreas, cada una de al menos 100 000 hectáreas, desde Iberia occidental hasta Rumanía, Italia y Laponia.[1]

¿Qué es lo que imaginan los europeos cuando piensan en la resilvestración de su continente? Algunos proyectos citan descripciones del antiguo romano Tácito, lo que sugiere que una vez más los europeos están abrevando de sus sueños para buscar inspiración. Otros, sin embargo, piensan en escalas de tiempo geológico de decenas de miles o millones de años. Es de esperarse que las ideas de cada quien respecto a cómo debería ser una Europa silvestre tendrán ciertas diferencias, pero en las cuestiones básicas se debe alcanzar algún tipo de acuerdo.

¿Deberían los resilvestradores trabajar para crear la Europa de la era romana, o la de hace 20 000 años, o (a la luz del cambio climático) la de hace dos millones de años? Cada una produciría

---

[1] Las organizaciones de Rewilding Europe son WWF-Netherlands, ARK Nature, Wild Wonders of Europe y Conservation Capital.

un resultado diferente. Una vez que se haya sentado una base de referencia, los resilvestradores podrán entonces averiguar cuáles de las especies relevantes aún existen, cuáles son sus requerimientos ecológicos, y qué especies podrían funcionar como sustitutos ecológicos para las especies extintas. También podrán calcular el área mínima requerida para tales especies, comenzar a aislar y remover cualquier especie que no deba estar ahí, y reintroducir las especies seleccionadas. Rewilding Europe, tal como se está manejando ahora, no es así de metódica. Algunos resilvestradores simplemente dejan que la naturaleza tome su curso con la mínima intervención, mientras que otros se enfocan principalmente en establecer tres especies de megafauna —el bisonte, el caballo salvaje y el uro— que son, por cierto, las especies más representadas en el arte europeo de la Edad de Hielo y las que los antiguos escritores Tácito, Heródoto y otros vieron en Europa, a menudo en grandes manadas.

La resilvestración no es del todo nueva ni su historia es totalmente honorable, pues los primeros esfuerzos fueron realizados por los nazis en las décadas de los treinta y cuarenta. Los hermanos alemanes Lutz y Heinz Heck eran ambos directores de zoológicos, uno en Berlín y el otro en Múnich, respectivamente. Lutz se unió a las SS en 1933 y se volvió un amigo cercano de Hermann Göring. Lutz vivía obsesionado con su propia y perversa versión del gran sueño europeo; un mundo silvestre donde los arios pudieran cazar peligrosos animales salvajes como los que él imaginaba que las tribus teutonas perseguían en tiempo romanos y prerromanos.

Una parte integral del programa de Lutz era la reconstitución de los uros para que la raza superior tuviera su propia bestia especial para cazar, una fuerte y peligrosa, adecuada al ideal del hombre ario. Comenzando con «razas primitivas» de reses domésticas, Lutz y su hermano Heinz hicieron una selección basada no solamente en forma y tamaño sino también en agresividad, lo cual es la razón por la que tiempo después, con excepción de unos cuantos, todos los bovinos de Heck fueron sacrificados. Genéticamente no se parecen a los uros. Nuevos intentos de recrear a los uros han comenzado otra vez. El programa Tauros, respaldado por una fundación neerlandesa y un grupo de universidades, está experimentando con ocho antiguas razas europeas, utilizando tecnologías de ADN recientemente disponibles, para identificar y cruzar selectivamente a los animales que tengan una alta proporción de ADN de uro. Para finales del 2015 el proyecto había producido más de trescientas cruzas de animales, quince de las cuales son cruzas de cuarta generación. A la larga, los líderes del programa esperan liberar en tierras silvestres uros «recreados», donde puedan vivir en relativa libertad.[A]

Lutz Heck decidió que el bosque de Białowieża era el lugar perfecto para crear su gran área silvestre. Los nazis mataron o sacaron a miles de personas y destruyeron más de 300 poblados. Entre sus víctimas había muchos judíos que se habían refugiado en la densidad de los bosques. Hoy Białowieża es considerado Patrimonio Mundial, testamento de los supuestamente primitivos e intocados bosques de la vieja Europa. Pero olvidamos el papel que jugaron los nazis en su creación, y el hecho de que antes el área había sido muy habitada y utilizada durante siglos para poner granjas y obtener productos del bosque. Una vez que ya no hubo gente, Heck liberó bisontes, osos y bovinos de Heck en el área, aunque es dudoso que los nazis hayan tenido mucho tiempo para cazar. Para mayo de 1945 lo rusos estaban en Berlín, y Heck estaba muy ocupado defendiendo su zoológico, el cual funcionó como uno de los últimos reductos de los nazis en la ciudad. Al terminar la guerra los rusos trataron de procesar a Heck por crímenes de guerra, pero él nunca enfrentó a la corte. Murió el 6 de abril de 1983 en Wiesbaden.

El hecho de que Lutz Heck imaginara que alguna vez Europa estuvo cubierta por un gran bosque virgen fue inspirado en parte por *Germania*, escrito alrededor del 98 d. C. En él, el historiador romano Tácito describe a Alemania como estando cubierta de *sylvum horridum.* Tanto Adolf Hitler como Heinrich Himmler, por cierto, intentaron sin éxito obtener la única copia medieval de la obra —el *Codex Aesinas*— de sus dueños, los condes de Iesi, en Ancona. ¿Pero a qué se refería Tácito con *sylvum horridum*? ¿Era Alemania un gran bosque virgen o estaba cubierta de arboledas y matorrales de plantas espinosas que pudieron haber sido creados por grandes manadas de herbívoros?[B]

En otros lados, Tácito deja claro que partes de Alemania eran paisajes profundamente modificados con sembradíos, rebaños y aldeas. Pero también dice que cada zona tribal estaba rodeada por una especie de tierra de nadie. Es fácil imaginar que estas áreas funcionaban como reservas de caza donde la vida salvaje era protegida, hasta cierto grado, por el miedo de la tribu a ser emboscada por otra. Quizá pedazos de bosque intercalados con pantanos y matorrales espinosos eran lo que caracterizaba a estas áreas. La gran diversidad europea de plantas que requieren luz —el avellano, el espino y el roble incluidos— respalda aún más la existencia de un dosel arbóreo interrumpido en Europa. Llorar por la pérdida de una virginidad forestal europea, tal como la representan los supuestamente sombríos bosques tectónicos del *sylvum horridum* de Tácito, es casi con toda certeza un error.

Lo único bueno que parece haber resultado de las obsesiones de Lutz Heck fue la supervivencia de los caballos de Przewalski del zoológico de Varsovia. Él los transportó a la seguridad del zoológico de su hermano Heinz en Múnich. Para 1945 quedaban solo trece caballos de Przewalski en el mundo, así que el papel de Lutz fue crucial para la supervivencia de la especie; como ha sido reconocido por al menos un museo del Holocausto.[C] Los intentos de resilvestración de Heck sirven para reforzar un importante hecho: los europeos son ahora quienes deciden sobre su territorio. Lo que ellos deseen, es en lo que se convertirá la tierra. Y si sus deseos son tóxicos y peligrosos, entonces eso se manifestará en la naturaleza. Los europeos no pueden eludir la responsabilidad de darle forma a su entorno, pues incluso renunciar al control tendría profundas consecuencias.

La idea de que la antigua Europa era un gran bosque virgen está siendo confrontada por uno de los más grandes proyectos de resilvestración; en Oostvaardersplassen, en los Países Bajos. En abril de 2017 viajé ahí para encontrarme con Frans Vera, un ecólogo que ha tenido una gran participación en su desarrollo. El área de casi 60 kilómetros cuadrados a la que Frans y sus colegas han ayudado a dar forma tiene menos de 70 años de edad. Antes de eso estaba bajo el mar. A mí el hecho me pareció extraordinario, pero los neerlandeses están tan acostumbrados a crear su propia tierra que apenas fue comentado durante mi recorrido. Observando la vasta extensión a través de la bruma de la mañana, con nada más que siluetas fantasmales de modernos molinos de viento y edificios industriales en el horizonte, sentí que había retrocedido en el tiempo, pues la escena me recordaba al África ignota o al remoto Ártico.

Estar en Oostvaardersplassen es toda una experiencia sensorial. Las huellas y mojones de aves y bestias eran tan densas sobre el césped corto que era imposible pisar entre ellas. Y el césped era tan delgado a principios de la primavera que parecía que había más tierra que pasto. Apenas podía creer que soportara tal cantidad de vida silvestre. Frente a mis ojos, decenas de miles de barnaclas cariblancas emprendieron el vuelo cuando un enorme pigargo pasó planeando sobre nuestras cabezas, y después volvieron a posarse en tierra como un manto una vez que el peligro hubo pasado. El olor, los sonidos y las vistas podrían haber tenido la riqueza del Pleistoceno europeo, perdida desde hace tanto que ya ha desaparecido de nuestra imaginación.

Pero el orgullo de Oostvaardersplassen son sus grandes mamíferos. Los ponis Konik pasaban a medio galope frente a nosotros en pequeños harems o grupos familiares y su hermosa piel parda me creaba la ilusión de que estaba viendo un panel animado de arte de la Edad de Hielo. Para un ojo sin entrenamiento, los Koniks parecen casi caballos salvajes, y alguna vez se creyó que descendían del tarpán, el último de los caballos salvajes de Europa.

[D] Los ponis exmoor de Gran Bretaña, con sus hocicos blancos —una característica claramente observable en las representaciones de caballos de la Edad de Hielo europeos en al arte de las cavernas—, nos proporcionan otro simulacro. Pero esto es en realidad solo una cuestión estética, pues ninguna raza viva de caballos es genéticamente más cercana al ancestro salvaje que otra.

Una manada de ciervos, liderada por un macho de magníficas astas, volteó a vernos cuando pasamos y después salió corriendo. Sus huesos yacen por el suelo. En cuanto a especie no domesticada, sus cadáveres son los únicos autorizados para permanecer sobre el césped para alimentar a los carroñeros. En la distancia había algunas bestias grandes, con cabezas que mostraban unos cuernos con forma de lira misteriosamente familiares. Son sustitutos del uro, criados a partir de varias razas de reses domésticas. A algunas les faltaba el pelaje oscuro y uniforme de los uros, cosa que rompía, a mis ojos al menos, la ilusión de una megafauna de la Edad de Hielo.

Oostvaardersplassen tiene suelos alcalinos excepcionalmente ricos; es el tipo de lugar codiciado por los agricultores. No hay grandes rocas detrás de las cuales los retoños puedan protegerse y los pastos del rico suelo mantienen una cantidad muy grande de mamíferos, lo que a su vez determina lo que crece ahí. El resultado es un gran césped de hierba de bisonte, interrumpido solo en sus partes bajas por esteros inundados. Lo que es muy evidente que falta son árboles. Los pocos que hay están en un estado terrible. Al haber sido despojados de su corteza por los ciervos, sus estructuras esqueléticas puntean la tierra sobre vastas áreas, otorgándoles un aspecto funerario. Más allá de los raros endrinos y espinos blancos que mil pares de labios habían reducido a bonsáis a punto de morir, poca materia vegetal viva era más alta que mi tobillo. ¿Podría acaso ese bonsái espinoso, me preguntaba, ser el célebre *sylvium horridum* de Tácito?

En términos de ecología, Oostvaardersplassen, con sus aproximadamente 4000 reses, caballos y ciervos, recuerda a la estepa del

mamut o a las praderas de pasto corto de Masai Mara. Muchos
lo consideran un experimento fallido. Otros simplemente odian
a los árboles muertos. Yo les suplico que comparen a Oostvaardersplassen no con su Europa de ensueño de la edad clásica, sino
con un continente hace mucho tiempo desaparecido donde los
grandes mamíferos, más que las prácticas agrícolas, daban forma
a los paisajes.

En la creación de Oostvaardersplassen algunas cosas se han
perdido, incluyendo el 37 % de las especies de aves que existían
ahí en 1989; la mayoría estaban adaptadas a una Europa agrícola
o parcialmente boscosa.[E] Pero a mi modo de ver es mucho lo que
se ha ganado. Oostvaardersplassen evoca a una Europa grandiosa
y salvaje, una versión en miniatura de la migración de ñus en el
Serengueti. Pero existe una gran diferencia: Oostvaardersplassen
carece de grandes depredadores; los zorros son los cánidos más
grandes de la reserva. La exclusión de carnívoros ha tenido numerosas implicaciones, entre ellas lo que podría ser una densidad an-
tinatural de herbívoros. Otra es que la gente ha tenido que tomar
el lugar de los lobos y los grandes gatos. Por razones humanitarias
los guardabosques vigilan el área, especialmente en invierno, y
disparan a los animales que consideran demasiado débiles para
sobrevivir hasta la primavera.

La naturaleza sigue llevando la batuta en Oostvaardersplassen.
Un buitre egipcio descubrió el lugar y vivió bien ahí hasta que
murió cuando se posó en la ruta del ferrocarril. ¿Podrán los lobos
y los chacales encontrar su camino hasta este lugar? Ya tres lobos
han sido vistos en los Países Bajos, así que parece posible. Incluso
un alce hembra —fugitivo del zoológico— tuvo una corta estancia
ahí. Tuvo dos crías, pero al igual que el buitre, andaba por la vía
férrea y resultó muerto, y después a una de las crías le dispararon.
Quizá el jabalí salvaje será el primer mamífero grande en llegar por
sí mismo a Oostvaardersplassen, pues ya está en Nobelhorst, a solo
unos kilómetros de distancia. Si lo hacen, descubrirán un festín
de huevos de ave y otras delicias. Y así será como continúe este

gran experimento. Si de mí dependiera, primero me encargaría
de esa asesina ruta de ferrocarril, ya sea cercándola o desviándola.

Alguna vez hubo planes para unir esta gran planicie con otras
reservas naturales de los Países Bajos y con áreas silvestres de Alemania, permitiendo la migración natural, y ya el gobierno neer-
landés había adquirido buena parte de la tierra que se requería,
pero entonces fue elegido un gobierno de derecha. Los granjeros
alegaron que los ricos suelos se estaban desperdiciando, y a algunos
de ellos se les permitió volver a comprar las tierras que habían
vendido, a precios más bajos de lo que se les había pagado. La
negatividad política confundió al público, y así fue destruida una
gran visión. Espero que continúe este importante experimento que
es Oostvaardersplassen. Cada año aprendemos más, pues obliga
a encontrar respuestas imaginativas que guíen a la mente sobre la
tierra de formas cada vez más innovadoras.

Al otro extremo de Europa, en Rumanía, un tipo muy distinto
de experimento de resilvestración está llevándose a cabo. En su
centro están los Cárpatos, que forman una cadena montañosa
curva y bien provista de bosques donde tienen su hogar un tercio
de los osos de Europa, además de muchas otras especies silvestres.
En Rumanía, incluso en las regiones agrícolas, abunda la vida
salvaje, y magníficas praderas de flores silvestres florecen en primavera. Esto se debe en parte a que aún persisten prácticas agrícolas
más antiguas y menos destructivas, con pastores que arrean sus
rebaños, y los caballos de tiro siguen siendo comunes en granjas
y caminos. Puesto que en Rumanía abundan los carnívoros, el
corzo, el conejo y el ciervo rojo son difíciles de encontrar.

La fundación Conservation Carpathia es una organización sin
fines de lucro que tiene una pequeña propiedad de aproximadamente 400 hectáreas de pastizales cerca del pueblo de Cobor en
Transilvania. Yo estuve ahí en abril de 2017 para aprender cómo
funciona la organización en tanto que modelo para la agricultura
sostenible en la región. Christoph Promberger, el director ejecu-
tivo, me contó sobre el proyecto verdaderamente grande de la

organización, localizado en los montes Făgăraş, discutiblemente la región más salvaje de Europa.

La región de Făgăraş es extraordinariamente escabrosa y bella, una combinación de paisajes suizos con una población considerable de osos, lobos, linces, corzos y ciervos rojos. Con el poblado más próximo a cuarenta kilómetros de distancia del sitio del proyecto, los bosques son lo más remoto que un lugar puede llegar a serlo en Europa. Y sin embargo se vieron severamente amenazados luego que Nicolae Ceauşescu fue depuesto. Los bosques de Rumanía habían sido nacionalizados, pero en los primeros años de la era postcomunista a cada dueño anterior se le devolvió una hectárea de su propiedad. Pocos años después esa cantidad fue aumentada a diez hectáreas, y en 2005 se les devolvió la totalidad de sus propiedades. Inciertos sobre si sus tierras les serían nuevamente arrebatadas, la mayoría de los propietarios procedió a talar todos los árboles para obtener una ganancia inmediata. Queriendo evitar una catástrofe, Conservation Carpathia comenzó a comprar las tierras forestales reprivatizadas.

Conservation Carpathia ya posee 15 000 hectáreas de bosque o de tierra recientemente talada, y tiene planes para adquirir 45 000 hectáreas más. Existen propuestas para crear un parque nacional de cerca de 200 000 hectáreas en los Făgăraş. Si esto fuera llevado a cabo, en combinación con las tierras adquiridas por Conservation Carpathia el área se convertiría en la región silvestre más grande de Europa. Rewilding Europe ya ha liberado bisontes en los Cárpatos, y Conservation Carpathia también planea reintroducir al bisonte en 2018. Puesto que no hay planes para reintroducir otras especies, al ecosistema de Făgăraş le harán falta algunos buitres y águilas, caballos salvajes y uros (o su equivalente), sin mencionar a las grandes bestias de la Edad de Hielo de Europa. Pero al igual que Oostvaardersplassen, promete ser un experimento de lo más interesante.

Oostvaardersplassen y Făgăraş son dos columnas de un gran proyecto paneuropeo para redescubrir la naturaleza del continente.

Ambos merecen ser refinados y ampliados. No deberíamos actuar con prisas para resilvestrar Europa; tampoco deberíamos ignorar algunos retos importantes, y entre ellos uno de los más grandes es el papel de los carroñeros. A pesar de la larga historia de la hiena en Europa, nadie parece querer traerla de vuelta al continente, y los buitres hace mucho que se extinguieron sobre gran parte del continente y los intentos que se realizan para reintroducirlos fallan debido a una gran cantidad de obstáculos; desde la burocracia hasta el cableado eléctrico, las vías férreas, los cebos envenenados y los pesticidas. El único buitre que fue visto en Rumanía en años recientes murió después de beber agua contaminada con pesticidas.

No toda la resilvestración es resultado de acciones autorizadas. En 2006 una pequeña población de castores apareció misteriosamente en el río Otter, en Devon. Alguien debe haberlos liberado sin permiso ni discusión pública. Las autoridades querían removerlos, pero a los locales les gustaba tener cerca a los castores y armaron un alboroto, de modo que la erradicación propuesta fue abandonada. Los británicos son famosos por desobedecer las reglas, así que probablemente deberíamos anticipar que habrá más introducciones no planeadas. Pero seguramente el potencial también existe en Europa del este, en lugares como Rusia, donde la regulación es más laxa, y donde las grandes riquezas están en manos de unos cuantos.

44

RECREANDO GIGANTES

Mucha de la megafauna de Europa, como los fabulosos troles y los duendes de la mitología, se retiró desde hace mucho tiempo al reino de lo distante o lo invisible: los parientes de los extintos elefantes de Europa vagan sin ser reconocidos en los bosques del Congo, mientras que los genes de los uros, los osos de las cavernas y los neandertales yacen ocultos en el genoma de las reses, los osos pardos y los humanos. Y, en el lejano norte, el ADN del mamut y el rinoceronte lanudos duerme un sueño perpetuo, acunado en el seno del permafrost. Duendes ingeniosos que trabajan en fábricas de ideas han descubierto la magia que se requiere para devolver estos gigantes desaparecidos a sus hogares ancestrales, sea por introducción, crianza selectiva o manipulación genética. Si los europeos piensan en pequeño, Europa seguirá siendo un lugar reducido, despojado de sus más grandes glorias naturales. Pero si piensan en grande, cualquier cosa es posible.

La vida salvaje desaparecida de Europa cae en cuatro categorías: primero, aquellos que sobreviven como criaturas vivas fuera de Europa; segundo, aquellos que pueden ser recreados a través de la reproducción selectiva de ganado doméstico; tercero, aquellos que quizá podrían ser reconstituidos por medio de la ingeniería genética; y, cuarto, aquellos que, dada la tecnología y el conocimiento actual, son irrecuperables.

Las especies más fáciles de restaurar son las que sobreviven en otras partes: hiena moteada, león, leopardo, búfalo y discutiblemente el elefante de colmillos rectos (también conocido como elefante africano de bosque), para nombrar unas cuantas, todas ellas desaparecieron de Europa, pero pueden encontrarse en África o Asia. Las siguientes más fáciles de restaurar son

aquellas que pueden ser resucitadas por medio de la reproducción selectiva, pero solo los uros, los caballos salvajes europeos
y los neandertales caen en esta categoría. Desde un punto de
vista técnico, desextinguir al neandertal sería la tarea más sencilla de todas, pues la reproducción humana se comprende extremadamente bien y se conoce el genoma del neandertal. No
obstante, los últimos que intentaron la reproducción selectiva
en los humanos fueron los nazis, y la idea resulta absolutamente
inmoral; estoy seguro que el espíritu de Lutz Heck observaría
el hecho con gran interés.

Entre las especies irrecuperables deben contarse los tres rino-
ceronтes de Europa (el lanudo, el de Merck y el de nariz angosta),
el ciervo gigante y especies isleñas como el *Myotragus*. Pero el
estudio de ADN antiguo se está desarrollando rápidamente, y
antes de que pase mucho tiempo podrían recuperarse los genomas
de varias especies. La tercera categoría —las especies que pueden
recuperarse a partir de la ingeniería genética— nos lleva a los
límites del conocimiento científico. En 2008 se intentó revivir
al bucardo español, una subespecie del íbice. El último individuo había muerto en el 2000, pero los científicos habían tomado
muestras de su oreja el año anterior. Ellos trasplantaron el ADN de
las muestras congeladas a las células de cabras domésticas. Uno de
los embriones así creados sobrevivió al nacimiento, pero el joven
bucardo murió apenas siete minutos después debido a complica-
ciones respiratorias.[A]

Entre las especies extintas, los principales candidatos para la
restauración genética, en términos de factibilidad, son el mamut
lanudo, el oso de las cavernas y el león de las cavernas. Revive and
Restore es una organización dedicada a utilizar la genética para
salvar especies en peligro de extinción, y a restaurar especies ya
extintas.[B] Trabaja en un amplio rango de proyectos, desde ayudar
a que se utilice un sustituto sintético para la sangre del cangrejo
herradura (las criaturas están siendo recolectadas en exceso por su
sangre, que se emplea en la industria farmacéutica), hasta apoyar

al equipo de Harvard para la recuperación del mamut lanudo, el Woolly Mammoth Revival Team.

A principios de febrero de 2017 se reportó ampliamente en los medios mundiales que el mamut lanudo sería «traído de vuelta de la extinción» en 2018. De hecho, George Church, quien lidera el Harvard Woolly Mammoth Revival Team, declaró que para 2018 su equipo esperaba crear un embrión viable —quizá únicamente unas pocas células— de una criatura que contiene una mezcla de genes de elefante asiático con mamut lanudo. Un *mamutfante*, si usted quiere. Dado lo que ahora sabemos sobre hibridación de elefantes, esto no suena tan escandaloso como podría haber sonado alguna vez. Y de hecho quizá deberíamos ver a la tecnología CRISPR (una tecnología que permite insertar genes de una especie en otra) como la continuación de la evolución del elefante a través de la hibridación, como ha sucedido durante millones de años.

Pero incluso esta limitada ambición habla con elocuencia del rápido progreso que se ha hecho en el área de la desextinción. Church y su equipo planean crear al *mamutfante* dotando a un óvulo de elefante asiático con genes para tener glóbulos rojos que operen eficientemente a bajas temperaturas, una capa de grasa más abundante bajo la piel y una exuberante cubertura de pelaje; todo ello a partir del genoma del mamut. El equipo ya ha realizado 45 cambios de entre las 1642 diferencias entre los genomas del elefante y el mamut. Pero esto es solo el comienzo. Después el ADN nuclear deberá ser colocado en un embrión, así como el ADN nuclear de la oveja Dolly fue reemplazado para crear la primera oveja clonada del mundo.

El equipo no pretende utilizar un óvulo extraído de un elefante, sino crear uno a partir de células de la piel. Finalmente, el embrión en crecimiento necesitará mantenerse en un útero artificial durante 22 meses antes de que pueda producirse un bebé mamut. Y a partir de ahí deberá «manufacturarse» una manada de *mamutfantes* genéticamente mezclada y etariamente estructurada para que la «especie» pueda ser restaurada a su ecosistema.[C] No me queda duda que, a su debido tiempo, todo esto será posible. Pero primero, la humanidad debe decidir si es deseable.

La reencarnación genética de los gigantes perdidos de Europa no sería el último paso, pues aún se tendría que reservar un área suficientemente grande y fértil para que los cientos, si no es que miles de megamamíferos, la pudieran habitar. Europa es difícilmente el lugar ideal para recrear la estepa del mamut. Pero un gran proyecto en Siberia, cuyo objetivo es precisamente hacer esto, ya está bien encaminado.[1] Si el mamut puede ser restaurado entonces también, con toda probabilidad, el oso de las cavernas y el león de las cavernas. ¿Pero qué se ganaría con recrearlos? Si algún día se requiere de un superpredador para un proyecto de resilvestración en Europa, el león vivo probablemente será un mejor candidato que el león de las cavernas, ya que está mejor adaptado a las actuales condiciones cálidas. Y al ejercer presión selectiva sobre el oso marrón para volverlo herbívoro, hemos efectivamente recreado un gran herbívoro osuno que probablemente ocupa el nicho ecológico del oso de las cavernas. Si Europa ha de resilvestrar en esta era de calentamiento, son las especies templadas, como el león y el elefante de colmillos rectos, los que deberían estar en el foco, y aun así las más grandes áreas silvestres templadas del continente son actualmente demasiado pequeñas para ellos. Pero se ha predicho que para 2030 habrá 30 millones de hectáreas de tierras de cultivo abandonadas en Europa.[D] La mayoría de los parques nacionales de Europa existen en tierras que son propiedad privada, y los propietarios europeos tienden a aceptar que se les impongan las decisiones de la sociedad. Es en el flexible y adaptable concepto europeo de la propiedad de la tierra y en las oportunidades que abre el abandono de las tierras de cultivo que las futuras genera-

[1] El proyecto, conocido como Parque Pleistoceno, es liderado por Sergei Zimov. Caballos, alces, bueyes almizcleros, uapitís y bisontes ya están presentes en el recinto.

ciones deben enfocarse si desean realizar el naciente sueño de crear una Europa dinámica y con megafauna.

Pero ¿deberían los europeos recrear una megafauna europea importando especies similares a aquellas que alguna vez existieron ahí, y que aún sobreviven en otras partes? A mí me parece que la cuestión moral es irrefutable: resulta inaceptable pedirle a la gente de África, cuya población alcanzará un aproximado de 4000 millones en 2100, que vivan junto con los leones y los elefantes mientras que los europeos rehúsan a hacerlo. Si les pedimos a los demás que carguen ellos solos con un peso tan desproporcionado, me temo que no habrá un lugar en el mundo para los elefantes.[E]

La escala del abandono de tierras en Europa ya es tan grande que la resilvestración controlada se está llevando a cabo solo en una mínima fracción de las tierras abandonadas. En su lugar, la mayoría de ellas están siendo objeto de un enorme experimento no planeado, con poca o ninguna vigilancia científica, en el cual una variedad de especies que está ahí por casualidad le está dando forma al futuro. En las Colinas Metalíferas de las provincias de Grosseto y Siena en Italia, por ejemplo, el abandono de tierras está creando una nueva y vasta región salvaje, la cual es actualmente de una excepcional diversidad. A pesar de su localización entre los bien cuidados paisajes de la Toscana, la región tiene la densidad de población más baja de toda Italia y algo de su mayor biodiversidad. La maquia crece en las laderas más cálidas, y en otras partes abunda un bosque muy diverso que incluye al roble, al acebo, al castaño y al álamo. El sotobosque de este bosque en crecimiento es podado por corzos, gamos y ciervos rojos; estas dos últimas especies escaparon de cautiverio en décadas recientes. No hay linces en la Toscana, así que la población de ciervos es densa y está teniendo un severo impacto en el sotobosque. Hoy solo algunas especies de sabor desagradable, como el junípero, sobreviven a la etapa de plantón, y si no se toman las medidas necesarias, harán de las Colinas Metalíferas un bosque empobrecido en el futuro.

Algunas personas creen que los humanos no deberían tratar de guiar el desarrollo de los ecosistemas en las nuevas tierras silvestres de Europa, pues imaginan que estas volverán a algún tipo de estado primigenio y deseable si se les deja en paz. Pero ya quedó claro que esto no ocurrirá y que un bosque menos diverso y productivo será el resultado de la caótica revoltura actual de arquitectos del paisaje que comprende a grandes herbívoros y carnívoros. Las decisiones importantes, en lo que al control humano respecta, tienen que ver con decidir qué tipos de grandes herbívoros y carnívoros deben ser liberados en las tierras sin control. Para tomar decisiones sabias, es necesario tener una visión a largo plazo.

Luigi Boitani vive entre los bosques en crecimiento de las Colinas Metalíferas de la Toscana. Al poco tiempo que se mudó ahí, sembró una bellota junto a su casa. Hoy es un árbol joven de cinco metros de altura. Puedo imaginar al gran árbol adulto en el que, con un poco de suerte, se convertirá para el año 2030, pero tanto Luigi como yo batallamos para imaginar el bosque en el que existirá, y ya no digamos la Europa de aquí a 180 años. De lo único que estamos seguros es de que habrá muchas sorpresas.

Subamos a nuestra máquina del tiempo para un último viaje, hacia una Europa imaginaria de 180 años en el futuro, y visitemos el roble de Luigi en su madurez. Nos acercamos a un continente que en un aspecto se parece al archipiélago de los antiguos: las ciudades sobresalen como islas unidas por corredores de transporte, cada una rodeada por una penumbra de invernaderos y otras estructuras cerradas que producen el alimento que requiere la población. En lugar de estar separadas por el mar, las ciudades de Europa están separadas por vastas áreas de bosques y selvas; el resultado de siglos de abandono de la tierra. Aterrizamos junto al roble de Luigi, el cual crece en un bosque yerboso rodeado de palmas, ginkgos y magnolias, así como castaños, robles y hayas; gracias al cambio climático, la geoflora arctoterciaria está bien encaminada para restablecerse en Europa.

Frente a nosotros, en el claro, se erigen dos estatuas. Una hace honor a un oligarca ruso del siglo XXI que liberó su inmensa colección de animales salvajes en las tierras abandonadas de Europa del este. Gracias a él, Europa nuevamente tiene leones, hienas moteadas y leopardos. La segunda estatua honra a una visionaria mujer neerlandesa que financió colectivamente un proyecto para reunir a los últimos rinocerontes de Sumatra y elefantes de colmillos rectos del mundo y los liberó en una propiedad cercada creada en granjas recientemente desocupadas en Europa occidental. Con la comida y el refugio necesarios, ellos se adaptaron al nuevo clima. Con el tiempo la cerca fue derribada, y elefantes y rinocerontes una vez más habitaron los bosques de Europa.

Un grupo de turistas de África y Asia, esperando ver a los elefantes y rinocerontes, es conducido por una joven guía de turistas europea. Ella explica que alguna vez África y Asia también tuvieron megafauna, pero que no sobrevivió a la explosión demográfica ni al caos político del siglo XXI. Ella señala a un elefante con características de mamut. Es un *mamutfante* cuya herencia genética mixta le permite llenar el nicho ecológico de un mamut y además sobrevivir en el clima cálido de Europa. La guía explica que los científicos descubrieron que los ecosistemas de Europa requerían de dos especies de elefantes para continuar siendo variados y saludables, así que el *mamutfante* fue genéticamente diseñado. Los primeros especímenes aprendieron el comportamiento necesario para sobrevivir antes de ser adoptados por manadas de elefantes de colmillos rectos, pero ahora hay suficientes de ellos para formar manadas propias.

La guía está armada únicamente con un pequeño bastón de alta tecnología y, sin embargo, se nota completamente relajada con las grandes bestias a su alrededor; muy parecida a los guías de turistas australianos en la tierra de los tiburones y los cocodrilos. Y es esta comodidad con la naturaleza la que ha vuelto famosos a los europeos. Tantos jóvenes europeos viven en los complejos ecosistemas que ayudaron a crear como en las ciudades, pues los bosques ofrecen aventuras y la posibilidad de aprender algo nuevo. El estilo de vida de los europeos es muy diferente al del resto de la población del mundo, la cual vive concentrada en megaciudades sin acceso a áreas silvestres. Un pueblo dinámico y aventurero; los europeos siempre están pensando en algo nuevo.

CONCLUSIÓN

En la ciudad alemana de Worms, una escultura medieval muestra a una mujer sosteniendo a un sapo partero, lo que denota que ella misma es una partera.[A] Los europeos son los eternos parteros de su medio ambiente: cada interacción que tienen con él ayuda a dar a luz a una nueva Europa. Esperemos que esta generación sea una de parteros con visión.

AGRADECIMIENTOS

Luigi Boitani contribuyó con mucho material relacionado con Europa a lo largo del pasado milenio y aportó sus inigualables conocimientos sobre los carnívoros europeos y los dilemas de integrar al proyecto las tierras abandonadas. Él y yo no coincidimos en todas las opiniones expresadas en este libro. Cualquier error es mío y los puntos de vista polémicos son mi responsabilidad.

Kate y Coleby Holden me acompañaron en los muchos viajes que necesité para escribir este libro. Kate leyó el manuscrito y me hizo muchos comentarios útiles. Estoy enormemente agradecido con Brian Roen por compartir su profundo conocimiento sobre geología y paleontología europea. Kris Helgen leyó todo el manuscrito y corrigió varios errores. Jerry Hooker generosamente compartió su investigación sobre los primeros mamíferos, y fue excesivamente generoso con su tiempo para iluminar numerosos aspectos de la prehistoria y paleontología europea. Colin Groves criticó el primer tercio del manuscrito en su última semana de vida con su habitual estilo preciso y divertido, y Martin Aberhan y Johannes Müller, ambos herpetólogos, me explicaron su importante investigación. Parte de la escritura e investigación para este libro fue completada mientras enseñaba en el Graduate Institute en Ginebra. Su director, el profesor Philippe Burrin, me ofreció muchos ánimos y conversaciones estimulantes. Un agradecimiento especial a Claudio Segre por apoyarme en el Graduate Institute y por su maravillosa hospitalidad. En Rumanía, Enrico Perinyi y el equipo de Seneca Publishing, especialmente Anastasia, Irina, Catiline, Micale, Maria y Christie, hicieron de nuestra visita la experiencia más disfrutable y reveladora. Los equipos de Wildlife Carpathia y del Geoparque Hateg fueron también extremadamente generosos con su tiempo. Los doctores Valentin Paraschiv,

Dan Grigorescu y Ben Kear merecen todo mi agradecimiento por asistirme con información y discusiones. Nick Rowley me alertó sobre el aprieto de los pájaros más pequeños de Europa, y Geoff Holden me informó de otros varios asuntos, además de leer una versión del manuscrito. Finalmente debo agradecer a mis editores, Michael Heyward y Jane Pearson, de Text Publishing, quienes han hecho de este un mejor libro.

NOTAS FINALES

INTRODUCCIÓN

[A]   Wodehouse, P. G., *The Code of the Woosters*, Londres, Herbert
        Jenkins, 1938.

CAPÍTULO I

[A]   Mucho del resto de este capítulo ha sido extraído de una reciente
        y detallada revista: *Island Life in the Cretaceous — Faunal Com-
        position, Biogeography, Evolution, and Extinction of Land-living
        Vertebrates on the Late Cretaceous European Archipelago*, Zoltan
        Csiki- Sava, Eric Buffetaut, Attila Ősi, Xabier Pereda- Suberbiola,
        Stephen L. Brusatte, *ZooKeys* 469: 1-161 (8 de enero de 2015).
        Estoy sumamente agradecido con su trabajo al reunir tantas refe-
        rencias tan regadas y colocarlas en contexto.

[B]   Signor III, P. W. y Lipps, J. H., «Sampling Bias, Gradual Extinc-
        tion Patterns, and Catastrophes in the Fossil Record», en Silver,
        L.T. y Schultz, P. H. (eds.), *Geological Implications of Impacts of
        Large Asteroids and Comets on the Earth, Geological Society of Ame-
        rica Special Publications*, vol. 190, págs. 291-296, 1982. Un taxón,
        por cierto, es una agrupación taxonómica de organismos.

[C]   Esta reconstrucción de la flora de Hateg proviene de varias fuentes
        que han documentado la flora de Modac y de Bal a través de un
        largo período de tiempo. Sirve para dar una imagen general, aun-
        que algunos de los detalles podrían no corresponder con precisión
        a Hateg en la época en que existieron algunas de las criaturas que
        se mencionan.

[D] Blondel, J. *et al.*, *The Mediterranean Region: Biological Diversity in Space and Time*, Oxford, Oxford University Press, 2010, 2.ª edición, capítulo 3.

CAPÍTULO 2

[A] Veselka, V., «History Forgot this Rogue Aristocrat Who Descovered Dinosaurs and Died Penniless», *Smithsonian Magazine*, julio de 2016, http://www.smithsonianmag.com/history/history-forgot-rogue-aristocratdiscovered- dinosaurs- died- penniless-180959504/

[B] Gaffney, E. S. y Meylan, P. A., «The Transylvanian Turtle Kallokibotion, a Primitive Cryptodire of the Cretaceous Age», *American Museum Novitates*, 3040, 1992.

[C] *Ibid.*

[D] Edinger, T., «Personalities in Palaeontology-Nopcsa», *Society of Vertebrate Palaeontology News Bulletin*, vol. 43, págs. 35-39, Nueva York, 1955.

[E] *Ibid.*

[F] Taschwer, K., «Othenio Abel, Kämfer gegen die "Verjudung" der Universität», *Der Standard*, 9 de octubre de 2012.

[G] *Ibid.*

[H] Nopcsa, F., «Die Lebensbedingungen der Obercretacischen Dinosaurier Siebenbürgens», *Centralblatt für Mineralogie und Paläontologie*, vol. 18, págs. 564-74, 1914.

[I] Plot, R., *The Natural History of Oxfordshire, Being an Essay towards the Natural History of England*, impreso en The Theatre en Oxford, 1677, ilustración pág. 142, exposición págs. 132-136.

[J] Brookes, R., *A New and Accurate System of Natural History: The Natural History of Waters, Earths, Stones, Fossils, and Minerals with their Virtues, Properties and Medicinal Uses, to which Is Added, the Method in which Linnaeus has Treated these Subjects*, Londres, J. Newberry, 1763.

[K] International Commission on Zoological Nomenclature, http://
      iczn.org /iczn/index.jsp

[L] Edinger, T., *«Personalities in Palaeontology-Nopcsa»*, Society of Ver-
      tebrate Palaeontology News Bulletin, vol. 43, págs. 35-39, Nueva
      York, 1955.

[M] Colbert, E. H., *Men and Dinosaurs*, E. P. Dutton, Nueva York,
      1968.

[N] Veselka, V., «History Forgot this Rogue Aristocrat Who Discovered
      Dinosaurs and Died Penniless», *Smithsonian Magazine*, julio de 2016.

CAPÍTULO 3

[A] Nopcsa, F., «Die Dinosaurier der Siebenbürgischen Landesteile
      Ungarns», *Mitteilungen aus dem Jahrbuch der Ungarischen Geo-
      logischen Reichsanstalt*, vol. 23, págs. 1-24, 1915. Como era de
      esperarse, Abel desacreditó este trabajo.

[B] Colin Groves, comunicación personal. En realidad, el esqueleto
      fue armado con huesos de varios individuos.

[C] Thomson, K., «Jefferson, Buffon and the Moose», *American Scien-
      tist*, vol. 6, núm. 3, págs. 200-202, 2008.

[D] Buffetaut, E. *et al.*, «Giant Azhdarchid Pterosaurs from the Ter-
      minal Cretaceous of Transylvania (Western Romania)», *Naturwis-
      senschaften*, vol. 89, págs. 180-84, 2002.

[E] Panciroli, E, «Great Winged Transylvanian Predators Could have
      Eaten Dinosaurs», *Guardian*, 8 de febrero de 2017.

CAPÍTULO 4

[A] Skelton, T. W., *The Cretaceous World*, capítulo 5, Cambridge Uni-
      versity Press, 2003.

[B] Koch, C. F. y Hansen, T. A., «Cretaceous Period Geochronology»,
      Encyclopaedia Britannica, 1999.

CAPÍTULO 5

[A]   Darwin, C., *On the Origin of Species by Means of Natural Selection, or the Preservation of Favoured Races in the Struggle for Life*, Londres, John Murray, 1859.
[B]   Zhang, P. *et al.*, «Phylogeny and Biogeography of the Family Salamandridae (Amphibia: Caudata) Inferred from Complete Mitochondrial Genomes», *Molecular Phylogenetics and Evolution*, vol. 49, págs. 586-597, 2008.
[C]   *Ibid.*

CAPÍTULO 6

[A]   Mayol, J. *et al.*, «Supervivencia de Baleaphryne (Amphibia: Anura: Discoglossidae) a Les Muntanyes de Mallorca», nota preliminar, *Butll. Inst. Cat, Hist. Nat.,* 45 (Sec. Zool., 3) págs. 115-119, 1980.
[B]   Koestler, A., *The Case of the Midwife Toad*, Nueva York, Random House, 1971.
[C]   Semon, R., *Die mnemischen Empfindungen*, Leipzig, William Engelmann, 1904; traducción al inglés: Semon, R., *The Mneme*, Londres, George Allen & Unwin, 1921. Tanto Sigmund Freud como la Iglesia de la Cienciología tomaron prestadas muchas de las ideas de Semon.
[D]   Cock, A. y Forsdyke, D. R., *Treasure Your Exceptions: The Science and Life of William Bateson*, Nueva York, Springer-Verlag, 2008.
[E]   Raje, J.-C. y Rocek, Z., «Evolution of Anuran Assemblages in the Tertiary and Quaternary of Europe, in the Context of Palaeoclimate and Palaeogeography», *Amphibia Reptilia*, vol. 23, núm. 2, págs. 133-167, 2003.

CAPÍTULO 7

[A]   Vila, B. *et al.*, «The Latest Succession of Dinosaur Tracksites in Europe: Hadrosaur Ichnology, Track Production and Palaeoenvironments», *PLOS ONE*, 3 de septiembre de 2013.

[B]   Perlman, D., «Dinosaur Extinction Battle Flares», *Science*, 7 de febrero de 2013.

[C]   Keller, G., «Impacts, Volcanism and Mass Extinction: Random Coincidence or Cause and Effect», *Australian Journal of Earth Sciences*, vol. 52, págs. 725-757, 2005.

[D]   Sandford, J. C. *et al.*, «The Cretaceous–Paleogene Boundary Deposit in the Gulf of Mexico: Large-scale Oceanic Basin Response to the Chicxulub Impact», *Journal of Geophysical Research*, vol. 121, págs. 1240-1261, 2016.

[E]   Yuhas, A., «Earth Woefully Unprepared for Surprise Comet or Asteroid, Nasa Scientist Warns», *Guardian*, 13 de diciembre de 2016.

CAPÍTULO 8

[A]   International Commission on Stratigraphy, International Union of Geological Sciences, www.stratigraphy.org/index.php/ics-chart-timescale.

[B]   Labandeira, C. C. *et al.*, «Preliminary Assessment of Insect Herbivory across the Cretaceous–Tertiary Boundary: Major Extinction and Minimum Rebound», en Hartman, J. H. *et al.* (eds.), *The Hell Creek Formation and the Cretaceous–Tertiary Boundary in the Northern Great Plains: An Integrated Continental Record of the End of the Cretaceous*, Geological Society of America, 2002.

[C]   De Bast, E. *et al.*, «Diversity of the Adapisoriculid Mammals from the Early Paleocene of Hainin, Belgium», *Acta Palaeontologica Polonica*, vol. 57, núm. 1, págs. 35-52, Varsovia, 2012.

[D]   Taverne, L. *et al.*, «On the presence of the Osteoglossid Fish Ge-
      nus Scleropages (Teleostei, Osteoglossiformes) in the Continental
      Paleocene of Hainin (Mons Basin, Belgium)», *Belgian Journal of
      Zoology*, vol. 137, núm. 1, págs. 89-97, Bruselas, Royal Belgian
      Institute of Natural Sciences, 2007.

[E]   Delfino, M. y Sala, B., «Late Pliocene Albanerpetontidae (Lis-
      samphibia) from Italy», *Journal of Vertebrate Paleontology*, vol. 27,
      núm. 3, págs. 716-719, Nueva York, Society of Vertebrate Pa-
      leontology, 2007.

[F]   Puértolas, E. *et al.*, «Review of the Late Cretaceous–Early Paleo-
      gene Crocodylomorphs of Europe: Extinction Patterns across the
      K-PG Boundary», *Cretaceous Research*, vol. 57, págs. 565-590,
      2016.

[G]   Folie, A. y Smith, T., «The Oldest Blind Snake Is in the Early
      Paleocene of Europe», reunión anual de la European Association
      of Vertebrate Palaeontologists, Turín, Italia, junio de 2014.

[H]   Folie, A. *et al.*, «New Amphisbaenian Lizards from the Early Pa-
      leogene of Europe and Their Implications for the Early Evolution
      of Modern Amphisbaenians», *Geologica Belgica*, vol. 16, núm. 4,
      págs. 227-235, 2013.

[I]   Longrich, N. R. *et al.*, «Biogeography of Worm Lizards (Amphis-
      baenia) Driven by End-Cretaceous Mass Extinction», *Proceedings
      of the Royal Society B*, vol. 282, núm. 1806, 2015.

[J]   Kielan- Jaworowska, Z. *et al.*, *Mammals from the Age of Dino-
      saurs: Origins, Evolution, and Structure*, Nueva York, Columbia
      University Press, 2004.

[K]   Smith, T. y Codrea, V., «Red Iron-Pigmented Tooth Enamel in a
      Multituberculate Mammal from the Late Cretaceous Transylva-
      nian "Hateg Island"», *PLOS ONE*, vol. 10, núm. 7, San Francisco,
      2015.

[L]   De Bast, H. *et al.*, *«Diversity of the Adapisoriculid Mammals from
      the Early Paleocene of Belgium»*, *Acta Palaeontologica Polonica*,
      vol. 57, págs. 35-52, Varsovia, 2011.

CAPÍTULO 9

[A]   Malthe-Sørenssen, A. *et al.*, «Release of Methane from a Volcanic Basin as a Mechanism for Initial Eocene Global Warming», *Nature*, vol. 429, págs. 542-545, 2004.

[B]   Cui, Y. *et al.*, «Slow Release of Fossil Carbon during the Paleocene- Eocene Thermal Maximum», *Nature Geoscience*, vol. 4, págs. 481-485, 2011.

[C]   Beccari, O., *Wanderings in the Great Forests of Borneo*. A Constable & Co, Londres, 1904.

[D]   Hooker, J. J., «Skeletal Adaptations and Phylogeny of the Oldest Mole Eotalpa (Talpidae, Lipotyphla, Mammalia) from the UK Eocene: The Beginning of Fossoriality in Moles», *Palaeontology*, vol. 59, núm. 2, págs. 195-216, 2016.

[E]   He, K. *et al.*, «Talpid Mole Phylogeny Unites Shrew Moles and Illuminates Overlooked Cryptic Species Diversity», *Mol. Biol. Evol.*, vol. 34, núm. 1, págs. 78-87, 2016.

[F]   Hooker, J. J., «A Two-Phase Mammalian Dispersal Event Across the Paleocene-Eocene Transition», *Newsletters on Stratigraphy*, vol. 48, págs. 201-20, 2015. (El género de la musaraña elefante en cuestión es *Cingulodon*.)

[G]   De Bast, E. y Smith, T., «The Oldest Cenozoic Mammal Fauna of Europe: Implications of the Hainin Reference Fauna for Mammalian Evolution and Dispersals during the Paleocene», *Journal of Systematic Palaeontology*, vol. 19, núm. 9, págs. 741-85, Natural History Museum, Londres, 2017.

[H]   Mayr, G., «The Paleogene Fossil Record of Birds in Europe», *Biological Reviews*, vol. 80, núm. 4, págs. 515-42, Cambridge Philosophical Society, 2005.

[I]   Angst, D. *et al.*, «Isotopic and Anatomical Evidence of an Herbivorous Diet in the Early Tertiary Giant Bird Gastornis: Implications for the Structure of Paleocene Terrestrial Ecosystems», *Naturwissenschaften*, vol. 101, núm. 4, págs. 313-22, Nueva York, Springer-Verlag, 2014.

[J]   Folie, A. *et al.*, «A New Scincomorph Lizard from the Palaeocene of Belgium and the Origin of Scincoidea in Europe», *Naturwissenschaften*, vol. 92, núm. 11, págs. 542-46, Nueva York, Springer-Verlag, 2005.

[K]   *Ibid.*

[L]   Russell, D.E. *et al.*, «New Sparnacian Vertebrates from the "Conglomerat de Meudon" at Meudon, France», *Comptes Rendus*, vol. 307, págs. 429-33, París, Académie des Sciences, 1988.

CAPÍTULO 10

[A]   Switek, B. «A Discovery that Will Change Everything (!!!) Or Not», *ScienceBlogs,* 18 de mayo de 2009.

[B]   Strong, S. y Schapiro, R., «Missing Link Found? Scientists Unveil Fossil of 47-Million-Year-Old Primate, Darwinius Masillae», *Daily News*, 19 de mayo de 2009.

[C]   Leake, J. y Harlow, J., «Origin of the Specious», *Times Online*, 24 de mayo de 2009.

[D]   Amundsen, T. *et al.*, «"Ida" er oversolgt, *Aftenposten* - Ida er en oversolgt bløff, Nettavisen», *Dagbladet*, 20 de mayo de 2009.

[E]   Cline, E., «Ida- lized! The Branding of a Fossil», *Seed Magazine*, Estados Unidos, 22 de mayo de 2009.

[F]   Hooker, J. J. *et al.*, «Eocene-Oligocene Mammalian Faunal Turnover in the Hampshire Basin, UK: Calibration to the Global Time Scale and the Major Cooling Event», *Journal of the Geological Society*, vol. 161, págs. 161-172, marzo de 2004.

[G]   Mayr, G., «The Paleogene Fossil Record of Birds in Europe», *Biological Reviews*, vol. 80, págs. 515-542, 2005.

[H]   Mayr, G., «The Paleogene Fossil Record of Birds in Europe», *Biological Reviews*, vol. 80, núm. 4, págs. 515-42.

CAPÍTULO 11

[A]   Wallace, C. C., «New Species and Records from the Eocene of England and France Support Early Diversification of the Coral Genus Acropora», *Journal of Paleontology*, vol. 82, núm. 2, págs. 313-328, 2008.
[B]   Duncan, P. M., *A Monograph of the British Fossil Corals*, segunda serie, parte 1: «Introduction: Corals from the Tertiary Formations», Londres, Palaeontographical Society, 1866.
[C]   *Ibid.*
[D]   Tang, C. M., «Monte Bolca: An Eocene Fishbowl», en Bottiger, D. *et al.*, (eds.), *Exceptional Fossil Preservation*, Nueva York, Columbia University Press, 2002.
[E]   *Ibid.*
[F]   Bellwood, D. R., «The Eocene Fishes of Monte Bolca: The Earliest Coral Reef Fish Assemblage», *Coral Reefs*, vol. 15, págs. 11-19, 1996.

CAPÍTULO 12

[A]   Huyghe, D. *et al.*, «Middle Lutetian Climate in the Paris Basin: Implications of a Marine Hotspot of Palaeobiodiversity», *Facies, Springer Verlag,* vol. 58, núm. 4, págs. 587-604, 2012.
[B]   Gee, H., «Giant Microbes that Lived for a Century», *Nature*, 19 de agosto de 1999.
[C]   Kirkpatrick, R., *The Nummulosphere: An Account of the Organic Origin of socalled Igneous Rocks and of Abyssal Red Clays*, Londres, Lamley and Co., 1913.
[D]   Waddell, L. M. y Moore T. C., «Salinity of the Eocene Arctic Ocean from Oxygen Isotope Analysis of Fish Bone Carbonate», *Paleoceanography and Paleoclimatology*, vol. 23, núm. 1, marzo de 2008.
[E]   *Ibid.*

[F]   Barke, J. *et al.*, «Coeval Eocene Blooms of the Freshwater Fern
       Azolla in and around Arctic and Nordic Seas», *Palaeogeography,*
       Palaeoclimatology, Palaeoecology, vols. 337-338, págs. 108-119,
       2012.

CAPÍTULO 13

[A]   Sheldon, N. D., «Coupling of Marine and Continental Oxygen
       Isotope Records During the Eocene-Oligocene Transition», *GSA*
       Bulletin, vol. 128, págs. 502-510, 2015.
[B]   Hooker, J. J. *et al.*, «Eocene-Oligocene Mammalian Faunal Turno-
       ver in the Hampshire Basin, UK: Calibration to the Global Time
       Scale and the Major Cooling Event», *Journal of the Geological*
       Society, vol. 161, págs. 161-172, marzo de 2004.
[C]   Arkgün, F. *et al.*, «Oligocene Vegetation and Climate Characte-
       ristics in North-West Turkey: Data from the South-Western Part
       of the Thrace Basin», *Turkish Journal of Earth Sciences,* vol. 22,
       págs. 277-303, 2013.
[D]   *Ibid.*
[E]   Mazzoli, S. y Helman, M., «Neogene Patterns of Relative Plate
       Motion for Africa-Europe: Some Implications for Recent Central
       Mediterranean Tectonics», *Geol Rundsch,* vol. 83, págs. 464-468,
       1994.
[F]   Sundell, K. A., «Taphonomy of a Multiple Poebrotherium Kill
       Site-an Archaeotherium Meat Cache», *Journal of Vertebrate Pa-*
       laeontology, vol. 19, suplemento 3, 79a, 1999.
[G]   Pickford, M. y Morales, J., «On the Tayassuid Affinities of Xeno-
       hyus Ginsburg, 1980, and the Description of New Fossils from
       Spain», *Estudios Geológicos,* vol. 45, págs. 3-4, 1989.
[H]   Weiler, U. *et al.*, «Penile Injuries in Wild and Domestic Pigs»,
       Animals, vol. 6, núm. 4, pág. 25, 2016.
[I]   www.news.com.au/technology/science/animals/woman-mauled-
       by-viciousherd-of-javelinas-in-arizona/news-story

[J]   Menecart, B., *The Ruminantia (Mammalia, Certiodactyla) of the Oligocene to the Early Miocene of Western Europe: Systematics, Palaeoecology and Palaeobiogeography*, tesis de PhD 1756, Universidad de Friburgo, 2012.

CAPÍTULO 14

[A]   *Ibid.*
[B]   Mayr, G., «The Paleogene Fossil Record of Birds in Europe», *Biological Reviews*, vol. 80, págs. 515-542, 2005.
[C]   Mayr, G. y Manegold, A., «The Oldest European Fossil Songbird from the Early Oligocene of Germany», *Naturwissenschaften*, vol. 91, págs. 173-177, 2004.
[D]   Low, I., *Where Song Began: Australia's Birds and How They Changed the World*, Melbourne, Penguin Books Australia, 2014.
[E]   *Ibid.*
[F]   Naish, D., «The Amazing World of Salamander», blog *Scientific American*, 1 de octubre de 2013.
[G]   Naish, D., «When Salamanders Invaded the Dinaric Karst: Convergence, History and the Re-emergence of the Troglobitic Olm», *Tetrapod Zoology*, 17 de noviembre de 2008.
[H]   Antoine, P. O. y Becker, D., «A Brief Review of Agenian Rhinocerotids in Western Europe», *Swiss Journal of Geoscience*, vol. 106, núm. 2, págs. 135-46, 2013.

CAPÍTULO 15

[A]   Campani, M. *et al.*, «*Miocene Palaeotopography of the Central Alps*», *Earth and Planetary Science Letters*, vols. 337–38, págs. 174–85, 2012.
[B]   Jiminez-Moreno, G. y Suc, J.P., «*Middle Miocene Latitudinal Climatic Gradient in Western Europe: Evidence from Pollen Records*»,

Palaeogeography, Palaeoecology, Palaeobiology, vol. 253, págs. 224-
241, 2007.

[C]   Čerňanský, A. *et al.*, «Fossil Lizard from Central Europe Resol-
ves the Origin of Large Body Size and Herbivory of Giant Canary Island Lacertids», *Zoological Journal of the Zoological Society,*
vol. 176, págs. 861-877, 2015.

[D]   Böhme, M. *et al.*, «The Reconstruction of Early and Middle
Miocene Climate and Vegetation in Southern Germany as De-
termined from the Fossil Wood Flora», *Palaeogeography, Palaeoclimatology, Palaeoecology,* vol. 253, págs. 91-114, 2007.

[E]   Henry, A. y McIntyre, M., «The Swamp Cypresses, Glyptostrobus of China and Taxodium of America, with Notes on Allied
Genera», *Proceedings of the Royal Irish Academy,* vol. 37, págs. 90-
116, 1926.

[F]   Meller, B. *et al.*, «Middle Miocene Macro Floral Elements from the
Lavanttal Basin, Austria, Part 1, *Ginkgo adiantoides* (Unger) Heer»,
Austrian Journal of Earth Sciences, vol. 108, págs. 185-198, 2015.

CAPÍTULO 16

[A]   Antoine, P. O. y Becker, D., «A Brief Review of Agenian Rhinocerotids in Western Europe», *Swiss Journal of Geoscience,* vol. 106,
págs. 135-146, 2013.

[B]   Hooker, J. J. y Dashzeveg, D., «The Origin of Chalicotheres
(Perrisodactyla, Mammalia)», *Palaeontology,* vol. 47, págs. 1363-
1368, 2004.

[C]   Sembrebon, G. *et al.*, «Potential Bark and Fruit Browsing as Revealed by Mibrowear Analysis of the Peculiar Clawed Herbivores
Known as Chalicotheres (Perrisodactyla, Chalioctheroidea)», *Journal of Mammalian Evolution,* vol. 18, págs. 33-55, 2010.

[D]   Barry, J. C. *et al.*, «Oligocene and Early Miocene Ruminants
(Mammalia:Artiodactyla) from Pakistan and Uganda», *Palaeontologia Electronica,* vol. 8, 2005.

[E]   Mitchell, G. y Skinner, J. D., «On the Origin, Evolution and Phylogeny of Giraffes *Giraffa camelopardalis*», *Transactions of the Royal Society of South Africa*, vol. 58, págs. 51-73, 2010.

[F]   Fossilworks: *Eotragus*.

[G]   Van der Made, J. y Mazo, A. V., «Proboscidean Dispersal from Africa towards Western Europe», en Reumer, J. W. F. *et al.* (eds.), «*Advances in Mammoth Research*», *Proceedings of the Second International Mammoth Conference*, Róterdam, 16-20 de mayo de 1999, 2003.

[H]   Wang, L.-H. y Zhang, Z.-Q., «Late Miocene Cervavitus noborossiae (Cervidae, Artiodactyla) from Lantian, Shaanxi Province», *Vertebrata PalAsiatica*, vol. 52, págs. 303-315, 2013.

[I]   Menecart, B., «The Ruminantia (Mammalia, Certiodactyla) of the Oligocene to the Early Miocene of Western Europe: Systematics, Palaeoecology and Palaeobiogeography», tesis de PhD 1756, Universidad de Friburgo, 2012.

[J]   Garcés, M. *et al.*, «Old World First Appearance Datum of "Hipparion" Horses: Late Miocene Large Mammal Dispersal and Global Events», *Geology*, vol. 25, págs. 19-22, 1997.

[K]   Agusti, J., «The Biotic Environments of the Late Miocene Hominids», en Henke and Tattersal (eds.), *Handbook of Palaeoanthropology*, vol. 1, cap. 5, Springer Reference, 2007.

[L]   Johnson, W. E. *et al.*, «The Late Miocene Radiation of Modern Felidae: A Genetic Assessment», *Science*, vol. 311, págs. 73-77, 2006.

[M]   López-Antoñanzas, R. *et al.*, «New Species of Hispanomys (Rodentia, Cricetodontinae) from the Upper Miocene of Ballatones (Madrid, Spain)», *Zoological Journal of the Linnean Society*, vol. 160, págs. 725-727, 2010.

[N]   Salesa, M. J. *et al.*, «Inferred Behaviour and Ecology of the Primitive Sabre-Toothed Cat *Paramachairodus ogygia* (Felidae, Machairodontinae) from the Late Miocene of Spain», *Journal of Zoology*, vol. 268, págs. 243-254, 2006. Salesa, M. J. *et al.*, «First Known Complete Skulls of the Scimitar-Toothed Cat *Machairodus apha-*

nistus (Felidae, Carnivora) from the Spanish Late Miocene Site of Batallones-1», *Journal of Vertebrate Palaeontology*, vol. 24, núm. 4, págs. 957-969, 2004.

[O]   Sotnikova, M. y Rook, L., «Dispersal of the Canini (Mammalia, Canidae: Caninae) across Eurasia during the Late Miocene to Early Pleistocene», *Quaternary International*, vol. 212, págs. 86-97, 2010.

[P]   AFP, «First Python Fossil Unearthed in Germany», 17 de octubre de 2011.

[Q]   Mennecart, B. *et al.*, «A New Late Agenian (MN2a, Early Miocene) Fossil Assemblage from Wallenreid, (Molasse Basin, Canton Fribourg, Switzerland)», *Palaeontologische Zeitschrift*, vol. 90, págs. 101-123, 2015. Kuch, U. *et al.*, «Snake Fangs from the Lower Miocene of Germany: Evolutionary Stability of Perfect Weapons», *Naturwissenschaften*, vol. 93, págs. 84-87, 2006.

[R]   Evans, S. E. y Klembara, J., «A Choristeran Reptile (reptilian: Diapsida) from the Lower Miocene of Northwest Bohemia (Czech Republic)», *Journal of Vertebrate Palaeontology*, vol. 25, págs. 171-184, 2005.

CAPÍTULO 17

[A]   Darwin, C., *The Descent of Man, and Selection in Relation to Sex*, Londres, John Murray, 1871.

[B]   Begun, D., *The Real Planet of the Apes: A New Story of Human Origins*, Princeton, Princeton University Press, 2015.

[C]   *Ibid.*

[D]   *Ibid.*

[E]   Stevens, N. J., «Palaeontological Evidence for an Oligocene Divergence between Old World Monkeys and Apes», *Nature*, vol. 497, págs. 611-614, 2013.

[F]   Begun, D., *The Real Planet of the Apes: A New Story of Human Origins*, Princeton, Princeton University Press, 2015.

[G]   *Ibid.*

CAPÍTULO 18

[A]   *Ibid.*
[B]   *Ibid.*
[C]   Bernor, R. L., «Recent Advances on Multidisciplinary Research at Rudabábanya, Late Miocene (MN9), Hungary», *Palaeontolographica Italica*, vol. 89, págs. 3-36, 2002.
[D]   Begun, D., *The Real Planet of the Apes: A New Story of Human Origins*, Princeton, Princeton University Press, 2015.
[E]   *Ibid.*
[F]   Fuss, J. *et al.*, «Potential Hominin Affinities of Graecopithecus from the Late Miocene of Europe», *PLOS ONE*, vol. 12, núm. 5, 2017.
[G]   Böhme, M. *et al.*, «Messinian Age and Savannah Environment of the Possible Hominin Graecopithecus from Europe», *PLOS ONE*, vol. 12, núm. 5, 2017.
[H]   Gierliński, G. D., «Possible Hominin Footprints from the Late Miocene (c. 5.7 Ma) of Crete?», *Proceedings of the Geologist's Association*, vol. 128, núms. 5-6, págs. 697-710, 2017.

CAPÍTULO 19

[A]   Reyjol, Y. *et al.*, «Patterns in Species Richness and Endemism of European Freshwater Fish», *Global Ecology and Biogeography*, 15 de diciembre de 2006.
[B]   Frimodt, C., *Multilingual Illustrated Guide to the World's Commercial Coldwater Fish*, Oxford, Fishing News Books, Osney Mead, 1995.
[C]   Venczel, M. y Sanchiz, B., «A Fossil Plethodontid Salamander from the Middle Miocene of Slovakia (Caudata, Plethodontidae)», *Amphibia Reptilia*, vol. 26, págs. 408-411, 2005.

[D] Naish, D., «The Korean Cave Salamander», blog *Scientific American*, 18 de agosto de 2015.

CAPÍTULO 20

[A] Stroganov, A. N., «Genus *Gadus* (Gadidae): Composition, Distribution, and Evolution of Forms», *Journal of Ichthyology*, vol. 55, págs. 319-336, 2015.

CAPÍTULO 21

[A] Willis, K. J. y McElwain, J. C., *The Evolution of Plants* (2.ª ed.), Oxford, Oxford University Press, 2014.
[B] Cadbury, D., *Terrible Lizard: The First Dinosaur Hunters and the Birth of a New Science*, Nueva York, Henry Holt, 2000.
[C] Owen, R., «On the Fossil Vertebrae of a Serpent (*Laophis crotaloïdes,* Ow.) Discovered by Capt. Spratt, R.N., in a Tertiary Formation at Salonica», *Quarterly Journal of the Geological Society*, vol. 13, págs. 197-198, 1857.
[D] *Ibid.*
[E] Boev, Z. y Koufos, G., «Presence of *Pavo bravardi* (Gervais, 1849) (Aves, Phasianidae) in the Ruscinian Locality of Megalo Emvolon, Macedonia, Greece», *Geologica Balcanica*, vol. 30, págs. 60-74, 2000. Pappas, S., «Biggest Venomous Snake Ever Revealed in New Fossils», *Live Science*, 6 de noviembre de 2014.
[F] Georgalis, G. *et al.*, «Rediscovery of Laophis crotaloides-The World's Largest Viper», *Journal of Vertebrate Palaeontology Programme and Abstracts Book*, Berlín, 2014.
[G] Pérez-García, A. *et al.*, «The Last Giant Continental Tortoise of Europe: A Survivor in the Spanish Pleistocene Site of Fonelas P-1», *Palaeogeography, Palaeoclimatology, Palaeoecology*, vol. 470, págs. 30-39, 2017.

[H] Bibi, F. *et al.*, «The Fossil Record and Evolution of Bovidae: State of the Field», *Palaeontologia Electronica*, núm. 12(3) 10A, 2009.

[I] Pimiento, C. y Balk, M.A., «Body-Size Trends of the Extinct Giant Shark *Carcharocles megalodon*: A Deep-Time Perspective on Marine Apex Predators», *Paleobiology*, vol. 41, núm. 3, págs. 479-490, 2015.

[J] Larramendi, A., «Shoulder Height, Body Mass and Shape of Proboscideans», *Acta Palaeontologica Polonica*, vol. 61, núm. 3, págs. 537-574, 2016.

[K] Van der Made, J. y Mazo, A. V., «Proboscidean Dispersal from Africa towards Western Europe», en Reumer, J. W. F. *et al.* (eds.), «Advances in Mammoth Research», *Proceedings of the Second International Mammoth Conference*, Róterdam, 16-20 de mayo de 1999.

[L] Azzaroli, A., «Quaternary Mammals and the "End-Villafranchian" Dispersal Event—A Turning Point in the History of Eurasia», *Palaeogeography, Palaeoclimatology, Palaeoecology*, vol. 44, págs. 117-139, 1983.

[M] Sotnikova, M. y Rook, L., «Dispersal of the Canini (Mammalia, Canidae, Caninae) across Eurasia during the Late Miocene to Early Pleistocene», *Quaternary International*, vol. 212, págs. 86-97, 2010.

CAPÍTULO 22

[A] Lisiecki, L.E. y Raymo, M.E., «A Pliocene-Pleistocene Stack of 57 Globally Distributed Benthic $\delta18^{O}$ Records», *Paleoceanography and Paleoclimatology*, 18 de enero de 2005.

[B] Blondel, J. *et al.*, *The Mediterranean Region: Biological Diversity in Space and Time*, Oxford, Oxford University Press, 2010.

[C] *Ibid.*

[D] Rook, L. y Martínez-Navarro, B., «Villafranchian: The Long Story of a Plio-Pleistocene European Large Mammal Biochronologic Unit», *Quaternary International*, vol. 219, págs. 134-144, 2010.

[E] Arribas, A. *et al.*, «A Mammalian Lost World in Southwest Europe during the Late Pliocene», *PLOS ONE*, vol. 4, núm. 9, 2009.

[F] Turner, A. *et al.*, «The Giant Hyena, *Pachycrocuta brevirostris* (Mammalia, Carnivora, Hyaenidae)», *Geobios*, vol. 29, págs. 455-486, 1995.

[G] Croitor, R., «Early Pleistocene Small-Sized Deer of Europe», *Hellenic Journal of Geosciences*, vol. 41, págs. 89-117, 2006.

[H] Rook, L. y Martínez-Navarro, B., «Villafranchian: The Long Story of a Plio-Pleistocene European Large Mammal Biochronologic Unit», *Quaternary International*, vol. 219, págs. 134-144, 2010.

[I] *Ibid.*

CAPÍTULO 23

[A] Fisher, R. A., *The Genetical Theory of Natural Selection*, Oxford, Clarendon Press, 1930.

[B] Gray, A., *Mammalian Hybrids*, Edimburgo, Commonwealth Agriculture Bureaux, publicación técnica núm. 10, 1972.

[C] Mallet, J., «Hybridisation as an Invasion of the Genome», *Trends in Ecology and Evolution*, vol. 20, págs. 229-237, 2005.

[D] Kumar, V. *et al.*, «The Evolutionary History of Bears Is Characterised by Gene Flow across Species», *Scientific Reports 7*, artículo núm. 46487, 2017.

[E] Palkopoulou, E. *et al.*, «A Comprehensive Genomic History of Extinct and Living Elephants», *PubMed,* National Institute of Health, 13 mar 2018.

[F] López Bosch, D., «Hybrids and Sperm Thieves: Amphibian Kleptons», *All You Need Is Biology*, blog, 24 de julio de 2016.

[G] Gautier, M. *et al.*, «Deciphering the Wisent Demographic and Adaptive Histories from Individual Whole-Genome Sequences», *Biological Journal of the Linnean Society. Mol. Biol. Evol.*, vol. 33, núm. 11, págs. 2801-2814, 2016.

[H]   Mallet, J., «Hybridisation as an Invasion of the Genome», *Trends in Ecology and Evolution*, vol. 20, págs. 229-237, 2005.

[I]   «Funny Creature "Toast of Botswana"», *BBC News,* 3 de julio de 2000.

[J]   Darwin, C., *What Mr. Darwin Saw in His Voyage Round the World in the Ship «Beagle»*, Nueva York, Harper & Bros., 1879.

[K]   Hermansen, J. S. *et al.*, «Hybrid Speciation in Sparrows 1: Phenotypic Intermediacy, Phenotypic Admixture and Barriers to Gene Flow», *Molecular Ecology*, vol. 2, págs. 3812-3822, 2011.

[L]   Vallejo-Marín, M., «Hybrid Species Are on the March—with the Help of Humans», *The Conversation*, 31 de mayo de 2016. Noble, L., «Hybrid "Super-Slugs" Are Invading British Gardens, and We Can't Stop Them», *The Conversation*, 19 de abril de 2017.

CAPÍTULO 24

[A]   Sotnikova, M. y Rook, L., «Dispersal of the Canini (Mammalia, Canidae: Caninae) across Eurasia during the Late Miocene to Early Pleistocene», *Quaternary International*, vol. 212, págs. 86-97, 2010.

[B]   Ferring, R. *et al.*, «Earliest Human Occupations at Dmanisi (Georgian Caucasus) Dated to 1.85-1.78 Ma.», *PNAS*, vol. 108, págs. 10432–10436, 2013.

[C]   Lordkipanidze, D. *et al.*, «Postcranial Evidence from Early Homo from Dmanisi, Georgia», *Nature*, vol. 449, págs. 305-310, 2007.

[D]   Lordkipanidze, D. *et al.*, «The Earliest Toothless Hominin Skull», *Nature*, vol. 434, págs. 717-718, 2005.

[E]   Bower, B., «Evolutionary Back Story: Thoroughly Modern Spine Supported Human Ancestor», *Science News*, vol. 169. pág. 275, 2009.

[F]   Mourer-Chauviré, C., y Geraads, D., «The Struthionidae and Pelagornithidae (Aves: Struthioniformes, Odontopterygiformes) from the Late Pliocene of Ahl Al Oughlam, Morocco», *Semantic Scholar*, 2008.

[G] Fernández-Jalvo, Y. *et al.*, «Human Cannibalism in the Early
     Pleistocene of Europe (Gran Dolina, Sierra de Atapuerca, Bur-
     gos, Spain)», *Journal of Human Evolution*, vol. 37, págs. 591-622,
     1999.
[H] Ashton, N. *et al.*, «Hominin Footprints from Early Pleistocene
     Deposits at Happisburgh, UK», *PLOS ONE*, 7 de febrero de 2014.
[I] Wuttke, M., «Generic Diversity and Distributional Dynamics of
     the Palaeobatrachidae (Amphibia: Anura)», *Palaeodiversity and
     Palaeoenvironments*, vol. 92, núm. 3, págs. 367-95, 2012.

CAPÍTULO 25

[A] Golek, M. y Rieder, H., «Erprobung der Altpalaolithischen Wur-
     fspeere vol Schöningen», *Internationale Zeitschrift für Geschichte
     des Sports*, 25, Academic Verlag Sankt Augustin, 1-12, 1999.
[B] Kozowyk, P. *et al.*, «Experimental Methods for the Palaeolithic
     Dry Distillation of Birch Bark: Implications for the Origin and
     Development of Neandertal Adhesive Technology», *Scientific Re-
     ports*, vol. 7, pág. 8033, 2017.
[C] Mazza, P. *et al.*, «A New Palaeolithic Discovery: Tar-Hafted Stone
     Tools in a European Mid-Pleistocene Bone- Bearing Bed», *Journal
     of Archaeological Science*, vol. 33, págs. 1310-1318, 2006.
[D] «The First Europeans—One Million Years Ago», *BBC Science and
     Nature*.
[E] King, W., «The Reputed Fossil Man of the Neanderthal», *Quar-
     terly Journal of Science*, vol. 1, pág. 96, 1864.
[F] Froehle, A. W. y Churchill, S. E., «Energetic Competition bet-
     ween Neanderthals and Anatomically Modern Humans», *Pa-
     leoAnthropology*, págs. 96-116, 2009. Papagianni, D. y Morse,
     M., *The Neanderthals Rediscovered: How Modern Science Is Rewri-
     ting Their Story*, Londres, Thames & Hudson, 2013. Bocherens,
     H., «Isotopic Evidence for Diet and Subsistence Pattern of the
     Saint-Césaire I Neanderthal: Review and Use of a Multi- Source

Mixing Model», *Journal of Human Evolution*, vol. 49, núm. 1, págs. 71-87, 2005.

[G] Hoffecker, J. F. «The Spread of Modern Humans in Europe», PNAS, vol. 106, págs. 16040-16045, 2009.

[H] Bocquet-Appel, J. P. y Degioanni, A., «Neanderthal Demographic Estimates», *Current Anthropology*, vol. 54, núm. 8, págs. 202-213, 2013.

[I] Bergström, A. y Tyler-Smith, C., «Palaeolithic Networking», *Science*, vol. 358 (6363), págs. 586-587, 2017.

[J] Tattersall, I., *The Strange Case of the Rickety Cossack and other Cautionary Tales from Human Evolution*, Nueva York, Palgrave Macmillan, 2015.

[K] Lalueza-Fox, C. *et al.*, «A Melanocortin 1 Receptor Allele Suggests Varying Pigmentation Among Neanderthals», *Science*, vol. 318 (5855), págs. 1453-1455, 2007.

[L] Pierce, E. *et al.*, «New Insights into Differences in Brain Organization between Neanderthals and Anatomically Modern Humans», *Proceedings of the Royal Society (B)*, 280: 20130168, 2013.

[M] Schwartz, S., «The Mourning Dawn: Neanderthal Funerary Practices and Complex Response to Death», *HARTS and Minds*, vol. 1, núm. 3, 2013-14.

[N] Hoffman, D. L. *et al.*, «U-Th Dating of Carbonate Crusts Reveals Neandertal Origin of Iberian Cave Art», *Science*, vol. 359, págs. 912-915, 2018.

[O] Radovčić, D., «Evidence for Neandertal Jewelry: Modified White-Tailed Eagle Claws at Krapina», *PLOS ONE*, 11 de marzo de 2015.

[P] Joubert, J. *et al.*, «Early Neanderthal Constructions Deep in Bruniquel Cave in Southwestern France», *Nature*, vol. 534, págs. 111-114, 2016.

[Q] Lascu, C., *Piatra Altarului*, sin editor, sin fecha.

[R] Engelhard, M., *Ice Bear: The Cultural History of an Arctic Icon*, Washington, University of Washington Press, 2016.

[S]   Hingham, T. *et al.*, «The Timing and Spatiotemporal Patterning of Neanderthal Disappearance», *Nature*, vol. 512, págs. 306-309, 2014.

CAPÍTULO 26

[A]   Hershkovitz, I., *et al.*, «The Earliest Modern Humans Outside Africa», *Science*, vol. 359, págs. 456-459, 2018. Richter, D. *et al.*, «The Age of the Hominin Fossils from Jebel Irhoud, Morocco, and the Origins of the Middle Stone Age», *Nature*, vol. 546, págs. 293-296, 2017. Fu, Q. *et al.*, «Genome Sequence of a 45,000-Year-Old Modern Human from Western Siberia», *Nature*, vol. 514, págs. 445-449, 2016.

[B]   Fu, Q. *et al.*, «The Genetic History of Ice-age Europe», *Nature*, vol. 534, págs. 200-205, 2016.

[C]   Fu, Q. *et al.*, «An Early Modern Human Ancestor from Romania with a Recent Neanderthal Ancestor», *Nature*, vol. 524, págs. 216-219, 2015.

[D]   *Ibid.*

[E]   Hartwell Jones, G., *The Dawn of European Civilisation*, Londres, Gilbert and Rivington, 1903.

[F]   Green, R. E. *et al.*, «Draft Full Sequence of Neanderthal Genome», *Science*, vol. 328, págs. 710-722, 2010.

[G]   Mendez, F. L. *et al.*, «The Divergence of Neanderthal and Modern Human Y Chromosomes», *American Journal of Human Genetics*, vol. 98, núm. 4, págs. 728-734, 2016.

[H]   Sankararaman, S., *et al.*, «The Genomic Landscape of Neanderthal Ancestry in Present-day Humans», *Nature*, vol. 507, págs. 354-357, 2014.

[I]   Benazzi, S. *et al.*, «Early Dispersal of Modern Humans in Europe and Implications for Neanderthal Behaviour», *Nature*, vol. 279, págs. 525-528, 2011. Hingham, T. *et al.*, «The Earliest Evidence of

Anatomically Modern Humans in Northwestern Europe», *Nature*, vol. 479, págs. 521-524, 2011.

[J] Vernot, B. y Akey, J. M., «Resurrecting Surviving Neandertal Lineages from Modern Human Genomes», *Science*, vol. 343, págs. 1017-1021, 2014.

[K] Fu, Q. *et al.*, «The Genetic History of Ice-age Europe», *Nature*, vol. 534, págs. 200-205, 2016.

[L] Yong, E., «Surprise! 20 Percent of Neanderthal Genome Lives on in Modern Humans, Scientists Find», *National Geographic*, 29 de enero de 2014.

CAPÍTULO 27

[A] Dvorsky, G., «A 40,000 Year-Old Sculpture Made Entirely from Mammoth Ivory», *Gizmodo*, 2 de agosto de 2013.

[B] Quiles, A. *et al.*, «A High-Precision Chronological Model for the Decorated Upper Palaeolithic Cave of Chauvet-Pont d'Arc, Ardéche, France», *PNAS*, vol. 113, págs. 4670-4675, 2016.

[C] Thalmann, O. *et al.*, «Complete Mitochondrial Genomes of Ancient Canids Suggest a European Origin of Domestic Dogs», *Science*, vol. 342, núm. 6160, págs. 871-74, 2013.

[D] Sotnikova, M. y Rook, L., «Dispersal of the Canini (Mammalia, Canidae, Caninae) across Eurasia during the Late Miocene to Early Pleistocene», *Quaternary International*, vol. 212, págs. 86-97, 2010.

[E] Dugatkin, L.A. y Trutt, L., *How to Tame a Fox*, Chicago, University of Chicago Press, 2017.

[F] Napierala, H. y Uerpmann, H-P., «A "New" Palaeolithic Dog from Central Europe», *International Journal of Osteoarchaeology*, vol. 22, págs. 127-137, 2010.

[G] Frantz, L. A. F., *et al.*, «Genomic and Archaeological Evidence Suggest a Dual Origin of Domestic Dogs», *Science*, vol. 352, núm. 6290, págs. 1228-1231, 2016. Botigué, L. R., *et al.*, «Ancient European Dog Genomes Reveal Continuity Since the Early Neolithic», *Nature Communications*, vol. 8, art. núm. 16082, 2017.

CAPÍTULO 28

[A]   Callaway, E., «Elephant History Rewritten by Ancient Genomes», *Nature*, noticias, 16 de septiembre de 2016.
[B]   Palkopoulou, E. *et al.*, «A Comprehensive Genomic History of Extinct and Living Elephants», *PNAS*, 26 de febrero de 2018.
[C]   Thieme, H. y Veil, S., «Neue Untersuchungen zum eemzeitlichen Elefanten-Jagdplatz Lengingen», Ldkg. Verden. *Die Kunde*, vol. 236, págs. 11-58, 1985.
[D]   Geer, A. van der, *et al.*, *Evolution of Island Mammals*, Reino Unido, Wiley Blackwell, 2010.

CAPÍTULO 29

[A]   Pushkina, D., «The Pleistocene Easternmost Distribution in Eurasia of the Species Associated with the Eemian Palaeoloxodon antiquus Assemblage», *Mammal Reviews*, vol. 37, págs. 224-245, 2007.
[B]   Pulcher, E., «Erstnachweis des europaischen Wilkdesels (*Equus hydruntius,* Regalia, 1907) im Holozan Österreichs», 1991.
[C]   Naito, Y. I. *et al.*, «Evidence for Herbivorous Cave Bears (Ursus spelaeus) in Goyet Cave, Belgium: Implications for Palaeodietary Reconstruction of Fossil Bears Using Amino Acid δ^{15}N Approaches», *Journal of Quaternary Science*, vol. 31, págs. 598-606, 2016.
[D]   Pacher, M. y Stuart, A., «Extinction Chronology and Palaeobiology of the Cave Bear (Ursus spelaeus)», *Boreas*, vol. 35, núm. 2, págs. 189-206, 2008.

[E] MüS, C. y Conard, N. J., «Cave Bear Hunting in the Hohle Fels, a Cave Site in the Ach Valley, Swabian Jura», *Revue de Paléobiologie*, vol. 23, núm. 2, págs. 877-885, 2004.

[F] Gonzales, S. *et al.*, «Survival of the Irish Elk into the Holocene», *Nature*, vol. 405, págs. 753-754, 2000.

[G] Kirillova, I. V., «On the Discovery of a Cave Lion from the Malyi Anyui River (Chukotka, Russia)», *Quaternary Science Reviews*, vol. 117, págs. 135-151, 2015.

[H] Bocherens, H. *et al.*, «Isotopic Evidence for Dietary Ecology of Cave Lion (Panthera spelaea) in North-Western Europe: Prey Choice, Competition and Implications for Extinction», *Quaternary International*, vol. 245, págs. 249-261, 2011.

[I] Cuerto, M. *et al.*, «Under the Skin of a Lion: Unique Evidence of Upper Palaeolithic Exploitation and Use of Cave Lion (Panthera spelaea) from the Lower Gallery of La Garma (Spain)», *PLOS ONE*, vol. 11, núm. 10, art. núm. e0163591, 2016.

[J] Rohland, N. *et al.*, «The Population History of Extant and Extinct Hyenas», *Molecular Biology and Evolution*, vol. 22, págs. 2435-2443, 2005.

[K] Varela, S. *et al.*, «Were the Late European Climatic Changes Responsible for the Disappearance of the European Spotted Hyena Populations? Hindcasting a Species Geographic Distribution across Time», *Quaternary Science Reviews*, vol. 29, págs. 2027-2035, 2010.

[L] Diedrich, C. G., «Late Pleistocene Leopards across Europe—Northernmost European German Population, Highest Elevated Records in the Swiss Alps, Complete Skeletons in the Bosnia Herzegovina Dinarids and Comparison to the Ice-Age Cave Art», *Quaternary Science Reviews*, vol. 76, págs. 167-193, 2013. Sommer, R. S. y Benecke, N., «Late Pleistocene and Holocene Development of the Felid Fauna (Felidae) of Europe: A Review», *Journal of Zoology*, vol. 269, págs. 7-19, 2005.

CAPÍTULO 30

[A]   Gupta, S. *et al.*, «Two-Stage Opening of the Dover Strait and the Origin of Island Britain», *Nature Communications*, vol. 8, art. núm. 15101, 2017.

[B]   Kahlke, R. D., «The Origin of Eurasian Mammoth Faunas (*Mammuthus, Coelodonta* Faunal Complex)», *Quaternary Science Reviews*, vol. 96, págs. 32-49, 2012.

[C]   Todd, N. E., «Trends in Proboscidean Diversity in the African Cenozoic», *Journal of Mammalian Evolution*, vol. 13, págs. 1-10, 2006.

[D]   Stuart, A. J. *et al.*, «The Latest Woolly Mammoths (Mammuthus primigenius Blumenbach) in Europe and Asia: A Review of the Current Evidence», *Quaternary Science Reviews*, vol. 21, págs. 1559-1569, 2002.

[E]   Palkopoulou, E. *et al.*, «Holarctic Genetic Structure and Range Dynamics in the Woolly Mammoth», *Proceedings of the Royal Society B*, vol. 280, núm. 1770, 2013. Lister, A. M., «Late-Glacial Mammoth Skeletons (*Mammuthus primigenius*) from Condover (Shropshire, UK): Anatomy, Pathology, Taphonomy and Chronological Significance», *Geological Journal*, vol. 44, págs. 447-479, 2009.

[F]   Stuart, A. J. *et al.*, «The Latest Woolly Mammoths (Mammuthus primigenius Blumenbach) in Europe and Asia: A Review of the Current Evidence», *Quaternary Science Reviews*, vol. 21, págs. 1559-1569, 2002.

[G]   Boeskorov, G. G., «Some Specific Morphological and Ecological Features of the Fossil Woolly Rhinoceros (Coelodonta antiquitatis Blumenbach 1799)», *Biology Bulletin*, vol. 39, núm. 8, págs. 692-707, 2012.

[H]   Jacobi, R. M. *et al.*, «Revised Radiocarbon Ages on Woolly Rhinoceros (Coelodonta antiquitatis) from Western Central Scotland: Significance for Timing the Extinction of Woolly Rhinoceros in

Britain and the Onset of the LGM in Central Scotland», *Quaternary Science Reviews*, vol. 28, págs. 2551-2556, 2009.

[I]   Shpansky, A. V. *et al.*, «The Quaternary Mammals from Kozhamzhar Locality, (Pavlodar Region, Kazakhstan)», *American Journal of Applied Science*, vol. 13, págs. 189-199, 2016.

[J]   Reumer, J. W. F. *et al.*, «Late Pleistocene Survival of the Saber-Toothed Cat Homotherium in Northwestern Europe», *Journal of Vertebrate Paleontology*, vol. 23, págs. 260-262, 2003.

[K]   Una exposición más completa sobre la declinación de los dientes de sable puede ser encontrada en: Macdonald, D. y Loveridge, A., *The Biology and Conservation of Wild Felids*, Oxford, Oxford University Press, 2010.

CAPÍTULO 31

[A]   Guthrie, R. D., *The Nature of Paleolithic Art*, Chicago, University of Chicago Press, 2005.

[B]   Quiles, A., *et al.*, «A High-Precision Chronological Model for the Decorated Upper Palaeolithic Cave of Chauvet-Pont d'Arc, Ardéche, France», *PNAS*, vol. 113, págs. 4670-4675, 2016.

[C]   Guthrie, R. D., *The Nature of Paleolithic Art*, Chicago, University of Chicago Press, 2005, págs. 276-296.

[D]   *Ibid.*, pág. 324.

[E]   Schmidt, I., *Solutrean Points of the Iberian Peninsula: Tool Making and Using Behaviour of Hunter Gatherers during the Last Glacial Maximum*, Oxford, British Archaeological Reports, 2015.

CAPÍTULO 32

[F]   Tallavaara, M. L. *et al.*, «Human Population Dynamics in Europe over the Last Glacial Maximum», *PNAS*, vol. 112, núm. 27, págs. 8232-8237, 2015.

[G] Sommer, R. S. y Benecke, N., «Late Pleistocene and Holocene Development of the Felid Fauna (Felidae) of Europe: A Review», *Journal of Zoology*, vol. 269, núm. 1, págs. 7-19, 2006.

[H] Heptner, V. G. y Sludskii, A. A., *Mammals of the Soviet Union,* vol. II, parte 2: «Carnivora (Hyaenas and Cats)», Nueva York, Leiden, 1992. Üstay, A. H., *Hunting in Turkey*, Estambul, BBA, 1990.

[I] Rohland, N. *et al.*, «The Population History of Extant and Extinct Hyenas», *Molecular Biology and Evolution*, vol. 22, núm. 12, págs. 2435-2443, 2005.

[J] Fu, Q. *et al.*, «The Genetic History of Ice Age Europe», *Nature*, vol. 534, págs. 200-205, 2016.

[K] Schmidt, K., «Göbekli Tepe—Eine Beschreibung der wichtigsten Befunde erstellt nach den Arbeiten der Grabungsteams der Jahre 1995-2007», en *Erste Tempel-Frühe Siedlungen, 12000 Jahre Kunst und Kultur*, Oldemburgo, 2009.

CAPÍTULO 33

[A] Huntley, B., «European Post-Glacial Forests: Compositional Changes in Response to Climatic Change», *Journal of Vegetation Science*, vol. 1, págs. 507-518, 1990.

[B] Zeder, M. A., «Domestication and Early Agriculture in the Mediterranean Basin: Origins, Diffusion, and Impact», *PNAS*, vol. 105, núm. 33, págs. 11597-11604, 2008.

[C] Fagan, B., *The Long Summer: How Climate Changed Civilisation*, Londres, Granta Books, 2004.

[D] Zilhao, J., «Radiocarbon Evidence for Maritime Pioneer Colonisation at the Origins of Farming in West Mediterranean Europe», *PNAS*, vol. 98, págs. 14180-14185, 2001.

[E] Frantz, A. C., «Genetic Evidence for Introgression Between Domestic Pigs and Wild Boars (*Sus scrofa*) in Belgium and Luxembourg: A Comparative Approach with Multiple Marker Systems», *Biological Journal of the Linnean Society*, vol. 110, págs. 104-115, 2013.

[F] Park, S.D.E. *et al.*, «Genome Sequencing of the Extinct Eurasian Wild Aurochs, *Bos primigenius*, Illuminates the Phylogeography and Evolution of Cattle», *Genome Biology*, vol. 16, pág. 234, 2015.

CAPÍTULO 34

[A] Bramanti, B. *et al.*, «Genetic Discontinuity Between Local Hunter-Gatherers and Central Europe's First Farmers», *Science*, vol. 326, págs. 137-140, 2009.

[B] Downey, S. E. *et al.*, «The Neolithic Demographic Transition in Europe: Correlation with Juvenile Index Supports Interpretation of the Summed Calibrated Radiocarbon Date Probability Distribution (SCDPD) as a Valid Demographic Proxy», *PLOS ONE*, 9(8): e105730, 25 de agosto de 2014.

[C] «Childe, Vere Gordon (1892-1957)», *Australian Dictionary of Biography*, Melbourne, Melbourne University Publishing, 1979.

[D] Low, J., «New Light on the Death of V. Gordon Childe», *Australian Society for the Study of Labour History*, sin fecha, www.laborhistory.org.au/hummer/no-8/gordon-childe/

[E] Green, K., «V. Gordon Childe and the Vocabulary of Revolutionary Change», *Antiquity*, vol. 73, págs. 97-107, 1961.

[F] Stevenson, A., «Yours (Unusually) Cheerfully, Gordon: Vere Gordon Childe's Letters to RBK Stevenson», *Antiquity*, vol. 85, págs. 1454-1462, 2011.

[G] Editorial, *Antiquity*, vol. 54, núm. 210, pág. 2, 1980.

[H] Cieslak, M. *et al.*, «Origin and History of Mitochondrial DNA Lineages in Domestic Horses», *PLOS ONE*, 5(2): e15311, 2010.

[I] *Ibid.*

[J] Almathen, F. *et al.*, «Ancient and Modern DNA Reveal Dynamics of Domestication and Cross-Continental Dispersion of the Dromedary», *PNAS*, vol. 113, págs. 6706-6712, 2016.

[K]   Gunther, R. T., «The Oyster Culture of the Ancient Romans», *Journal of the Marine Biological Association of the United Kingdom*, vol. 4, págs. 360-365, 1897.

CAPÍTULO 35

[A]   Van der Geer, A. *et al.*, *Evolution of Island Mammals: Adaptation and Extinction of Placental Mammals on Islands*, Nueva Jersey, Wiley-Blackwell, 2010.
[B]   Lyras, G. A. *et al.*, «Cynotherium sardous, an Insular Canid (Mammalia: Carnivora) from the Pleistocene of Sardinia (Italy), and its Origin», *Journal of Vertebrate Palaeontology*, vol. 26, págs. 735-745, 2005.
[C]   Hautier, L. *et al.*, «Mandible Morphometrics, Dental Microwear Pattern, and Palaeobiology of the Extinct Belaric Dormouse Hypnomys morpheus», *Acta Palaeontologica Polonica*, vol. 54, págs. 181-194, 2009.
[D]   Shindler, K., *Discovering Dorothea: The Life of the Pioneering Fossil-Hunter Dorothea Bate*, Londres, Harper Collins, 2005.
[E]   Ramis, D. y Bover, P., «A Review of the Evidence for Domestication of *Myotragus balearicus* Bate 1909 (Artiodactyla, Caprinae) in the Balearic Islands», *Journal of Archaeological Science*, vol. 28, págs. 265-282, 2001.

CAPÍTULO 36

[A]   Hirst, J., *The Shortest History of Europe*, Melbourne, Black Inc, 2012.
[B]   Rokosz, M., «History of the Aurochs (*Bos Taurus primigenius*) in Poland», *Animal Genetic Resources Information*, vol. 16, págs. 5-12, 1995.
[C]   *Ibid.*

[D]   Elsner, J. *et al.*, «Ancient mtDNA Diversity Reveals Specific Population Development of Wild Horses in Switzerland after the Last Glacial Maximum», *PLOS ONE*, 12(5): e0177458, 2017.

[E]   Sommer, R. S., «Holocene Survival of the Wild Horse in Europe: A Matter of Open Landscape?», *Journal of Quaternary Science*, vol. 26, núm. 8, págs. 805-812, 2011.

[F]   Van Vuure, C. T., «On the Origin of the Polish Konik and Its Relation to Dutch Nature Management», *Lutra*, vol. 57, págs. 111-130, 2014.

[G]   Gautier, M. *et al.*, «Deciphering the Wisent Demographic and Adaptive Histories from Individual Whole-Genome Sequences», *Biological Journal of the Linnean Society, Mol. Biol. Evol.*, vol. 33, núm. 11, págs. 2801-2814, 2016.

[H]   Vera, F. y Buissink, F., *Wilderness in Europe: What Really Goes on between the Trees and the Beasts*, Tirion Baarn (Países Bajos), 2007.

[I]   Bashkirov, I. S., *Caucasian European Bison*, Moscú: Junta Central para las Reservas, Parques Forestales y Jardines Zoológicos, Concejo de los Comisarios de la Gente del RSFSR, págs. 1-72, 1939. [En ruso.]

CAPÍTULO 37

[A]   Hoffman, G. S. *et al.*, «Population Dynamics of a Natural Red Deer Population over 200 Years Detected via Substantial Changes of Genetic Variation», *Ecology and Evolution*, vol. 6, págs. 3146-3153, 2016.

[B]   Fritts, S. H., *et al.*, «Wolves and Humans», en Mech, L. D. y Boitani, L. (eds.), *Wolves: Behavior, Ecology and Conservation*, Chicago, University of Chicago Press, 2003.

[C]   Lagerås, C., *Environment, Society and the Black Death: An Interdisciplinary Approach to the Late Medieval Crisis in Sweden*, Oxford, Oxbow Books, 2016.

[D] Albrecht, J. *et al.*, «Humans and Climate Change Drove the Holocene Decline of the Brown Bear», *Nature, Scientific Reports, 7,* art. núm. 10399, 2017.

[E] Engelhard, M., *Ice Bear: The Cultural History of an Arctic Icon,* Seattle, University of Washington Press, 2016.

[F] Zeder, M. A., «Domestication and Early Agriculture in the Mediterranean Basin: Origins, Diffusion, and Impact», *PNAS,* vol. 105, núm. 33, págs. 11597-11604, 2008.

[G] Hard, J. J. *et al.*, «Genetic Implications of Reduced Survival of Male Red Deer Cervus elaphus under Harvest», *Wildlife Biology,* vol. 2, núm. 4, págs. 427-41, 2006.

CAPÍTULO 38

[A] Cunliffe, B., *By Steppe, Desert, and Ocean: The Birth of Eurasia,* Oxford, Oxford University Press, 2015.

[B] Thompson, V. *et al.*, «Molecular Genetic Evidence for the Place of Origin of the Pacific Rat, Rattus exulans», *PLOS ONE,* 17 de marzo de 2014.

CAPÍTULO 39

[A] Poole, K., *Extinctions and Invasions: A Social History of British Fauna,* cap. 18: «Bird Introductions», Oxford, Oxbow Books, 2013.

[B] *Ibid.*

[C] «The History of the Pheasant», *The Field,* www.thefield.co.uk

[D] Glueckstein, F., «Curiosities: Churchill and the Barbary Macaques», *Finest Hour,* vol. 161, 2014.

[E] Masseti, M. *et al.*, «The Created Porcupine, Hystrix cristata L. 1758, in Italy», *Anthropozoologica,* vol. 45, págs. 27-42, 2010.

[F]   Nykl, A. R., *Hispano Arabic Poetry and Its Relations with the Old Provincial Troubadours*, Baltimore, John Hopkins University Press, 1946.

[G]   Fagan, B., *Fishing: How the Sea Fed Civilisation*, New Haven, Yale University Press, 2017.

CAPÍTULO 40

[A]   Montaigne, M., *Les Essais*, París, Abel L'Angelier, 1598.

[B]   Pakenham, T., respuesta en «The Bastard Sycamore», *New York Review of Books*, página de cartas, 19 de enero de 2017.

[C]   Halamski, A. T., «Latest Cretaceous Leaf Floras from Southern Poland and Western Ukraine», *Acta Palaeontologica*, vol. 58, págs. 407-443, 2013.

[D]   Sheehy, E. y Lawton, C., «Population Crash in an Invasive Species Following the Recovery of a Native Predator: The Case of the American Grey Squirrel and the European Pine Marten in Ireland», *Biodiversity and Conservation*, vol. 23, núm. 3, págs. 753-774, 2014.

[E]   Bertolino, S. y Genovesi, P., «Spread and Attempted Eradication of the Grey Squirrel (Sciurus carolinensis) in Italy, and Consequences for the Red Squirrel (Sciurus vulgaris) in Eurasia», *Biological Conservation*, vol. 109, págs. 351-358, 2003.

[F]   Tizzani, P. *et al.*, «Invasive Species and Their Parasites: Eastern Cottontail Rabbit Sylvilagus floridanus and Trichostrongylus affinis (Graybill 1924) from Northwestern Italy», *Parasitological Research*, vol. 113, págs. 1301-1303, 2014.

[G]   Hohmann, U. *et al.*, *Der Waschbär*, Reutlingen, Oertel y Spörer, 2001.

[H]   «Kangaroos run wild in France», *AFP*, 12 nov 2003.

[I]   Mali, I. *et al.*, «Magnitude of the Freshwater Turtle Exports from the US: Long-Term Trends and Early Effects of Newly Implemented Harvesting Regimes», *PLOS ONE,* 9(1), E86478, 2014.

CAPÍTULO 41

[A] Pierotti, R. y Fogg, B., *The First Domestication: How Wolves and Humans Coevolved*, New Haven, Yale University Press, 2017.
[B] Ó'Crohan, T., *The Islandman*, Dublín y Cork, The Talbot Press, 1929.

CAPÍTULO 42

[A] Inger, R. *et al.*, «Common European Birds Are Declining Rapidly while Less Abundant Species' Numbers Are Rising», *Ecology Letters*, vol. 18, págs. 28-36, 2014.
[B] D W News, «"Dramatic" Decline in European Birds Linked to Industrial Agriculture», 4, may 2017.
[C] Vogel, G., «Where Have All the Insects Gone?», *Science*, 10 de mayo 2017.
[D] Ruiz, J., «A New EU Agricultural Policy for People and Nature», *EUACTIV*, 28 de abril de 2017.
[E] *EIONET*, «State of Nature in the EU: Reporting Under the Birds and Habitats Directives», 2015.
[F] *Ibid.*
[G] Tree, I., *Wilding: The Return of Nature to an English Farm*, Londres, Picador, 2018.
[H] Herard, F. *et al.*, «*Anoplophora glabripennis*—Eradication Programme in Italy», European and Mediterranean Plant Protection Organization, 2009.
[I] Stafford, F., *The Long, Long Life of Trees*, New Haven, Yale University Press, 2016.

CAPÍTULO 43

[A] Tauros Scientific Programme, taurosprogramme.com/tauros-scientificprogramme/

[B] Tacitus, C., *Germany and Its Tribes*, (traducido por Church, A. J. y Brodribb, W. J.), Londres, Macmillan, 1888.

[C] Rice, P. H., «A Relic of the Nazi Past Is Grazing at the National Zoo», United States Holocaust Memorial Museum, 3 de abril de 2017.

[D] Van Vuure, C. T., «On the Origin of the Polish Konik and Its Relation to Dutch Nature Management», *Lutra*, vol. 57, págs. 111-130, 2014.

[E] *Ibid.*

CAPÍTULO 44

[A] Choi, C., «First Extinct Animal Clone Created», *National Geographic News*, 10 de febrero de 2009.

[B] Revive & Restore, reviverestore.org

[C] Pilcher, H., «Reviving Woolly Mammoths Will Take More than Two Years», *BBC Earth*, 22 de febrero de 2017.

[D] Rewilding Europe, rewildingeurope.com/background-and-goals/ urbanisation-and-land-abandonment/

[E] *Ibid.*

CONCLUSIÓN

[F] Roemer, N., *German City, Jewish Memory: The Story of Worms*, UPNE, 2010.

ALIOS · VIDI
VENTOS · ALIASQVE
PROCELLAS